The Fundamentals of Organosilicon Material

有机硅材料基础

朱晓敏　章基凯　编著

化学工业出版社
·北京·

本书是以编者在德国亚琛工业大学为研究生授课所编讲义为基础,并结合国内实际编写而成。其目的是从基础理论出发,对有广泛应用价值的有机硅材料进行了较为系统的介绍。

全书共 8 章。第 1 章简单介绍了一下所有含硅材料,着重点是金属硅和无机硅酸盐。第 2 章的主要内容是有机硅材料的简介、命名和发展概况。第 3、4 章阐述的是有机硅单体的合成和聚合。第 5~8 章主要介绍有机硅最主要的四大类产品——硅油、硅橡胶、硅树脂和硅烷偶联剂的生产、性能和应用。

全书语言通俗、简单明了,对于从事有机硅材料研究的初学者以及相关应用领域的技术人员有很好的参考价值。

图书在版编目(CIP)数据

有机硅材料基础/朱晓敏,章基凯编著. —北京:化学工业
出版社,2013.8(2025.1重印)
ISBN 978-7-122-17860-2

Ⅰ.①有⋯　Ⅱ.①朱⋯②章⋯　Ⅲ.①硅-有机材料-研究
Ⅳ.①TQ264.1

中国版本图书馆 CIP 数据核字(2013)第 150081 号

责任编辑:仇志刚　　　　　　　　　装帧设计:刘丽华
责任校对:宋　夏

出版发行:化学工业出版社(北京市东城区青年湖南街 13 号　邮政编码 100011)
印　　装:北京科印技术咨询服务有限公司数码印刷分部
710mm×1000mm　1/16　印张 11¾　字数 233 千字　　2025 年 1 月北京第 1 版第 15 次印刷

购书咨询:010-64518888　　　　　　售后服务:010-64518899
网　　址:http://www.cip.com.cn
凡购买本书,如有缺损质量问题,本社销售中心负责调换。

定　　价:45.00 元

前言

有机硅材料自 20 世纪 40 年代实现工业化生产后，经过 70 年的发展，目前已成为材料工业领域非常重要的一个分支。它在国民经济中的地位非常重要，被誉为"工业味精"。从航空航天、国防军工到电子电气、服装纺织，从机械、建筑到食品、农业，从医疗卫生到人们的日常生活，处处都能发现有机硅材料的踪迹。近 20 年来，有机硅工业在中国发展迅速，生产规模不断扩大，应用领域亦日趋广泛。我国化工企业蓝星集团还收购了法国罗地亚（Rhodia）公司有机硅业务，从而进入世界一流有机硅企业的行列。

为了适应有机硅材料发展的需要，本书以编者在德国亚琛工业大学为研究生授课所编讲义为基础，并结合国内实际编写而成。其目的是从基础理论出发，对有广泛应用价值的有机硅材料进行一个较为系统的介绍。并力争用通俗的语言，做到简单明了，使不同背景的读者都能对有机硅材料、行业及产品应用有个全面而清楚的了解。

本书共 8 章。第 1 章简单介绍了一下所有含硅材料，着重点是金属硅和无机硅酸盐。有机硅材料的简介、命名和发展则是第 2 章的主要内容。第 3、4 章阐述的是有机硅单体的合成和聚合。第 5~8 章主要介绍有机硅最主要的四大类产品——硅油、硅橡胶、硅树脂和硅烷偶联剂的生产、性能和应用。

编者对顾理达女士在本书编写过程中的帮助和支持表示衷心的感谢。此外，我们还感谢冯圣玉教授的帮助，他赠与的几本有机硅教科书对本书的写作帮助非常大。

在编写过程中，编者不仅参阅了大量国内外的相关专业书籍和文献，而且还结合多年的工作实践，尽可能做到新颖、全面和准确。但限于编者业务水平，书中难免有疏漏之处，敬请诸位专家同行和广大读者提出批评指正。

朱晓敏

2013 年 5 月于德国亚琛

目录

第1章

含硅材料

硅是一种化学元素，英文名为 silicon，来自拉丁文 silex，意为燧石。它的符号为 Si，原子序数为 14，分子量为 28.0855。已发现的硅同位素共有质量数为 22~44 共 23 种，其中 ^{28}Si、^{29}Si 和 ^{30}Si 为三种稳定同位素，其天然丰度分别为 92.23%、4.67% 和 3.10%。硅在元素周期表中位于第三周期第 14（ⅣA）族，紧靠在碳的下面，而又在锗的上面。所以，硅的物理和化学性质位于金属和非金属之间，常被视为类金属。硅在地壳中的含量为 25.7%，仅次于氧的 49.4%，位于第二位。

硅和碳的化学性质在很多方面十分近似，而在某些方面又有明显差别。碳通过其自身原子之间的共价键形成链状或环状的骨架结构，并进而和其他元素结合，组成了大量有机物。而硅原子则和氧原子共价结合，形成各种构型的硅氧骨架，并和其他元素一起组成无机矿物世界中的硅氧化合物和大量的硅酸盐，这也是硅在自然界中的主要存在方式。而链状的硅氧骨架和含碳有机基团通过共价键结合，则形成了本书主要介绍的有机聚硅氧烷化合物。

1.1 单质硅

1.1.1 单质硅的性质

在常温下，单质硅的存在形式为无定形态或晶态固体。单质硅在常温常压下只有一种晶形，它具有金刚石型晶体结构，即空间任何一个硅原子周围都对称而等距地分布着另外四个硅原子，这种空间晶格为面心立方晶格，晶体硅的晶格常数为 0.543 nm。硅单晶呈暗黑蓝色，具有闪亮金属光泽。由于是原子晶体的缘故，硅晶体质地坚硬而且很脆。单质硅的部分物理性质数据可参看表 1.1。

■ 表 1.1 硅的物理性质常数

物理性质	常数	物理性质	常数
熔点/℃	1410	刻划硬度(莫氏)	7
ΔH(熔化)/(kJ/mol)	39.6	[100]杨氏模量/GPa	130(27℃)
沸点/℃	2355	[110]杨氏模量/GPa	170(27℃)
ΔH(汽化)/(kJ/mol)	383.3	[111]杨氏模量/GPa	185(27℃)
密度/(kg/m³)	2329 (0℃)	[100]泊松比	0.28(27℃)
	2525(熔点液体)	[111]泊松比	0.26(27℃)
电导率/(S/m)	3.16(27℃)	比热容/[J·/(mol·K)]	19.789(25℃)
介电常数	11.7(27℃)	热导率/[W/(m·K)]	148(27℃)
质量磁化率/[×10⁻⁹(m³/kg)]	−1.8	热膨胀系数/(×10⁻⁶·K⁻¹)	2.6(25℃)

常温下硅的化学性质极其稳定。然而一旦处于高温，硅的性质立刻就变得非常活泼；它可以和空气中的氧气甚至氮气反应，生成相应的氧化物和氮化物。它的化学性质随着它的结晶度的降低而提高，熔融态硅能腐蚀几乎所有常见耐温材料。在常温条件下硅可以和强碱水溶液反应，放出氢气（式 1.1），但不溶于除了浓硝酸和氢氟酸混合物外的几乎任何一种酸。

$$Si+4[OH]^- \longrightarrow [SiO_4]^{4-}+2H_2 \tag{1.1}$$

硅单质的用途非常广泛，从冶金工业到化工原料，再到半导体器件和太阳能电池。

1.1.2 多晶硅的生产和纯化

硅单质在工业中是通过在电弧炉中用焦炭还原石英来制备的（图 1.1），反应温度约为 1800℃（式 1.2）。通过这种方法得到的硅的纯度约为 98%。它也被称为冶金级硅（MG-Si），并被大量应用于炼钢及制铝工业中，其世界年产量超过 50 万吨。这种纯度的硅也被作为化工原料，比如用来合成各种有机硅化合物。硅单质生产过程能耗极大，每千克硅需要用到大约 14kW·h 电，所以单质硅的生产一般都在电力比较充沛的地区。

$$SiO_2+2C \longrightarrow Si+2CO \tag{1.2}$$

半导体工业用的硅的纯度要求非常高，其杂质含量最多只能为几个 10^{-12}。这种半导体级硅的制备比较复杂，需要好几步过程。首先，冶金级硅粉末和氯化氢在流化床反应器中在 300℃ 的温度条件下进行放热反应合成三氯硅烷（SiHCl₃）（式 1.3）。

$$Si+3\ HCl \longrightarrow SiHCl_3+H_2 \tag{1.3}$$

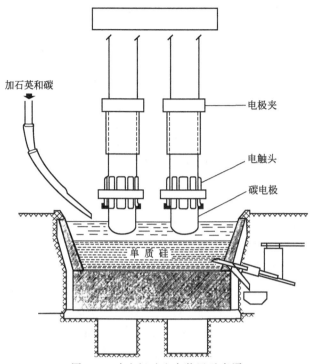

图 1.1　冶金级硅生产装置示意图

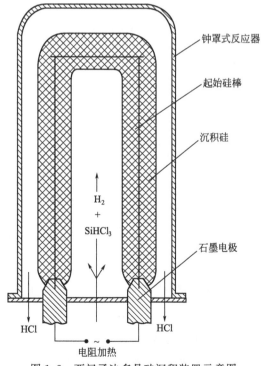

图 1.2　西门子法多晶硅沉积装置示意图

三氯硅烷的沸点为 31.8℃，在常温下是液体，所以很容易通过过滤和冷凝把它分离出来，并可用多级精馏提纯。多晶硅则在钟罩式反应器中通过化学气相沉积法（Chemical Vapor Deposition，CVD）得到。这个过程如图 1.2 所示：一根细硅棒（通常为 U 形）用电加热到 1100℃，然后把纯三氯硅烷和高纯氢气通入反应器中。三氯硅烷在高温硅表面被还原成单质硅，并沉积下来。就这样，直径可达 30cm、长可达 2m 的高纯度多晶硅柱可通过这个生产过程得到。此反应可以通过反应式（1.4）来表示。用这种方法生产的多晶硅的纯度已经相当高，可以达到 99.9999999%。由于被大量应用在太阳能电池的生产上，所以它也被称为太阳能级多晶硅。

$$4\ SiHCl_3 + 2\ H_2 \longrightarrow 3\ Si + SiCl_4 + 8HCl \qquad (1.4)$$

这种高纯多晶硅的生产方法是由德国西门子公司（Siemens）在 20 世纪 50 年代开发出来的，所以通常被称为西门子法。在这个过程中大约只有 30% 的三氯硅烷能转化成多晶硅，其余大部分仍然留在反应混合物中随别的物质一起从反应器中被除去。在此工艺基础上，通过增加尾气还原回收和四氯硅烷的氢化系统，实现了闭路循环，于是就形成了改良西门子法。改良西门子法的生产工艺如图 1.3 所示，其中包括五个主要环节：即三氯硅烷合成、三氯硅烷精馏提纯、三氯硅烷的氢还原、尾气回收和四氯硅烷的氢化分离（式 1.5）。该方法通过采用大型还原炉，降低了单位产品的能耗；而四氯硅烷氢化和尾气回收工艺的采用则明显降低了原辅材料的消耗。

$$SiCl_4 + H_2 \longrightarrow SiHCl_3 + HCl \qquad (1.5)$$

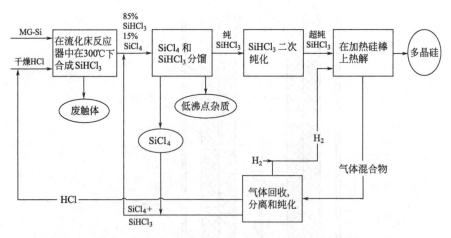

图 1.3　改良西门子法多晶硅生产路线示意图，MG-Si 指的是冶金级硅

现在世界上近 80% 的太阳能级与半导体级多晶硅是通过改良西门子法来生产的。但这种方法也有其缺陷，如高能耗、碳电极造成的杂质、非连续过程等。开发更有效的多晶硅生产工艺一直是世界上热门的工程课题。

　　美国联碳公司（United Carbide）用从冶金级硅在流化床反应器中进行的氢氯化反应开始，通过歧化反应合成硅烷（SiH_4），然后综合日本小松公司（Komatsu）甲硅烷沉积技术并且加以改进，开发出生产多晶硅的新硅烷法-联碳法。该工艺见图1.4，它是以四氯硅烷、氢气、氯化氢和冶金级硅为原料，在高温高压流化床内反应生成三氯硅烷（式1.3和式1.6），然后将三氯硅烷歧化反应生

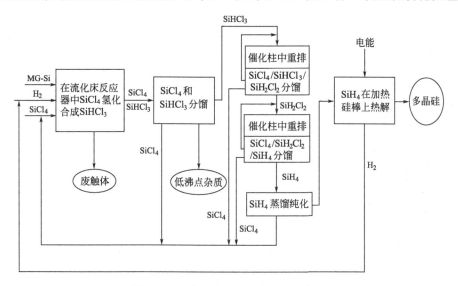

图1.4　联碳法多晶硅生产路线示意图

成二氯硅烷（式1.7）。二氯硅烷继而再进一步歧化反应生成甲硅烷气（式1.8）。所有反应进程中产生的四氯硅烷都回到第一步，用以进行氢氯化反应以确保最大限度的利用硅和氯。制得的甲硅烷气通入钟罩式反应器中在加热到800℃高温的细硅棒表面分解得到棒状多晶硅。由于氢和氯可以循环利用，这个工艺中唯一的原料消耗是冶金级硅。而且这是个闭路循环过程，而不是间歇式生产路线。联碳法的另一个优点是甲硅烷的分解温度较低、转化产率较高、而且不产生腐蚀性物质，得到的多晶硅棒粗细均匀、无空隙，是浮区熔炼法生产单晶硅的最好原料。可是这种方法对设备要求较高，而且由于合成甲硅烷的歧化反应产率较低，所以氯硅烷必需多次循环，使得生产成本提高。

$$3SiCl_4 + 2H_2 + Si \longrightarrow 4SiHCl_3 \tag{1.6}$$

$$2SiHCl_3 \longrightarrow SiH_2Cl_2 + SiCl_4 \tag{1.7}$$

$$3SiH_2Cl_2 \longrightarrow SiH_4 + 2SiHCl_3 \tag{1.8}$$

　　美国埃塞尔公司（Ethyl Corporation）开发出一种划时代的生产工艺。不同于以上两种方法，埃塞尔法不采用高能耗的冶金级硅，而是用化肥工业中的副产品四氟化硅作为生产甲硅烷的起始原料。在这个工艺中，四氟化硅用四氢铝锂或四氢铝钠还原成甲硅烷（式1.9），而生产过程中的副产品四氟化铝锂或四氟化铝钠被认为能在制铝工业中得到相关的应用。

$$SiF_4 + MAlH_4 \longrightarrow SiH_4 + MAlF_4 \quad M=Li,Na \tag{1.9}$$

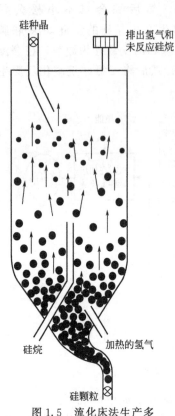

硅种晶

排出氢气和
未反应硅烷

硅烷

加热的氢气

硅颗粒

图 1.5　流化床法生产多
晶硅装置示意图

通过蒸馏纯化后，甲硅烷通过加热分解生成多晶硅。对于这个反应，埃塞尔公司没有采用钟罩式反应器中的固定细硅棒，而是在流化床里用金属硅小球作为多晶硅的载体（图 1.5），这样得到的最终产品是多晶硅颗粒。这种产品故有其优点，如用在需要连续加料的生产过程中，但它不能用浮区熔炼法来生产单晶硅。这种工艺最大的特点是通过采用流化床法，使西门子法中的高能耗的弊端得到了解决。首先，甲硅烷的分解温度大大低于三氯硅烷；其次，在西门子法中超过90%的能耗是用在钟罩式反应器的冷却上，而在流化床法中这个过程就可以完全避免。

俄罗斯和美国科学家共同开发了一种无氯的甲硅烷生产工艺，在对环境保护呼声越来越高的今天，这应该是一种很有发展前途的太阳能级多晶硅制备技术。工艺流程包括在铜基催化剂的作用下，冶金硅粉末与无水乙醇在高沸点硅氧烷中作用，并生成三乙氧基硅烷（式 1.10），反应温度为 180℃。在最佳情况下，可得到 85%～90% 的三乙氧基硅烷。然后，纯化后的三乙氧基硅烷在催化剂（碱金属醇盐、碱金属硅醇盐等）作用下在室温岐化分解为甲硅烷和四乙氧基硅烷（式 1.11）。

$$Si + 3C_2H_5OH \xrightarrow{Cu} HSi(OC_2H_5)_3 + H_2 \tag{1.10}$$

$$4HSi(OC_2H_5)_3 \longrightarrow SiH_4O + 3Si(OC_2H_5)_4 \tag{1.11}$$

$$Si(OC_2H_5)_4 + 2H_2O \longrightarrow SiO_2 + 4C_2H_5OH \tag{1.12}$$

在这个工艺中，四乙氧基硅烷水解可得到高纯二氧化硅（式 1.12），而另一个产物乙醇可返回参与三乙氧基硅烷的合成。通过这一步可回收 95% 以上的乙醇，所以整个反应中只需要再加入 5% 的乙醇即可。可惜的是，这个生产过程中硅的转化率不高，这大概就是它到现在还没有得到大规模工业化的原因。

1.1.3　单晶硅的制备

用于制造半导体器件的硅必须是无缺陷的单晶硅。目前共有两种成熟的硅单晶制备方法。

第一种是从硅熔融态直接拉制硅单晶的技术，又称 Czochralski 法。如图 1.6

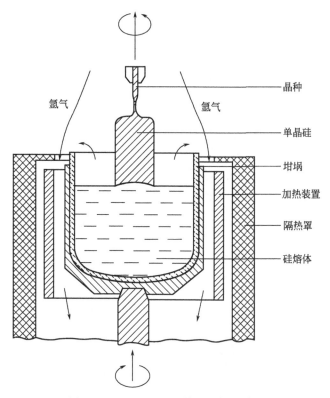

图 1.6 Czochralski法单晶硅拉制装置

所示，此方法是将多晶硅加到放在碳坩埚里的石英坩埚中，并在惰性气体中加热熔融，硅熔体温度需要保持在刚刚超过硅的熔点。取小块硅单晶作为晶种，浸入熔体。然后以极其缓慢但稳定的速度向上方提升，并缓慢旋转，直至所需长度，这样就能得到棒状硅单晶。在这个过程中加入高掺杂的硅还可同时控制掺杂度。这种方法设备简单，炉容量大，且容易控制晶体外形、电阻率及位错密度等，但其最大的缺点是由于坩埚高温沾污（主要是氧原子），使晶体质量的进一步提高受到限制。这对绝大多数半导体应用影响不大，但却能降低太阳能电池的效率。

第二种是"浮区熔炼"法。所谓"浮区熔炼"，实际上是重结晶提纯法的一种改型，而原料是通过化学气相沉积法得到的多晶硅棒。当硅从其熔体中结晶析出时，在固/液两相界面上杂质倾向于被晶体排除，而向液相富集（金属杂质在硅晶体和硅熔融体中分配系数为 $10^{-5} \sim 10^{-4}$），故析出的晶体的纯度能得到很大地提高。浮区熔炼的工艺如图 1.7 所示，将硅多晶棒两端垂直固定，外部围以充满惰性气体的加热套管，套管通过高频线圈通电感应加热。加热从在硅棒下端开始，先把一块单晶晶种熔到硅棒上，形成"浮区"。然后一边旋转硅棒，一边把加热线圈缓慢稳速向棒的另一端移动，"浮区"随之同步移动；同时，硅中的杂质也向棒的另一端富集。必要时，上述操作可以沿同一方向重复几次，直至硅晶体获得所需纯

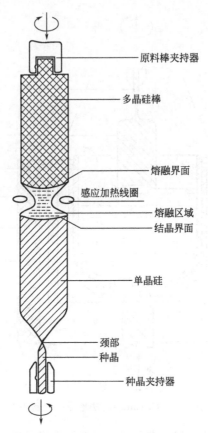

图 1.7　晶体硅浮区熔炼装置图

度。操作完毕后，将杂质富集端割去，即可得到纯度极高的硅单晶体。在这种方法中，硅掺杂可以通过在惰性气体中加入相应的掺杂剂，如磷化氢（PH_3）或二硼烷（B_2H_6）。

　　大多数半导体器件，其中包括太阳能电池，需要用 $0.2\sim0.5mm$ 的薄晶片。传统的晶片切割方法是内圆切割法（inner diameter saw，ID），所用的锯条上的圆形孔洞的周围镶嵌有金刚石微粒（图 1.8）。这种方法代价较高，至少约 50% 的硅会在此过程中损失掉。同时，由于结构限制，内圆切割无法加工 200mm 以上的大中直径硅片。近年来崛起的一种较新的切割方法为多丝切割技术，它通过金属丝带动碳化硅研磨料进行研磨加工来切割硅片（图 1.9）。和传统的内圆切割相比，多丝切割具有切割效率高、材料损耗小（比内圆切割法降低约 30%）、成本降低、硅片表面质量高、可切割

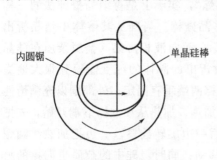

图 1.8　内圆切割原理示意图

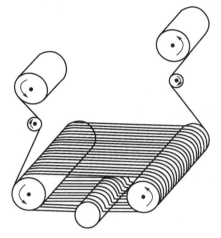

图 1.9　多丝切割原理示意图

大尺寸材料、方便后续加工等特点。

1.2　二氧化硅和无机硅酸盐材料

　　在自然界中硅主要是以 Si（Ⅳ）氧化态和氧原子化合而成的二氧化硅及各种硅酸盐物质的形式存在。二氧化硅，英文名 silica，是当今化学学科中研究得最详尽最充分的两大物质之一（另一种物质可想而知就是水），它也是生产单体硅及有机硅材料的基本原料。而所谓的硅酸盐（英文名 silicate）指的是硅、氧与其他化学元素（主要是铝、铁、钙、镁、钾、钠等金属元素）结合而成的化合物的总称。所有这些含硅化合物在地壳中分布极广，是构成多数岩石和土壤的主要成分。

1.2.1　二氧化硅

1.2.1.1　二氧化硅的存在形态

　　二氧化硅的存在形态多种多样，就"纯"二氧化硅而言就有十来种物相。由于其结构的复杂和用途的广泛，二氧化硅一直就很受科学家的重视。

　　α-石英是二氧化硅最重要的一种存在形态，它也是其唯一在常温常压下热力学稳定的物相。在自然界中 α-石英可以形成大块晶体，由于所含微量杂质的不同，它有岩晶、紫晶、玫瑰晶、烟晶、茶晶及美晶石英等各个品种。α-石英还是花岗石、砂岩及天然砂粒的主要成分。α-石英还有以隐晶态形式出现的，这一形态常见的有玉髓、玛瑙、碧玉、红玉髓、缟玛瑙及燧石等。在高温和高压条件下，二氧化硅可以以其它晶体形式存在，比如鳞石英（tridymite）和白硅石（cristobalite），还有更少见的柯石英（coesite）和斯石英（stishovite）。玻璃态二氧化硅在自然界中也有发现，如玻璃陨石（tectite）、黑曜石（obsidian）及焦石英（lechatelierite）等。而实验室合成的二氧化硅则包括凯石英（keatite）和 W-硅石（W-silica）。

就晶态二氧化硅而言，其结构主要是由（SiO_4）正四面体通过氧角原子连接起来的无限阵列。在 α-石英中，（SiO_4）正四面体连在一起形成螺旋链结构，其中有两个 Si—O 距：159.7～161.7 pm（1pm＝×10^{-3}nm，下同），而 Si—O—Si 键角为 144°。在同一晶体中，螺旋链只能为左旋或右旋，这就导致了 α-石英的光学活性。α-石英仅在 573℃ 以下稳定；超过该温度，α-石英即转变为其 β-变体（高温石英）。β-石英基本上保持其前身的结构，但晶格排列更加整齐（Si—O—Si 键角 155°）。上述相变快速而且可逆，过程中不涉及任何化学键或大范围的结构变动，比如左旋石英转变后保持为左旋，可见结构变化不大。这种转变为非再建性转变。当温度上升到 867℃，β-石英又转变为 β-鳞石英。这是一次再建性转变，伴随的晶格变化相当显著；原有的（SiO_4）四面体被撕裂，形成更简单的低密度六方结构。为此，这一转变相当迟缓，所以鳞石英也可以在低于相变温度的条件下以介稳态的形式存在。当 β-鳞石英冷却至约 120℃ 时，它会经历一次非再建性转变并形成介稳态的 α-鳞石英（相应晶格原子稍作位移）。另一方面，当温度上升至 1470℃ 时，β-鳞石英晶体内部也会发生再建性变化，并转变为 β-白硅石。这一转变也很迟缓，故在此转变温度以下，白硅石也可以以介稳态的形式存在。而在 200～280℃ 间，β-白硅石晶体会出现一次快速而可逆的变化，并生成 α-白硅石（Si—O 键长 161pm；Si—O—Si 键角 147°）。上述各种晶态转变可归纳为以下关系图。

由于 β-相再建性转变的迟缓，上述所有二氧化硅晶态的 α-相都可以在常温下得到。而且，当温度上升过快时，β-石英和 β-鳞石英可于 1550℃ 和 1703℃ 直接熔化成各向同性液体，而不发生上述相变。在 1713℃，白硅石熔化为中等黏度的无色液体，但其逆过程（结晶化过程）却较难实现，因此这种液态物质非常容易形成膨胀系数很低的玻璃态固体（软化点约 1500℃）。这种过冷物质由低温直至 1000℃，均处于介稳态，但若能使它在 1100～1300℃ 间保持相当长时间，它即可结晶成为 β-白硅石（而非鳞石英）。二氧化硅的沸点温度为 2230℃。

二氧化硅有三种晶态形成于高压之下（图 1.10），其中包括柯石英、凯石英和斯石英。柯石英最初由 Coes 在实验室中制成，后又在自然界中被发现。该晶体具有由四个（SiO_4）四面体连接起来的网架结构，其中含四元与八元环结构。凯石英的形成压力更高，其结构中（SiO_4）四面体连接为五元、七元和八元环，而斯石英是二氧化硅晶态中密度最高的一种（表 1.2），它具有金红石结构，其中含六

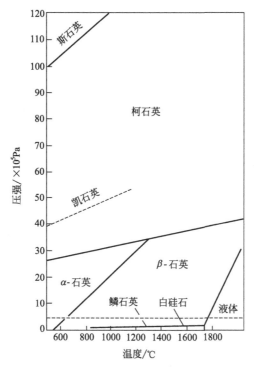

图 1.10 二氧化硅的相图

配位的硅原子。

■表 1.2 各种形态二氧化硅的密度（室温）

二氧化硅形态	密度/(g/cm³)	二氧化硅形态	密度/(g/cm³)
W-硅石	1.97	β-石英(600℃)	2.533
焦石英	2.19	α-石英	2.648
玻璃态二氧化硅	2.196	柯石英	2.911
鳞石英	2.265	凯石英	3.010
白硅石	2.334	斯石英	4.287

W-硅石是一种密度很低的纤维状物质，它形成于亚稳态晶状一氧化硅的歧化过程中（式 1.13）。W-SiO_2 的结构特征是（SiO_4）四面体用两条相对的棱边分别与前后两个四面体共享，由此形成无限长链（类似于 SiS_2 与 $SiSe_2$ 的结构）；这种结构在无机硅酸盐化学中极为罕见，因为通常硅氧连接总是通过共享（SiO_4）的氧角原子来实现的。这种构型很不稳定，故纤维状 W-SiO_2 一旦受热或有少量潮气存在时，便很快转变为无定形的二氧化硅。

$$Si + SiO_2 \xrightarrow[10^{-4} mmHg(约 1.33 \times 10^{-2} Pa)]{1250 \sim 1300℃} 2SiO \longrightarrow W\text{-}SiO_2 + Si \qquad (1.13)$$

在玻璃态二氧化硅中，（SiO_4）四面体也是通过共享氧角原子来连接的，但在其三维结构中缺乏对称及有序。玻璃态二氧化硅中 Si—O 键长和晶态二氧化硅中的相似，在 158~162pm，但 Si—O—Si 键角波动较大，它在平均值 153°左右的波动范围可达 15°~20°。

表 1.2 给出的是室温下各种形态二氧化硅的密度，表 1.3 列出的是部分二氧化硅形态的部分物理性质。

■ 表 1.3　二氧化硅各种形态的物理性质

性质	α-石英	β-石英	β-鳞石英	β-白硅石	玻璃态石英
熔点/K	1823		1973	1986	约 1773
熔融热/(kJ/mol)	8.53			8.8	
晶相转变点/K	846[①]	1140[②]	1743[③]		
转变热/(J/g)	10.5[①]	837[②]	293[③]		
比热容(373K)/(J/g)	0.694	0.791	0.473		0.774
热导率(373K)/[W/(cm·K)]	79.5[④]				0.0142
晶格常数(a,c)/nm	0.49127,0.54046	0.501,0.547	0.503,0.822	0.711[⑤]	
晶体对称性	32	622	6/m2/m2/m	4/m$\overline{3}$2/m	
Si—O 键距/nm	0.161	0.155		0.1541	0.162
Si—O—Si 键角/(°)	142	155			
莫氏硬度	7				5.5
密度(273K)/(g/cm³)	2.6507	2533[⑥]	2.262	2.21	2.195
压缩系数 β/[10⁻¹cm/(N·K)]	2.65				2.69
声速/(m/s)	5870				5730
在 UV 区透明限/nm	150.0				199.0
折射率(589.2 nm)	1.5442		1.4773	1.484[⑦]	1.4584
介电常数	4.55[④]				3.810
损耗因素(10·tanδ)	1.5[⑧]				1.0[⑧]
绝缘强度/(MV/cm)	6.7[④]				5.4

①—α→β 转变。

②—β-石英→β-鳞石英转变。

③—β-鳞石英→β-白硅石转变。

④—平行于 c 轴。

⑤—在 250℃。

⑥—在 600℃。

⑦—对 α-变体。

⑧—在 15×10⁵ 周。

1.2.1.2　二氧化硅的化学性质

二氧化硅对除氢氟酸和热磷酸外的所有酸稳定。不论何种形式的二氧化硅皆可溶于 40％的氢氟酸；无定形水合二氧化硅的溶解速度最快，玻璃态次之，α-石英溶解最慢。溶解的产物是不同组成的 $SiF_4 + H_2SiF_6$，其相对含量取决于溶解温度和氢氟酸浓度。除氟气能和二氧化硅反应并生成 SiF_4 和氧气外，其它卤素均不与其反应。在 1000℃以上氢气和单质碳也能与其反应。所有碱性溶液均可腐蚀二氧化硅，但溶液的 pH 值只有在超过 13 的情况下，腐蚀作用才比较明显。碱金属碳酸盐熔体能溶解大多数含二氧化硅的矿物，比如：

$$SiO_2 + Na_2CO_3 \longrightarrow Na_2SiO_3 + CO_2 \qquad (1.14)$$

此类反应以及二氧化硅体系所参与的多数高温反应中，二氧化硅都是作为一种酸出现。它能够置换另一弱酸或挥发性酸，故甚至硫酸盐及硝酸盐亦可与二氧化硅发生作用。从这一点来看，二氧化硅的确是一种来源方便、价格低廉的酸性材料，这一点也正是它在冶金工业上发挥重要作用的主要原因。

二氧化硅与金属或半金属氧化物的高温反应是玻璃、陶瓷和建筑工业中非常重要的反应。这类反应较为复杂，经常可以看到，随着温度和组成的改变，一个简单二元体系可能有若干新化合物产生，并形成多种低共熔体系。在此需要指出的是，在无数的反应产物中，不少水溶性的组成在工业中得到了很好的应用，其中最熟悉的当然是可溶性硅酸钠。将纯碱和二氧化硅在 1400℃ 作用（式 1.14），然后在压强条件下把所得赤热熔体直接倾入冷水，同时大力搅拌，滤除不溶物便可以得到我们熟知的硅酸钠水溶液，即水玻璃。硅酸钠水溶液的实用性与其组成密切相关，其中细节如图 1.11 所示的组成状况图及其说明。水玻璃的用途非常广泛，在化工工业被用来制造硅胶、白炭黑、沸石分子筛、硅溶胶、层硅及速溶粉状泡花碱、硅酸钾钠等各种硅酸盐类产品，是无机硅化合物的基本原料。在轻工业中是洗衣粉、肥皂等洗涤剂中不可缺少的原料，也是水质软化剂、助沉剂；在纺织工业中用于助染、

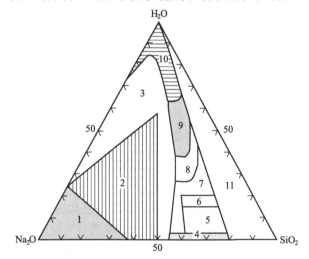

图 1.11　Na_2O-SiO_2-H_2O 三元体系简化相图

1—无水 "Na_4SiO_4" 和它与 NaOH 的混合物；

2—晶态硅酸钠如 Na_2SiO_3 及其水合物；

3—无用途的部分晶化混合物；4—玻璃；

5—无用途的水合玻璃；6—去水液相；

7—无用途的半固体和凝胶；8—不稳

定的黏稠液体；9—普通工业

用液体；10—稀释液体；

11—不稳定液体及凝胶

漂白和浆纱；在机械行业中广泛用于铸造、砂轮制造和金属防腐剂等；在建筑行业中用于制造快干水泥、耐酸水泥、防水油、土壤固化剂、耐火材料、密封剂等；在农业方面可制造硅素肥料等。

1.2.1.3 二氧化硅的水合物-硅酸

相对于其它无机酸而言，硅酸的形态与组成状况要复杂得多。基于 SiO_2 与 H_2O 的密切相似性（包括这两种物质晶态结构上的相似性），二氧化硅可以形成多种形态和组成的水合物。硅酸的固态结构信息不多，而在水溶液中至少有五种硅酸已被确认存在（表1.4）。硅酸在水中的溶解度较小，溶液呈微弱的酸性。在固态，这些硅酸会继续缩合并交联，形成三维网状结构。

■表1.4　水溶液的硅酸的组成与溶解度

硅酸最简式	n[①]	硅酸名称	溶解度(20℃)/($\times 10^{-4}$ mol/L)
$H_{10}Si_2O_9$	2.5	五水二硅酸(pentahydrosilic acid)	2.9
H_4SiO_4	2	正硅酸(orthosilic acid)	7
$H_6Si_2O_7$	1.5	焦硅酸(pyrosilic acid)	9.6
H_2SiO_3	1	偏硅酸(metasilic acid)	10
$H_3Si_2O_3$	0.5	偏二硅酸(disilic acid)	20

① 每摩尔 SiO_2 含水摩尔数（$SiO_2 \cdot n H_2O$）。

硅酸可由可溶性硅酸盐与酸作用制得。在稀溶液中，刚生成的硅酸并不立即沉淀，而是以单分子形式存在于溶液中。当放置一段时间后，硅酸就逐渐缩合成多硅酸，形成硅酸溶胶。在溶胶中再加酸或电解质，便可沉淀出硅酸凝胶。这时生成的硅酸凝胶呈胶冻状，为白色透明、软而有弹性的固体。如果在较浓的可溶性硅酸盐溶液中加酸，则可立即沉淀出白色絮状的硅酸凝胶。把胶冻状硅酸凝胶烘干脱去大部分水，并活化，可制得硅胶。

1.2.1.4 二氧化硅材料及应用

二氧化硅的用途很广。在工业中用得最多的二氧化硅形式是高纯 α-石英、石英玻璃、硅胶、气相白炭黑和硅藻土。α-石英有左旋与右旋之分；它们互为结构对映体。由于结构上的这一特性，两种晶体分别具有使偏振光振动面左旋或右旋的能力，故 α-石英常是旋光仪的主要光学部分材料。α-石英还具有压电性质，即石英晶体在某些方向受到机械应力后，便会产生电偶极子；相反，若在石英某方向施以电压，则其特定方向上会产生形变，这一现象称为逆压电效应。若在石英晶体上施加交变电场，则晶体晶格将产生机械振动，当外加电场的频率和晶体的固有振荡频率一致时，则出现晶体的谐振。由于石英晶体在压力下产出的电场强度很小，这样仅需很弱的外加电场即可产生形变，这一特性使压电石英晶体很容易在外加交变电场激励下产生谐振。其振荡能量损耗小，振荡频率极稳定，这些再加上石英优良的机械、电气和化学稳定性，使它自20世纪40年代以来就成为石英钟、电子表、电话、电视、计算机等与数字电路有关的频率基准元件。

石英玻璃是一种只含二氧化硅单一成分的特种玻璃。它是用天然石英，或合成二氧化硅经高温熔制而成，它的形成是由于其熔体高温黏度很高的缘故。由于软化温度高和加工温度范围窄，故石英玻璃器皿一般不宜机制，手工制作也需要较高技艺。但这种玻璃硬度大可达莫氏7级，具有耐高温、膨胀系数低、耐热震性、化学稳定性和电绝缘性能良好，并能透过紫外线和红外线。所以它广泛用于制作半导体、电光源器、半导通信装置、激光器，光学仪器、实验室仪器、电学设备、医疗设备和耐高温耐腐蚀的化学仪器等上。

硅胶硅胶（silica gel）是一种多孔的二氧化硅粒状，由硅酸钠酸化，然后把所得沉淀洗涤干燥制得。硅胶的性质取决于制备方法，但一般产品的孔径为 $2200 \sim 2600pm$，比表面积为 $750 \sim 800m^2/g$，而体密度为 $0.67 \sim 0.75g/cm^3$。它主要用作可重复使用的干燥剂、有选择性吸收剂、柱色谱和薄层色谱中的吸附剂、触媒载体和隔声、隔热材料。硅胶对不同极性的分子吸附能力不同。它对极性分子的吸附能力超过对烃类的吸附能力。像 H_2O，SO_2 以及 NH_3 等极性分子可被硅胶牢固吸附。当将硅胶用来干燥相对湿度对 80% 的空气流时，比表面积为 $800m^2/g$ 的硅胶可以吸收相当于自重 40% 的水分。

气相白炭黑（fumed silica）是通过四氯化硅在氢氧焰中的高温水解得到，反应式如下：

$$SiCl_4 + 2H_2 + O_2 \longrightarrow SiO_2 + 4HCl \tag{1.15}$$

此时生成的气相二氧化硅颗粒极细，与气体形成气溶胶，不易捕集，故使其先在聚集器中聚集成较大颗粒，然后经旋风分离器收集，再送入脱酸炉，用空气吹洗至 pH 值为 $4 \sim 6$ 即为成品。气相法白炭黑常态下为白色无定形絮状半透明固体，无毒，有巨大的比表面积（$50 \sim 400m^2/g$）。气相法白炭黑全部是纳米二氧化硅，产品纯度可达 99% 以上，粒径为 $7 \sim 50nm$。气相白炭黑主要用作硅橡胶的补强剂、涂料和不饱和树脂增稠剂等。

硅藻土（diatomite 或 kieselguhr），是被称之为硅藻的单细胞植物死亡后经过1万～2万年的堆积期，形成的一种化石性的硅藻堆积土矿床。硅藻土是一种十分重要的非金属矿产。由于硅藻土具备特殊的理化性能，因此广泛应用于化工生产中的触媒载体，涂料、橡胶、纸张中的填充料，食品工业中的过滤、漂白剂，隔热、隔声材料，以及石油精炼、陶瓷、玻璃、钢铁、冶金热处理等。

1.2.2 无机硅酸盐材料

虽然硅酸盐是化学学科中结构最为复杂、最为多样性的一类化合物之一，但它们还是可以通过几条比较简单的规则来进行分类。几乎所有的硅酸盐中都含有（SiO_4）正四面体结构，而且它们之间只能通过共享氧角原子来进行连接。各类硅酸盐在结构上最有意义的差别在于（SiO_4）正四面体连接方式上的不同。从这一角度出发，硅酸盐大体上可分成以下四类：具有独立硅氧阴离子团的硅酸盐、无限长链或梯状结构的硅酸盐、二维层状构造的硅酸盐和三维骨架构造的硅酸盐。

在所有硅酸盐结构中，与同一硅原子成链的氧原子彼此相距均在 $260\sim280\text{pm}$ 之间，而与不同硅原子成键但彼此相邻的氧原子之间的距离也落在该数值范围以内。由此不难推测，在晶态硅酸盐中，氧原子必定以某种密堆积的形式排布。实验还证明，体积较小的硅原子处在 O^{2-} 离子密堆积陈列的正四面体空隙之中。根据异质同构取代原理，晶体空隙中的硅原子可被大小相近的铝原子所置换。其他金属离子如 Fe^{2+}，Mn^{2+}，以及 Mg^{2+}，由于大小接近，故也可以彼此置换而无需改变晶格构造（但改变了晶体的物理性质，如密度，光学性能等）。这种置换作用主要取决于置换离子的体积大小而非所带电荷；置换过程中造成的电荷不平衡可通过其他途径获得补偿（例如加入 Na^+ 或 Li^+ 离子，或以 OH^- 离子代替 O^{2-} 离子等）。这种原子置换也使得硅酸盐更加复杂多样。接下来我们就来具体讨论各种硅酸盐的结构。

1.2.2.1 具有独立硅氧阴离子团的硅酸盐

这类硅酸盐又有以下几种情况。第一种阴离子团中只含一个（SiO_4）正四面体，其氧原子不与其它正四面体共享。这类硅酸盐被称为正硅酸盐或原硅酸盐（*neso*-silicates），其阴离子团的形式为 SiO_4^{4-}。含独立 SiO_4^{4-} 阴离子的典型天然矿物是橄榄石 $[(Mg,Fe,Mn)_2SiO_4]$（olivine）。橄榄石主要由正硅酸盐所组成，铁离子的数目仅相当于镁离子数目的 1/9，而锰离子的数目则更少。锆英石（zircon）亦是人所共知的正硅酸盐，其组成为 $ZrSiO_4$。在这种矿物结构中 Zr^{4+} 居于八配位位置，有半数 O^{2-} 离子与之相距 205pm，另半数 O^{2-} 离子则相距 241pm。其它比较典型的正硅酸盐矿物还有硅铍石（Be_2SiO_4）（phenacite）和石榴石 $[(Cu,Mg,Fe)_3(Al,Cr,Fe)_2(SiO_4)_3]$（garnet）。硅铍石晶体结构中的铍和桂都是正四面体配位。而石榴石结构中正二价离子为八配位，正三价离子则为六配位。波特兰水泥的主要成分也是正硅酸盐。从转窑煅烧出来的混合物含有硅酸二钙 Ca_2SiO_4，硅酸三钙 Ca_3SiO_5［alite，含 Ca、（SiO_4）和 O 结构单元，其仅在 1250℃ 以上稳定，冷却后即分解为 CaO 与 Ca_2SiO_4］，铝酸三钙 $Ca_3Al_2O_6$ 以及铁铝酸四钙 Ca_2AlFeO_5。Ca_2SiO_4 有四种晶型，此处所涉及的是它的 β 相。干燥的 β-Ca_2SiO_4 在室温时是介稳的，它一旦与水接触即膨胀为低密度而稳定的 α 相（橄榄石结构），与此同时还有许多水化物形成。

第二种阴离子团中含两个（SiO_4）正四面体，其中有一个氧原子为两个四面体所共享，形成阴离子团 $Si_2O_7^{6-}$，称为焦硅酸（*soro*-silicates）阴离子。天然硅酸盐中含独立焦硅酸阴离子的较为常见，可举以下实例。

（1）异极石（calamine 或 hemimorphite），这是一种锌矿石，其组成可表示为 $[Zn_4(OH)_2Si_2O_7]\cdot H_2O$。但从最近的结构分析来看，这种矿石实际有类似硅铝酸盐的三维骨架结构。

(2) 钪钇石（thortveitite），其组成为 $Sc_2Si_2O_7$。

(3) 符山石（idocrase 或 vesuvianite），这种矿物的结构为 $Ca_{10}Mg_2Al_4$ $(SiO_4)_5(Si_2O_7)_2(OH)_4$，可见其组成中也含有正硅酸根阴离子。

(4) 绿帘石（epidote），这种矿物的组成可以表示为 $Ca_2FeAl_2(SiO_4)(Si_2O_7)$ $O(OH)$。

第三类独立阴离子团中含有三个或更多个（SiO_4）正四面体，其中每一正四面体均有两个氧原子分别与另两个正四面体所共享，形成环状阴离子团 $[(SiO_3)^{2-}]_n$（图1.12）。已知环状阴离子团的 n 为 3、4、6 或 8，其中 3 和 6 最为常见。含这种阴离子的天然硅酸盐以绿柱石类矿物（$Be_3Al_2Si_6O_{18}$）（beryl）最为人所熟知。这类天然宝石有时无色，有时呈浅蓝绿色（如海蓝宝石），有时为绿色（如绿宝石）。在此类矿物的结构中，六边形阴离子环成平行平面排列，通过正离子的作用而结合在一起。

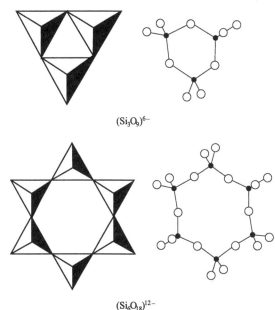

$(Si_3O_9)^{6-}$

$(Si_6O_{18})^{12-}$

图 1.12 环状阴离子团 $[(SiO_3)^{2-}]_n$ 结构

示意图（图中 n 分别为 3 和 6）

1.2.2.2 具有（SiO_4）正四面体无限长链或带状结构的硅酸盐

这种硅酸盐由单链和多链之分。在单链硅酸盐中，每一正四面体有两个氧原子分别与前后两个四面体共享，其负电荷沿长链分布，形成链状阴离子团 $[(SiO_3)^{2-}]_n$。这种硅酸盐看似简单，但由于（SiO_4）正四面体链能形成各种构象，所以它们的结构也具有多样性。它们延长链方向的重复单元可以为 1、2、3、…、7、9 或 12 个（SiO_4）正四面体。另外，两条、甚至更多条（SiO_4）正四面体链可以通过横向氧原子桥连接，从而形成梯状结构的硅酸盐（图 1.13）。这一类型硅酸盐中较为常见的有以下几种。

（1）硅酸钠与硅酸锂，这类硅酸盐的阴离子链的重复单元为 2 个（SiO_4）正四面体，其中硅氧键的 Si—O—Si 键角为 137.5°，Si—O 键距为 168pm，而非链的氧原子距硅原子 157pm。

（2）辉石矿（pyroxene），其中包括透辉石 $[CaMg(SiO_3)_2]$（diopside），顽火石（$MgSiO_3$）（clinoenstatite）以及鯃辉石 $[LiAl(SiO_3)_2]$（spodumene）等。

（3）闪石矿（amphibole），包括透闪石 $[Ca_2Mg_5Si_8O_{22}(OH)_2]$（tremolite）以及它的许多变体。

辉石矿和闪石矿结构上的主要区别在于辉石矿结构中含阴离子硅氧单链，而闪石矿则含有阴离子双链（呈梯状结构），如图 1.13 所示。由于结构上的这一特点，这类矿物宏观上都具有纤维状结构。

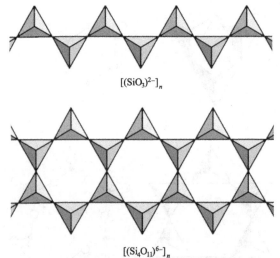

$[(SiO_3)^{2-}]_n$

$[(Si_4O_{11})^{6-}]_n$

图 1.13　由重复单元为两个（SiO_4）正四面体的单

链（上图）形成的双链阴离子团 $[(Si_4O_{11})^{6-}]_n$

（下图）结构示意图

1.2.2.3　具有（SiO_4）四面体二维层状构造的硅酸盐

在这种硅酸盐结构中，每一四面体皆有三个氧原子分别与相邻的三个四面体共享，形成硅、氧交替的"无限"二维层状结构。层状结构中四面体之间的组合可取多种方式，其中以组成正六边形环状结构最为普遍（图 1.14）。这种层状阴离子的平均组成为 $[(Si_4O_{10})^{4-}]_n$。自然界中也有双层构造的硅酸盐，但要形成这种结构，其中的部分硅原子需要被其它原子（如 Al）取代，或者在层中插入与其大小相似的三水铝石 $Al(OH)_3$（gibbsite）或水镁石 $Ma(OH)_2$（brucite）结构。

这类硅酸盐在变形岩和风化岩中最为常见，其中包括云母（mica）、黏土类矿物（clay minerals）以及蛇纹石型的温石棉（chrysotile）（即普通石棉）等。这些矿物的层状结构可描绘如下：两个氧原子平面层之间紧夹一个硅原子平面层，形成氧-硅-氧夹心饼干式层状构造；夹心层与夹心层之间再通过 Mg^{2+}、Ca^{2+} 与 Fe^{2+} 等二价阳离子"黏结"在一起，构造中的硅可被铝所置换。如果 O^{2-} 为 OH^- 所置换，一价阳离子也可置换上述二价阳离子。置换的结果使得这类矿物的组成非常复杂。

$[(Si_4O_{11})^{6-}]_n$

图 1.14 含正六边形环状结构的层状硅酸盐阴离子示意图

云母类矿物是天然硅酸盐含层状结构的典型实例，也是分布最广的造岩矿物之一。云母族矿物中最常见的矿物种有白云母 $[KAl_2(AlSi_3O_{10})(OH)_2]$（muscovite）、金云母 $[KMg_3(AlSi_3O_{10})(F,OH)_2]$（phlogopite）、黑云母（biotite）$[K(Mg,Fe^{2+})_3(Al, Fe^{3+})Si_3O_{10}(OH,F)_2]$、锂云母 $\{K(Li,Al)_{2.5\sim3}[Si_{3\sim3.5}Al_{0.5\sim1}O_{10}](OH,F)_2\}$（lepidolite）、绢云母 $[K_{0.5\sim1}(Al,Fe,Mg)_2(SiAl)_4O_{10}(OH)_2 \cdot nH_2O]$（sericite）等。这类矿物的最大特点是平行底面的解理极其完全。

云母类矿物具有独特的性能，因此它们在国民经济的很多领域得到了很广泛的应用。其中白云母在工业中用得最多，其次是金云母。云母具有较高的绝缘强度和较大的电阻、较低的电介质损耗和抗电弧、耐电晕等优良的介电性能，而且质地坚硬、机械强度高、耐高温和温度急剧变化并具有耐酸碱等良好的物化性能，所以被用作电气设备和电工器材的绝缘材料；其次它们可以用于制造蒸汽锅炉、冶炼炉的炉窗和机械上的零件。云母粉广泛用于涂料、塑料、油毡、造纸、油田钻井、装饰化妆等行业，在涂料中可减少光和热对漆膜的破坏，增加涂层的耐酸、碱和电绝缘性能，提高涂层的抗冻性、抗腐蚀性、坚韧性和密实性和阻隔性能。云母粉还可用在屋面材料中，起防雨保暖、隔热等。云母粉与矿棉树脂涂料混合，可做混凝土、石材、砖砌外墙的装饰作用。在橡胶制品中，云母粉可做润滑剂、脱膜剂，以及做高强度的电绝缘和耐热、耐酸碱制品的填充剂。

黏土类矿物的结构中一般含有正四面体层和八面体层，可分为 1:1 和 1:2 两种。1:1 指的是黏土结构中正四面体层和八面体层的数量比 1:1，比如高岭土 $[Al_2Si_2O_5(OH)_4]$（kaolinite）；而在 1:2 黏土结构中，一个八面体层夹在两个正四面体层之间，1:2 黏土中最常见的可数蒙脱土 $[(Na,Ca)_{0.33}(Al,Mg)_2(Si_4O_{10})(OH)_2 \cdot nH_2O]$（montmorillonite）。这也就是说，1:1 黏土含单层硅酸盐阴离子，而 1:2 黏土则是双层构造的硅酸盐。

黏土也是一种重要的矿物原料，它们在工业中的用途也很广泛。其中，高岭土具有白度高、质软、易分散悬浮于水中、良好的可塑性和黏结性、优良的电绝缘性能；具有良好的抗酸溶性、很低的阳离子交换量、较好的耐火性等物化性质。因此高岭土已成为造纸、陶瓷、橡胶、化工、涂料、医药和国防等几十个行业所必需的矿物原料。蒙脱石的用途也多种多样，人们将它的特性运用到化学反应中以产生吸附作用和净化作用。它还可以作为造纸、橡胶、化妆品的填充剂，石油脱色和石油裂化催化剂的原料等，还可作为地质钻探用泥浆，冶金用黏合剂及医药等方面。

1.2.2.4 具有（SiO₄）正四面体三维骨架构造的硅酸盐

如（SiO_4）正四面体的每个氧原子皆与相邻四面体共享，则形成"无限"的三维骨架构造，这就是晶态二氧化硅的结构。而在三维骨架构造的硅酸盐中，部分硅原子为其它原子所取代。这类硅酸盐较为复杂，其大致可分为三大类：长石（feldspar）、沸石（zeolite）和群青（ultramarine）。在所有这些硅酸盐中，（SiO_4）正四面体的所有氧原子都为两个正四面体，但不到一半的硅被铝原子所取代。而置换过程中造成的电荷不平衡可通过加入其它离子来进行补偿。

大多数长石类矿物可以被看做是 $NaAlSi_3O_8$-$KAlSi_3O_8$-$CaAl_2Si_2O_8$ 三元体系的成员（图 1.15）。长石是地壳中最重要的造岩成分，比例达到 60%。几乎所有火成岩的主要成分都为长石，部分沉积岩和变质岩中也含有长石成分，另外月球的壳也由长石组成。有些品种的长石可以被用作陶瓷工业、玻璃工业和搪瓷工业的生产原料。含有铷和铯的长石可作为提取稀有元素的原料。

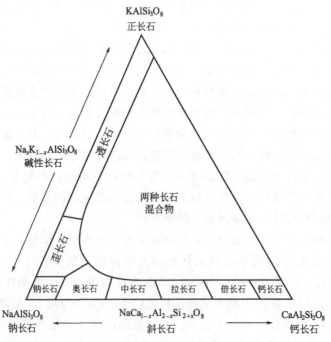

图 1.15　长石的三元相图（各相分界线的精确组成取决于它们的形成温度）

沸石是另一类非常重要的三维骨架构造的硅酸盐矿物。这种矿物的骨架结构比长石要来的开放。在沸石的结构中含有微通道结构或互通空腔结构，所以使得它们能够吸附水或其它小分子化合物。图 1.16 中显示的是通过 24 个（SiO_4）正四面体形成一个去角的八面体笼状结构，其中每个顶点代表一个硅或铝原子，而每条棱则代表一根 Si—O—Si 键。这种结构单元被称为 β-笼（β-cage），而其堆积形成的结构中含有更大的空腔。例如，人造 A 型沸石 $[Na_{12}(Al_{12}Si_{12}O_{48})] \cdot 27H_2O$ 就是通过 β-笼的简单立方堆积而形成的。

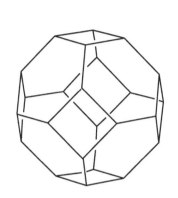
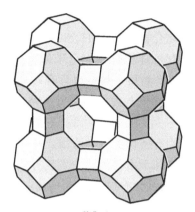

β-笼   A型沸石

图 1.16   24 个（SiO_4）正四面体形成一个去角的八面体笼状结构（β-笼），β-笼的简单立方堆积则形成 A 型沸石

沸石有很多种，已经发现的就有 36 种之多。这类材料被广泛应用于工业、农业、国防等部门，并且其用途还在不断地开拓。沸石具有吸附性、离子交换性、催化和耐酸耐热等性能，因此被广泛用作吸附剂、离子交换剂和催化剂，也可用于气体的干燥、净化和污水处理等方面。在禽畜业中，沸石能作为饲料添加剂和除臭剂等，可促进牲口。由于沸石的多孔性硅酸盐性质，小孔中存有一定量的空气，常被用于防暴沸。

最后一类骨架构造硅酸盐为群青，其结构单元也是 β-笼（图 1.16 和图 1.17），但它们一般无水，但含有个阴离子，如 Cl^-、SO_4^{2-}、S_2^{2-} 或 S_3^{2-}。这一类型硅酸盐包括方钠石 $[Na_8Cl_2(Al_6Si_6O_{24})]$（sodalite）、黝方石 $[Na_8(SO_4)(Al_6Si_6O_{24})]$（noselie）和群青 $[Na_8(S_2)(Al_6Si_6O_{24})]$。如果方钠石中只含氯离子，它是无色的。但一旦部分被硫离子取代就变成蓝色。完全取代就得到群青。群青是最古老和最鲜艳的蓝色颜料，无毒害、环保，属无机颜料

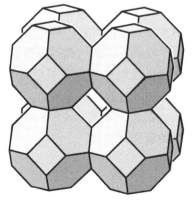

图 1.17   方钠石和群青的结构示意图

范畴。它的颜色是因为含有 S_2^{2-} 和 S_3^{2-} 的缘故，而当 S_3^{2-}/S_2^{2-} 比升高时，其颜色就会从绿色变成蓝色。

1.3 有机硅材料

所谓有机硅化合物是指含有硅碳键的化合物，而且至少有一个有机基团通过硅碳键结合到硅原子上。如 CH_3SiH_3，$(C_2H_5)_2SiCl_2$，$C_6H_5SiCl_3$，$(CH_3)_2Si(OCH_3)_2$ 等都是有机硅化合物，而 $SiCl_4$、SiC、Si_3N_4、Na_2SiO_3、H_3SiCN 等则属于无机硅化合物，其中 H_3SiCN 尽管含有碳原子，而且也连到硅原子上，但也不被认为是有机硅化合物。至于像正硅酸乙酯 $Si(OC_2H_5)_4$、三乙氧基硅烷 $HSi(OC_2H_5)_3$ 这类物质，虽然也含有有机基团，但此基团不是通过碳原子而是通过氧原子联结到硅原子上去的，所以严格来说，它们也不应该属于有机硅化合物的范畴，不过在不少文献中却常常把它们看作有机硅化合物，这大概是由于它们与某些有机硅化合物有密切关系的缘故。在自然界中至今未发现有机硅化合物的存在，只有在动物羽毛和禾本科植物中发现有硅酸酯类化合物，但这类物质并不含有硅碳键（Si—C），而只是含有硅-氧碳键（Si—O—C）。

有机硅化学是元素有机化学的一个分支，主要研究有机硅化合物的合成、结构、性能和用途。在近数十年间，由于有机硅高聚物获得了广泛的应用，因此在有机硅化学领域的研究也得到了大大的促进。无论在基础理论方面，还是在应用研究方面，新的成果层出不穷，发展之速，一日千里，文章之多，不胜枚举。

有机硅高聚物的种类也很多，其中包括聚硅氧烷、聚硅烷、聚碳硅烷、聚氮硅烷等。有机聚硅氧烷是其中最重要的一类，其结构可表示如下：

$$[R_nSiO_{(4-n)/2}]_m$$

其中，R 为有机基团（如甲基、苯基等）；n 为硅原子上连接的有机基团数（n=1、2、3）；m 为聚合度。

一般认为的有机硅材料主要就是指以含聚硅氧烷主链的低聚或高聚物，它也是本书主要介绍的内容。有机聚硅氧烷之所以有广泛的用途，主要由于它们具有其他高分子材料所无法比拟的独特性能：如耐高温、耐低温、防潮、绝缘、耐腐蚀、耐老化及生理惰性等。有机硅高分子产品品种非常多样，有液体（硅油）、弹性体（硅橡胶）、树脂、乳液等，它们在宇航、航空、电气、电子、轻工、机械、化工、建筑、农业、医学、日常生活等方面均已得到广泛的应用，已成为国民经济中必不可少的新型材料。

参考文献

[1] 郝润蓉、方锡义、钮少冲编著.无机化学丛书（第三卷）：碳硅锗分族.北京：科学出版社，1998.

［2］ Adolf Goetzberger，Joachim Knobloch，Bernhard Voβ，Crystalline Silicon Solar Cells，Chichester：Wiley-VCH，1998.

［3］ Caterine E. Housecroft，Alan G. Sharpe，Inorganic Chemistry，second edition，Harlow：Pearson Education Limited，2005.

［4］ E. Belov，V. Gerlivanov，V. Zadde，S. Kleschevnikova，N. Korneev，E. Lebedev，A. ，Pinov，Y. Tsuo，E. Ryabenko，D. Strebkov，E. Chernyshev，Preparation Method for High Purity Silane，Russian Patent No. 2129984.

第2章 ◀◀◀

有机硅的分类、命名和发展

>>>>>>>>>
2.1 有机硅化合物的发展史

在 1863 年以前，人们所知和所利用的含硅化合物都是我们在上一章节提到的无机硅化合物，其中包括天然化合物和其转化成的产品，如陶瓷、水泥、玻璃等。1863 年法国化学家 C. Fiedel 和 J. M. Crafts 通过乙基锌在封管中和四氯化硅作用合成了四乙基硅烷（式 2.1），它是历史上第一个有机硅化合物。这也是有机硅化学开始的标志。

$$2Zn(C_2H_5)_2 + SiCl_4 \xrightarrow{160℃} Si(C_2H_5)_4 + 2ZnCl_2 \qquad (2.1)$$

从此以后，化学家们不断地合成新的有机硅化合物。其中值得一提的有用正硅酸乙酯代替四氯化硅与烷基锌反应，获得含有一、二、三硅官能度的有机硅化合物的 A. Landenberg，还有利用武兹（C. A. Wurtz）反应合成第一个全芳基硅烷——四苯基硅烷（式 2.2）的 A. Polis。在到 1903 年的 40 年期间虽然没有产生真正推动有机硅发展的技术成果，但是在这段时间里化学家作了很多开创性的工作，所以这一阶段可以被认为是有机硅的创始时期。

$$SiCl_4 + 4C_6H_5Cl + 8Na \longrightarrow Si(C_6H_5)_4 + 8NaCl \qquad (2.2)$$

英国著名化学家 F. S. Kipping 被认为是有机硅化学的奠基人。他在 1898～1944 年期间在这个领域做了大量深入的研究工作，并在英国皇家化学学会学报（Journal of the Chemical Society）连续发表了 51 篇相关论文。他在 1904 年和德国化学家 W. Dilthey 各自独立发现了通过格氏反应可以合成有机硅化合物，这一方法因为操作方便、产率较高、应用面广且较安全，比以前的那些金属有机合成法有较大的改进。用此法可以合成多种不同硅官能度的有机硅化合物（式 2.3）。Kipping 利用这一方法合成了为数众多、结构明确的有机硅化合物。该方法成为日后有机硅工业的基础，而且它现在还是有机硅最主要的合成方法之一。

$$RMgCl + SiCl_4 \longrightarrow RSiCl_3 + R_2SiCl_2 + R_3SiCl + R_4Si + MgCl_2 \tag{2.3}$$

Kipping 用格氏试剂法合成了有机氯硅烷，并发现它们可以水解生成硅醇，同时也觉察到硅二醇和硅三醇可进一步进行分子间缩合形成聚合物，但作为有机化学家的他丝毫不重视这一反应，甚至厌恶这些聚合物产物，因此也就没去研究它们。而在这方面 Dilthey 倒是做了件有意义的工作：他把二苯基硅二醇缩合得到六苯基环三硅氧烷，这是历史上所报道的第一个环状聚硅氧烷化合物。它是合成线型硅氧烷的先驱物，它的问世对于推动有机硅高分子的发展起了非常积极的作用。

从 1904~1937 年这一阶段，科学家们不但合成了许多种简单的有机硅化合物，而且也出现了环型和线型的聚硅氧烷。此外，A. Stock 又发现了许多硅氢化合物。在基础研究方面，已开始了不对称硅原子化合物的合成。这三十多年是有机硅化学的成长时期。

20 世纪 30 年代以后，化学家们开始认识到高分子有机硅化合物的应用前景。在这一领域最早开展研究工作的有美国康宁（Corning）玻璃公司的 J. F. Hyde、美国通用电气（GE）的 W. J. Patnode 和 E. G. Rochow、前苏联的 K. A. Andrianov（К. А. Андрианов）和 B. N. Dolgov（Б. Н. Долгов）、德国的 R. Müller 等。Hyde 与 Kipping 的观点相反，他首先把有机硅化学和高分子化学结合在一起。康宁公司在他指导下生产了用于电绝缘玻璃布的有机硅树脂、涂料、浸渍剂和其他许多聚有机硅氧烷产品。与此同时美国陶氏化学（Dow Chemicals）公司也开始了聚有机硅氧烷的生产研究，并于 1942 年建立了二甲基硅油和甲基苯基硅树脂中试装置。在当时，有机氯硅烷单体主要还是用格氏法合成的，所以单体的供应成了当时影响有机硅高分子发展的主要瓶颈。而在 1940 年 Rochow 发明了甲基氯硅烷的"直接合成法"并申请了专利。此法不用溶剂，是直接将氯甲烷通入到含有铜催化剂的硅粉中去的气-固相反应（式 2.4）。就在这时，德国化学家 Müller 也申请了类似的专利，但优先权日比 Rochow 的晚了九个月。这一卓越的贡献，使有机硅的生产掀起了一场大革命，促进了有机硅工业进一步的发展。

$$CH_3Cl + Si \xrightarrow[\triangle]{Cu} (CH_3)_xSiCl_{4-x} \tag{2.4}$$

1943 年陶氏化学公司和康宁公司合资成立了世界著名的有机硅专业公司——道康宁（Dow Corning）公司，并于当年在美国密歇根州的米德兰（Midland）市建成了生产聚有机硅氧烷的工厂。该公司不久就研制出 DC#4 点火密封材料，并成功地用于高空飞机上。后来该公司又开发了许多型号的硅树脂、涂料、防震油、润滑油、消泡剂等产品。1947 年通用电气公司也成立了有机硅部，利用直接法生产有机氯硅烷，并制取各种聚硅氧烷产品。通用电气公司的生产技术为以后的有机硅厂所采用。

前苏联在有机硅高分子领域的研究非常出色，特别是 Andrianov。他除了在聚硅氧烷高分子方面做了大量工作并合成了许多有实际应用价值的有机硅高聚物外，还把硼、铝、钛、锡、磷等其它元素引入聚硅氧烷结构中以进行改性。他还是第一个把硅氮烷用作防水涂料的人。

第二次世界大战结束后，由于有机硅产品在军工生产中的成功应用，有机硅工业得以非常迅速的发展，而且生产都走上了正规化的道路。20 世纪 50 年代各国都相继成立了有机硅产品生产公司。而各种有机硅高分子材料如硅橡胶（包括高温硫化胶、室温硫化胶、透明硅橡胶、耐油氟硅橡胶等）、扩散泵油、层压树脂、有机硅乳液、有机硅表面活性剂、防粘剂、硅橡胶烧蚀材料等接二连三地涌现。

在 1938～1965 年间，无论在理论还是应用方面；无论在单体还是聚合物方面，有机硅化学都在飞跃地发展。在这里着重指出的有：硅基化反应、硅氢加成反应、光活性有机硅化合物的研究、含碳官能团有机硅化合物的合成、反应机理的探讨、聚合方法的改进，以及硅油、硅橡胶、偶联剂的相继出现等。无疑这一阶段是有机硅的发展时期。

自 1965 年以来，人们除了把已有成果巩固、发展、改进和利用外，又转向有机硅化学新领域进军。其中值得一提的有：有机硅立体化学、具有生理活性的有机硅化合物、环状及线型聚硅烷、各种含硅反应中间体、硅的不饱和键化合物、含硅的三元环化合物、硅-金属键化合物、聚硅烷嵌段共聚物、倍半硅氧烷、含硅树状及超支链高分子化合物等。而在有机硅工业方面，有机硅单体和聚合物的生产规模不断扩大，生产技术不断改进，生产成本不断降低，这使得有机硅产品更具有竞争力。而多功能、高性能的有机硅产品，如医用、导电、导热聚硅氧烷的不断开发，使其应用范围不断扩大。有机硅产品正以硅油、硅橡胶、硅树脂、硅烷偶联剂等主要形式不断地向国民经济的各个领域渗透。

中国有机硅的研究始于 1952 年，开展得最早的是北京化工研究院和中国科学院北京化学研究所，前者从工业生产方面着手，后者做基础研究。此后，吉林化工研究院、晨光化工研究院大规模的生产研究成果相继出现，也建立了如上海树脂厂、江西星火化工厂、天津市油化总厂、西安绝缘材料厂、广州白云化工厂、晨光化工研究院二厂、北京化工二厂等有机硅专业生产工厂。值得指出的是，有相当部分有机硅产品是由上海树脂厂有机硅研究所研究开发生产的。同时各高等院校，如南开大学、南京大学、武汉大学和山东大学等单位也展开了基础理论或应用研究。因此，虽然起步较晚，中国的有机硅化学和工业也由开创阶段逐步走上了发展阶段。但从整体实力和技术水平来看，与发达国家还有不小差距。由于中国现处于大发展时期，对有机硅的需求会越来越大，这对于中国有机硅工业的发展是个很好的契机。

2.2 有机硅材料的分类和命名

有机硅化合物的范围很广，其中包括小分子和大分子化合物。但是一般认为的有机硅材料主要是指以含聚硅氧烷为主链的低聚或高聚物。这类化合物在英文中常被称为 Silicone。Silicone 这个词是由硅字头（Silic-）和酮字尾（-one）构成的。这个单词是由德国化学家 F. Wöhler 在 1857 年最早提出，但真正广泛使用并推广它的是 F. S. Kipping。他用这个词来描述二苯基二氯硅烷水解并缩合的产物聚二苯基硅氧烷。聚二苯基硅氧烷的最简式为（C_6H_5）$_2$SiO，与二苯基酮（C_6H_5）$_2$C $=$ O相似。Kipping 当时也知道（C_6H_5）$_2$SiO 是高分子量化合物，而（C_6H_5）$_2$C $=$ O是小分子，并且也指出了它们完全不同的化学性质。虽然人们早已发现，由于硅的共价半径较大，所以硅比较容易和两个氧原子形成两个单键，而不是硅氧双键，但现在 Silicone 还是通常用来定义聚合的硅氧烷产品，而且一般是指复杂而又常常无法用精确的科学术语定义的产品，它们通常是很多组分的混合物。

从产品形态分类，有机硅材料主要可以分为硅油（silicone oil 或 silicone fluid）（包括硅脂、有机硅乳液、有机硅表面活性剂等）、硅橡胶（silicone rubber）（包括室温硫化和高温硫化硅橡胶）、硅树脂（silicone resin）和硅烷偶联剂（silane coupling agent）等。

硅油及硅油制品是有机硅材料中一类重要产品，它的品种多，可分为普通硅油和改性硅油两大类。改性硅油中聚醚改性的占绝大多数，其次是氯基改性、环氧改性、烷基改性、羟基改性、巯基改性、醇改性硅油等。硅油制品主要是消泡剂、脱模剂、纸张隔离剂、织物整理剂和硅脂等。硅树脂有润滑、电绝缘、防污闪和导热等系列产品。主要需求行业是机械行业、电子电力行业、化学工业、纺织染整业、纸制品、医药及化妆品业。

硅橡胶是有机硅产品中产量最大、品种牌号最多的一类。根据生胶结构硅橡胶可以分为甲基硅橡胶、甲基乙烯基硅橡胶、苯基硅橡胶、氰硅橡胶和氟硅橡胶等。而按其硫化温度，硅橡胶分高温硫化型（high-temperature-vulcanized，HTV）和室温硫化型（room-temperature-vulcanized，RTV）两种。室温硫化硅橡胶一般包括缩合型和加成型两大类。硅橡胶的三大需求产业是建筑业、电子电器工业和汽车。

硅树脂是有机硅主要大类产品之一。虽然它是有机硅材料中问世最早的，但其品种相对较少，市场份额也较小。主要用途是配制各种电绝缘漆、耐气候老化涂料、塑料表面耐磨涂料和耐高温涂料。此外还用作云母黏合剂、石棉布玻璃布浸渍漆、混凝土和砖石防水剂等。在航空航天、电子电器、建筑、机械制造等方面有广泛的应用。

硅烷偶联剂实质上是一类具有有机官能团的硅烷，在其分子中同时具有能和无机材料化学结合的反应基团及与有机材料相容或能化学结合的基团。它最早被用在玻璃纤维增强塑料中的玻璃纤维的表面处理上。而现在它的用途扩大到用于改进各种聚合物复合材料的性能上，其用量在国内外处于逐年增加的趋势。

关于有机硅化合物的化学命名，国际理论和应用化学协会（IUPAC）于 1952

年公布了有机硅化合物的命名规则，尽管还不很完善，但这一规则到现在仍被遵循。

通式为 R（SiR$_2$）$_n$SiR$_3$（R 为有机基团、氢、卤素等）的有机硅化合物被称为硅烷（silane）、二硅烷（disilane）、三硅烷（trisilane）等。多硅烷中有不同取代基时，取代基的位置及顺序原则上与普通有机化合物命名法类似。这里举几个例子：

（C$_2$H$_5$）$_4$Si，四乙基硅烷（tetraethylsilane）；（CH$_3$）$_2$SiCl$_2$，二甲基二氯硅烷（dichlorodimethylsilane）；ClH$_2$Si-Si(C$_6$H$_5$)Cl-SiH(C$_2$H$_5$)$_2$，1-二乙基-2,3-二氯-2-苯基三硅烷（1,2-dichloro-3,3-diethyl-2-phenyltrisilane）。

含 Si—O—Si 链节的有机硅化合物被称为硅氧烷（siloxane）。其最简单的母体为：H$_3$SiOSiH$_3$，二硅氧烷（disiloxane）；H$_3$SiOSiH$_2$OSiH$_3$，三硅氧烷（trisiloxane）。如果是环状的化合物，则被称为环硅氧烷（cyclosiloxane）。下面也举几个例子：

（CH$_3$）$_3$SiOSi(CH$_3$)$_3$，六甲基二硅氧烷（hexamethyldisiloxane）；（CH$_3$）$_3$SiOSiH(CH$_3$)OSi(CH$_3$)$_3$，1,1,1,3,5,5,5-七甲基三硅氧烷（1,1,1,3,5,5,5-heptamethyltrisiloxane）；

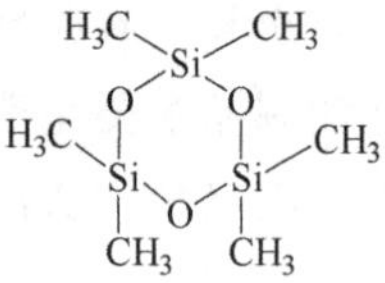

，六甲基环三硅氧烷（hexamethylcyclotrisiloxane）；

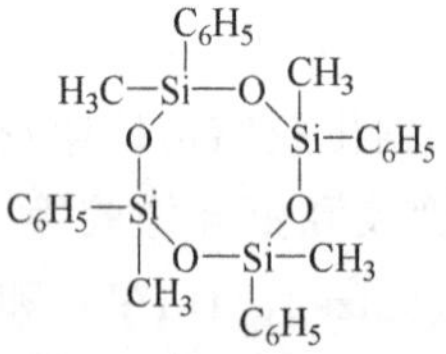

，1,3,5,7-四甲基-1,3,5,7-四苯基环四硅氧烷（1,3,5,7-tetramethyl-1,3,5,7-tetraphenylcyclotetrasiloxane）；

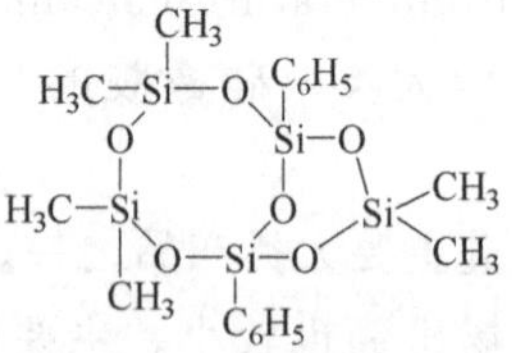

3,3,5,5,9,9-六甲基-1,7-二苯基-双环［5.3.1］五硅氧烷（3,3,5,5,9,9-hexamethyl-1,7-diphenylbicyclo[5.3.1]pentasiloxane）。

具有最简式 RSiO$_{1.5}$ 的有机硅化合物被称为倍半硅氧烷（silsesquioxane）。它们可以为笼状分子，也可以为长链梯形高分子（图 2.1）。

硅原子上带有一个、两个和三个羟基的有机硅化合物分别被称为硅醇（silanol）、硅二醇（silandiol）和硅三醇（silantriol）。但有时候为了方便它们也可以被叫做羟基硅，如 （CH$_3$）$_3$SiOSi(CH$_3$)$_2$OH 一般被称为五甲基羟基二硅烷（pentamethylhydroxydisiloxane）。

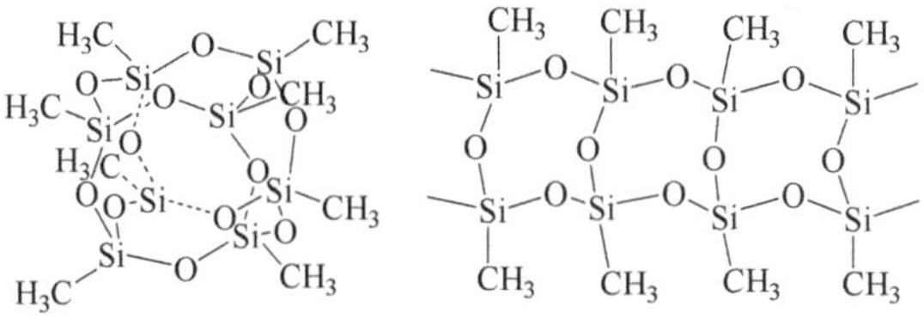

图 2.1 八甲基八聚倍半硅氧烷 (a) 和聚甲基倍半硅氧烷 (b)

{octamethylsilsesquioxane 或 octamethylpentacyclo [9.5.1.13, 9.15, 15.17, 13]

octasiloxane) (a) 和 (polymethylsilsesquioxane) (b) }

含硅-氮键的有机硅化合物有两种类型：一种是含有 Si—N—Si 单元的化合物，称为硅氮烷 (silazane)；而在另一种中每个氮原子只连一个硅原子，如 ≡Si—NH₂ 或 ≡Si—NR₂，它们被称为硅基胺 (silanamine) 或氨基硅。下面是含硅-氮键的有机硅的几个例子。

$(CH_3)_3SiNHSi(CH_3)_3$，六甲基二硅氮烷 (hexamethyldisilazane)；

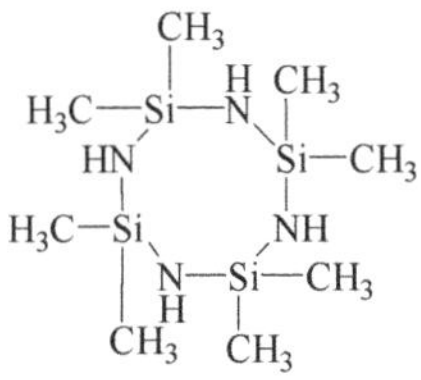

八甲基环四硅氮烷 (octamethylcyclotetrasilazane)；$(C_6H_5)_2Si$

$(NH_2)_2$，二苯基硅二胺 (diphenylsilandiamine)；$(CH_3)_3SiN(CH_3)_2$，三甲硅基-N,N-二甲胺 (N,N-dimethyltrimethylsilylamine)。

长期以来，有机硅高分子一直没有一个统一的命名法。本书简单介绍一下常见有机硅高分子国内外比较常用的命名方式。

线型聚有机硅氧烷 (polysiloxane) 是以重复 Si—O 键为主链的低聚物或高聚物，可用 R(R_2SiO)$_n$SiR$_3$ 来表示，n 为聚合度，R 为连接到硅原子上的有机基团，可相同也可不同。命名时，聚字后面加上硅原子上取代基的名称，为了区别端基的不同，需要把端基写在聚合物单元前面，而且常用 α 和 ω 表示。在这里也举几个例子：

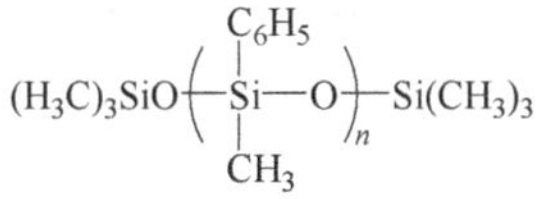

α,ω-双-三甲硅氧基聚甲基苯基硅氧烷[α,ω-bis(trimethylsiloxyl)polymethyl-phenylsiloxane]

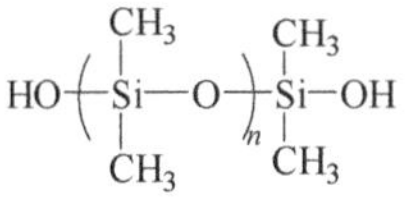

α，ω-二羟基聚二甲基硅氧烷 [α，ω-bis (hydroxyl) polydimethylsiloxane]

$$(H_3C)_3SiO\left[\underset{CH_3}{\overset{CH_3}{Si}}-O\right]_n\left[\underset{C_6H_5}{\overset{CH_3}{Si}}-O\right]_m Si(CH_3)_3$$

α,ω-双-三甲硅氧基聚（二甲基硅氧烷-甲基苯基硅氧烷）[α,ω-bis(trimethylsiloxyl)poly(dimethylsiloxane-methylphenylsiloxane)]

$$\left(\underset{CH_3}{\overset{CH_3}{Si}}-O\right)_n\left(\underset{C_6H_5}{\overset{C_6H_5}{Si}}-O\right)_m$$

聚（二甲基硅氧烷-二苯基硅氧烷）[poly(dimethylsiloxane-diphenylsiloxane)]

聚硅烷（polysilane）是以 Si—Si 键为主链的有机硅高分子化合物，其可用 $(R_2Si)_n$ 来表示。聚硅烷的命名方式和聚硅氧烷的基本类似，如：

$$H_3C\left(\underset{CH_3}{\overset{CH_3}{Si}}\right)_n CH_3$$

α，ω-二甲基聚二甲基硅烷（α，ω-dimethylpolydimethylsilane）

$$\left(\underset{C_6H_5}{\overset{CH_3}{Si}}\right)_n$$

聚甲基苯基硅烷（polymethylphenylsilane）

$$\left(\underset{C_6H_5}{\overset{H}{Si}}\right)_n\left(\underset{C_6H_5}{\overset{C_6H_5}{Si}}\right)_m$$

聚（苯基硅烷-二苯基硅烷）[poly(phenylsilane-diphenylsilane)]

$$\begin{array}{c}\overset{C_6H_5}{\underset{}{}}\,\overset{C_6H_5}{\underset{}{}}\\C_6H_5-Si-Si-C_6H_5\\C_6H_5-Si\quad Si-CH_3\\C_6H_5-Si\quad Si-CH_3\\\overset{}{\underset{C_6H_5}{}}\,\overset{}{\underset{C_6H_5}{}}\end{array}$$

1,1,2-三甲基九苯基环六硅烷(1,1,2-trimethylnonaphenylcyclohexasilane)

在文献中还能找到不少主链含除氧原子以外其它元素原子的含硅聚合物，其中比较重要的有：

$$\left(\overset{}{\underset{}{Si}}-NH\right)_n$$

聚硅氮烷（polysilazane）

$$\left(\overset{}{\underset{}{Si}}-CH_2\right)_n$$

聚亚甲基硅烷（polysilmethylene）

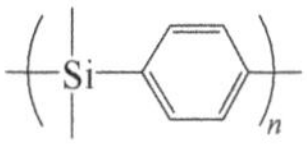

聚苯撑硅烷（polysilphenylene）

在有机硅氧烷化学中有一种很常用的 MDTQ 命名法。如表 2.1 所示，当硅原子上连有三个碳原子和一个氧原子时，这种硅原子被称为 M。M 是单官能度基团，可被作为端基。D 表示硅原子连有两个碳原子和两个氧原子，而正是这种双官能基团形成长链聚硅氧烷。T 则是硅原子连有一个碳原子和三个氧原子，而 Q 硅原子上则全是氧原子。聚硅氧烷的支链化和交联是通过加入 TQ 基团来实现的。

■表 2.1 有机硅氧烷化学中的 MDTQ 命名法

化学结构	C C—Si—O C	O C—Si—O C	C O—Si—O O	O O—Si—O O
命名	M	D	T	Q

下面举几个例子，如：

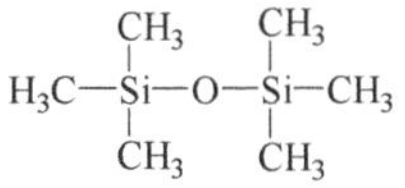

MM

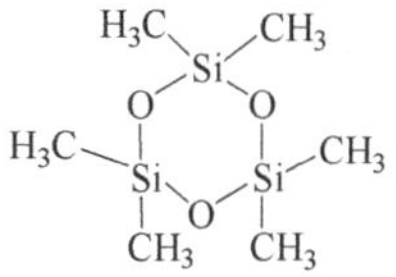

D_3

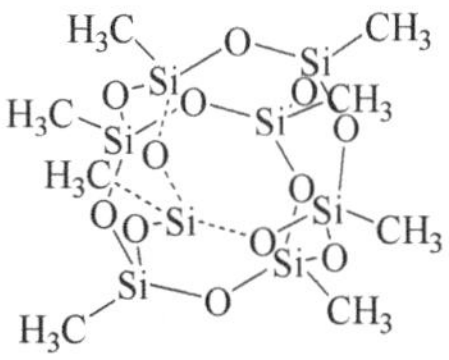

T_8

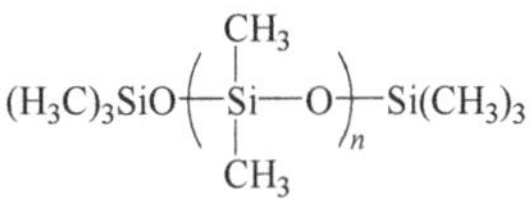

MD_nM

2.3 有机硅材料工业现状

现代和未来社会需要节省能源、利用可再生资源、无公害、安全可靠的多功能、多形态、高性能的新材料，而 20 世纪 40 年代才投入市场的有机硅就是一类可以满足上述要求的新型高分子合成材料。它以能解决各种技术难题，提高生产技术水平而著称，它广泛的用途几乎让每一个工业和科技部门都留下深刻的印象，使用效果之显著是其他材料所不及的，因此，它被形象地誉为"工业味精"。随着高新技术的发展，国内外一直在投入很多的人力资金发展有机硅，世界各大有机硅生产商都在扩建生产规模，研究工作方兴未艾，每年都有众多新专利发表，还有很多新产品投产。新的应用技术和应用领域不断产生，从而不断形成新的市场。例如：用光固化有机硅作为光导纤维涂覆材料，使光导纤维进入实用阶段；宇航工业采用耐高温和化学惰性的高性能碳化硅纤维，增加了金属和陶瓷的强度，使宇宙飞船的性能得以提高；改性有机硅高分子膜制成富氧膜、渗透膜和人工腮，用于深水作业和高纯度气体的分离和富集，对生物医用和海洋工程的发展有着重大意义；生物活性有机硅和烷基化有机硅试剂的兴起，引起了有机合成、制药工业、生物化学的巨大变革。在今天，科技的各个领域和工业生产的各个部门几乎每一项新技术的应用无不需要借助有机硅来解决一些其他材料所无法解决的难题。例如，地下铁道变压器若不用高性能硅油就易发生爆炸；高层建筑幕墙玻璃和室内电线电缆管道洞口必须采用有机硅橡胶密封来达到可靠和防火的目的；纺织品和羊毛衫若不用有机硅整理剂处理则不可能有舒适的手感；石油井开采不用有机硅注入则提高不了产量；化妆品与日用化工若不加入有机硅则无法提高产品的性能和品级；在医疗卫生方面如果不用有机硅，很多先进的手术则无法进行，而不少药物的药效无法提高。由此可见，有机硅材料已与国民经济发展紧密地联系在一起。自 1943 年道康宁公司在美国建成世界第一个有机硅工厂以来，有机硅材料工业已经历经近 70 年，由于它具有一系列的优异性能，迄今已发展成为技术密集，在国民经济占有重要地位的新型精细化工体系，其应用已深入到当代国防科技、国民经济乃至人们日常生活的各个领域，是合成材料中最能适应时代要求、发展最快的品种之一，因而推广和发展有机硅是当代化工行业的一个热点。

有机硅材料在它的组成中既有无机硅氧烷链，又含有有机基团，是一种典型的半无机高分子。而正是这种结构特点使它成为一种很特殊的高分子材料，并具有其它材料所不能同时具备的耐高温、阻燃、电气绝缘、耐辐射和生理惰性等一系列优良性能。特别值得一提的是，有机硅工业的发展史不同于通用合成材料。通用合成材料是以原料制造工艺、大型生产技术及产品的加工为中心发展的；而有机硅则是以产品开发为中心而发展的。在近几十年来，有机硅单体的生产工艺变化不大，而有机硅技术重点主要在于产品应用上，如有机基团的引入、聚合物结构和交联技术等方面。有机硅材料可以根据需要，设计出各种不同分子结构以满足各行各业不同场合下的使用要求。在设计多用途产品时，可以采取下列途径。

① 变换硅氧烷分子结构。例如改变分子量和分子形状（线型、分枝状、交联密度）等。

② 改变结合在硅原子上的有机基团。例如烷基（甲基、乙基、长碳链）、苯基、乙烯基、氢基、聚醚基、含氰烷基、含氟烷基、含氨烷基等。

③ 选择不同固化方法。例如自由基固化、缩合反应固化（包括脱醇反应、脱酮肟反应、脱氢反应、脱水反应等）、加成反应固化等。固化条件可为加热固化、紫外光固化、辐射固化等。

④ 采用有机树脂改性（共聚或共混）。例如环氧、聚酯、聚醚、丙烯酸酯等树脂。

⑤ 选择各种不同填料。例如金属皂、二氧化硅、炭黑、二氧化钛、氧化铁等。

⑥ 选择各种不同的二次加工技术。例如乳液、溶液脂、混炼胶、胶黏带等。

⑦ 采用各种聚合技术。例如本体聚合、乳液聚合、嵌段共聚等。

有机硅单体是发展有机硅材料的基础，国外各大公司近几年都在竞相扩大生产能力。2007 年世界甲基氯硅烷的年生产能力已达 280 万吨左右，折合成硅氧烷约为 140 万吨。全世界有机硅产品已开发了近万种，用于满足各行各业对有机硅产品的需求。其中包括硅油、硅橡胶、硅树脂、硅偶联剂及其二次、三次加工产品。其中美国道康宁公司在产品品种、产量、销售额等方面均居世界首位，其次是美国迈图高新材料集团（Momentive Performance Materials，原为美国通用电器的高新材料集团）、中国的蓝星集团（2006 年收购了法国罗地亚 Rhodia 的有机硅业务）、德国的瓦克（Wacker）化学公司和日本的信越（ShinEtsu）化学株式会社。

国外有机硅工业，在有机硅单体生产方面，特别是甲基氯硅烷单体的生产装置越来越表现出大型化和高度自动化的发展趋势。流化床直径已达 3m，单台年生产能力超过 7 万吨。生产装置实现计算机控制，使生产收率和产品质量进一步提高，原料消耗接近理论值，技术经济指标更趋于合理，同时更加注意节能和综合利用。不过国外这几年有机硅单体生产没有新建和扩建的计划，而有向中国转移的趋势。在有机硅产品方面，各大公司继续加大科技投入，不断开发有机硅新品种，提高产品的各项性能指标，并且大力开展应用研究，不断拓宽应用领域。

我国有机硅工业经历了近 60 年的努力，在自力更生、自我发展基础上形成了一支从事有机硅科研和应用的专业队伍。目前国内有机硅生产已具较大规模，从事有机硅研究、生产的厂家、研究院所和大专院校从 20 世纪 50 年代的仅有的上海、北京、沈阳、吉林、武汉、南京、山东、兰州的近 10 家发展到 400 多家，国内开发研制的有机硅产品已在国防军工、民用部门广泛的应用并发挥了重要作用。国内的有机硅工业经历多年来的行业调整，基本达到了"单体集中生产，产品适当分散"的发展方向。甲基氯硅烷单体生产主要集中在江西、吉林、北京、四川、浙江、江苏、山东等地，而一些特殊单体则在上海、四川、黑龙江、湖北等地生产。2006 年 10 月，我国蓝星集团宣布收购法国罗地亚的有机硅业务，从而使该集团甲基氯硅烷的年生产能力从 22 万吨增加到 42 万吨，跻身世界有机硅单体生产大公司之列。2009 年我国有机硅单体的生产能力已经达到每年 109 万吨，而所有的有机硅产品 2009 年的表观消费量为 45 万吨（相当于 90 万吨单体）。可以说，我国现有有机硅单体的生产能力已基本能满足国内现有的需求。但我国特种有机硅单体，如苯基单体、乙烯基单体的生产还很少，制约了特种有机硅材料的发展。而我国有机硅发展的潜力还非常大。一份统计资料显示，目前，美国人均有机硅消费量为2kg，日本为1.7kg，但中国只有0.3kg。从这一点来看，中国的有机硅行业仍有相当大的发展空间。从国内的统计数据来看，一般有机硅行业的增长速度是国民生产总值增速的两倍以上。未来中国经济仍将高速发展一段时间，相应地，有机硅产业也将继续保持较高的速度的增长。

有机硅的消费水平和结构与经济发展水平密切相关。美国是全球最大的有机硅制品消费国，约占全球有机硅产品市场的35%，其次是欧洲，约为33%，日本占15%左右。由于工业结构的不同，世界各国的有机硅消费结构有一定的差异。表2.2是美国、日本、西欧和中国的有机硅产品消费结构。在美国，硅油主要用于化妆品、造纸、工业用消泡剂等方面，硅橡胶的市场主要在建筑、汽车和电子等领域。日本的硅油主要用于化妆品、涂料和纺织等方面，硅橡胶主要用于建筑、电子及汽车等方面。欧洲的硅油主要用于加工助剂、化妆品、纺织和造纸等领域，硅橡胶则绝大多数用于建筑业。在中国硅橡胶所占比重最大，这主要是因为这几年中国在建筑、汽车和电子等领域飞速发展的缘故。

■表2.2 2006年美国、日本、西欧和中国[①]有机硅产品消费结构

消费领域	市场份额/%			
	美国	日本	西欧	中国
硅油及其二次加工品	45	60	52	20
硅橡胶	53	33	41.4	75
硅树脂	2	7	6.6	5

① 2007年的数据。

2.4 有机硅材料技术发展动向

对于整个化学工业来说，开发更有效更环保的工艺和更好地控制产品结构是发展的共同趋势。有机硅工业也一样。先从其原料的生产来说，直接法是目前工业上有机硅烷唯一的制造方法。虽然这种方法现在发展到很完善的程度，但它并不是个完美的方法。主要问题在于这种方法需要用到自然界中并不存在、而且需要通过高能耗来生产的金属硅。一个更为理想的工艺应以硅酸盐为起始原料，在引入烷基的同时有选择性地去除氧原子，并形成二烷基硅氧烷。这样一种工艺将是革命性的，但到现在为止在这方面的报道几乎没有。而目前人们在做的是进一步提高二烷基硅氧烷的产率，同时减少副产品的生成。

聚硅氧烷的任何一个新的用途都与它的特殊性质有关。聚硅氧烷具有很高的耐恶劣环境（即高温、超低温、辐射和氧化）的能力。随着对这方面有更高要求的新

应用领域的出现，聚硅氧烷应该是最好的候选聚合物之一。聚甲基硅氧烷从低玻璃化温度到分解点没有突变，其物理性质变化小且连续，这使其不仅适合于恒定的高应力场合，而且也适合于温度、湿度、辐射等环境应力在很宽范围内不断变化的场合。这也是当前人们正在大力研究有机硅在新能源（包括太阳能和原子能）和航空航天上的应用的缘由之一。聚甲基硅氧烷的高透气性、化学惰性和生物相容性又让它在生命科学领域大放异彩，这也是聚硅氧材料目前非常重要的一个应用研究方向。聚硅氧烷分子链柔顺、分子间作用力弱，使其具有低的表面能和高铺展性。聚硅氧烷的表面特性在需要进行界面改性或控制的多个领域得到了利用，它被用作消泡剂、脱模剂、偶联剂、表面活性剂、（毛纱）上浆剂和压敏胶黏剂。新出现的有机硅表面活性剂和其他类型的表面活性聚硅氧烷将会带来更多新的用途。

现在一个发展势头很好的趋势是将硅氧烷化学与有机化学相结合来获得大量新的有机硅-有机组成物，其中人们尤其渴望的是开发出一个简单的、很经济的制备有机硅/有机嵌段共聚物的工艺路线。尽管文献中已经报道了大量这种嵌段共聚物的例子，但是其主要的制备方法还是基于阴离子共聚。这种共聚过程能够很好地控制共聚物的结构，但由于需要使用无水溶剂、特定的催化剂和高纯度的初始材料，而且产率低，所以代价很高。同样，通过末端不饱和基的有机聚合物与带有端硅氢基的聚硅氧烷进行硅氢化反应可以制备接枝嵌段聚合物。这种方法比离子聚合工艺简单，但由于所能得到的含适当端官能基的聚合物不多，而且制备这种聚合物的成本也较高，所以它在商业上还没有得到广泛的应用。然而，值得一提的是工业界已经采用这种路线来生产聚硅氧烷/聚乙二醇嵌段共聚物表面活性剂。而其他的技术方法（如选择性降解、反应性加工等）现在正在进行相关评估。希望能达到的工艺应该是这样的：使用容易获得的起始材料，能利用现有设备，并且不应当像离子共聚工艺那样对杂质或者水汽敏感；同时也希望该聚合工艺能适合于制备不同结构的共聚物，例如 AB、ABA、$(AB)_n$、星形、梳状等；且能很好地控制共聚物嵌段的尺寸和共聚物的总分子量。现在不可能预言哪一些聚硅氧烷/有机共聚物在将来能获得成功。尽管已经制备出很多种这样的共聚物，但其商业用途至今仍然有限。也许新的需求或新的用途的出现将会是这种共聚物发展的驱动力。

另一类会越来越重要的有机硅/有机复合材料是互穿聚合物网络（interpenetrating polymer network，IPN），而其中一相是聚有机硅氧烷。众所周知，增韧的弹性体到高抗冲材料可通过将聚合物适当地引入互穿网络中而获得，而且事实上一些著作和大量专利都提出了有关该类产物在电绝缘体、涂层、密封剂、振动和噪声阻尼材料、胶黏剂、膜材料等方面的用途。聚硅氧烷可以通过多种方式硫化，因此很适合于制备互穿聚合物网络材料。聚硅氧烷与各种有机聚合物相结合，可以弥补其较差的力学性能，但又保持聚硅氧烷的各种优良特性。我们相信，聚硅氧烷互穿网络结构系列材料的持续发展将进一步加快。聚硅氧烷引入互穿网络结构的方式将得到进一步改进，而其性能也将随之得到进一步提高。除了现在申请专利的用作合成纤维、黏结性发泡材料、高透氧隐形眼镜、防水膜、加工助剂、自润滑剂和提高增韧外，新的用途将不断出现。

支化结构对聚合物性质的重要性很早就被人们所关注。而超支化聚合物是一类非常特殊的高分子化合物，它们可以定义为按照树的分支生长方式形成的有三维支链结构的无规聚合物。它们一般通过 AB_m $(m \geqslant 2)$ 单体缩合而成。单体分子中的中 A 和 B 是不同的活性反应基团，并且 A 只能和 B 反应，而 A 和 A、B 和 B 之间却不能反应，那么其缩合反应的结果就是高支链化但无交联的三维高分子结构，即超支化聚合物。而且有机硅化学也已被证明是一条合成树枝形高分子化合物的很好的途径：自从 20 世纪 90 年代初第一个超支化有机硅聚合物被报道以来，已有大量此类化合物其中包括超支化聚硅氧烷被成功合成出来，而且已有了成功的实际应用，比如用作碳硅陶瓷材料前驱体的超支化聚碳硅烷化合物。由于其高溶解性、低黏度和高反应性等较特殊的性能，超支化有机硅聚合物在不久的将来肯定能得到很好的应用。

综上所述，当前世界有机硅工业的科技进步和市场开发仍在不断探入，潜力巨大，有机硅产品已经进入走向未来开发的新阶段。可以预料，有机硅的地位和作用将越来越引起人们的重视。

参考文献

[1] Eugene G. Rochow, an Introduction to the Chemistry of the Silicones, New York: John Wiley & Sons, Inc. , 1946.

[2] Walter Noll, Chemie und Technologie der Silicone, 2. neubearb. und erw. Aufl. , Weinheim: Verlag Chemie GmbH, 1968.

[3] 杜作栋（主编），陈剑华，贝小来，周重光编著.有机硅化学.北京：高等教育出版社，1978年.

[4] 章基凯主编.精细化学品系列丛书：有机硅材料.北京：中国物资出版社，1999年.

[5] 冯圣玉，张洁，李美江，朱庆增编著.有机硅高分子及其应用.北京：化学工业出版社，2004年.

[6] Richard G. Jones, Wataru Ando, Julian Chojnowski 主编，含硅聚合物-合成和应用.冯圣玉、栗付平、李美江等译.北京：化学工业出版社，2008年.

[7] 来国桥、幸松民等编著.有机硅产品合成工艺及应用（第2版）.北京：化学工业出版社，2010年.

[8] 卜新平。国内外有机硅行业市场现状与发展趋势，化学工业，2008，26（6），39-46.

第3章

有机硅单体

任何高分子材料的发展，很关键的一点在于单体技术的发展，生产各种各样有机硅材料的原料是各种有机硅单体。有机硅工业的特点是集中的单体生产和分散的产品加工。因此，单体生产在有机硅工业中占有重要的地位，单体的生产水平直接反映有机硅工业的发展水平。国外单体生产都很集中，生产规模均在万吨级以上，这样有利于综合利用和采用先进技术，投资、单耗及成本可大大降低。有机硅单体有数千种，但具有工业价值的单体并不多。工业用有机硅单体大体包括含氯硅烷、环硅氧烷、烷氧基硅烷和酰氧基硅烷四种，其中前两种最为重要。

3.1 含氯硅烷单体

有机硅含氯基本单体包括甲基氯硅烷（简称甲基单体）、苯基氯硅烷（简称苯基单体）、甲基苯基氯硅烷、甲基乙烯氯硅烷、乙烯基三氯硅烷和氟硅单体等。其中甲基氯硅烷最重要，其用量占整个含氯单体总量的 90% 以上；其次是苯基氯硅烷。

3.1.1 含氯硅烷单体的合成

工业中含氯硅烷单体的制备方法主要有以下五种，包括直接合成法、热缩合法、金属有机法、硅氢加成法和重排再分配法。

3.1.1.1 直接合成法

目前工业化生产甲基氯硅烷单体采用的是直接合成法，而世界上各主要有机硅生产厂家都是用沸腾床（流化床）直接合成法生产。所谓直接合成法就是指在较高的反应温度和催化剂的存在下，使卤代烃与硅粉直接作用而生成烃基卤硅烷混合物，其主要反应式如下：

$$CH_3Cl + Si \xrightarrow[\triangle]{Cu} (CH_3)_x SiCl_{4-x} \tag{3.1}$$

直接法合成甲基氯硅烷单体所用的原料主要是纯度为 99％ 以上的冶金级金属硅和氯甲烷。在第 1 章中我们已经提到过，冶金级硅是由二氧化硅在电炉中用碳还原制得。金属硅的颗粒大小对反应影响很大，它一般在 $30\sim350\mu m$。而氯甲烷可由甲醇与氯化氢制得，也可从天然气氯化得到。前者反应单纯，副产物少，后者可联产多种氯产品。也有用二甲醚和盐酸反应制备氯甲烷的方法，或采用农药厂制敌百虫的副产物进行回收利用。该反应采用铜催化剂，这种催化剂较复杂，表面具有一定的氧化程度及特定的结构，其平均分子式为 Cu_2O，颗粒尺寸在 $10\mu m$ 以下。除铜外，还用少量锌和其它物质作为助催化剂。

这个方法的反应温度为 $280\sim300℃$，压强约为 $2\sim4atm$（1 标准大气压 = 101.325MPa，下同）。生成物中除主要产品二甲基二氯硅烷（粗单体中二甲基二氯硅烷的含量一般为 $75％\sim85％$，最高可达 $85％\sim90％$）以外，还有许多副产物生成，如：CH_3SiCl_3、$(CH_3)_3SiCl$、CH_3HSiCl_2、$(CH_3)_4Si$、$SiCl_4$、$(CH_3)_2HSiCl$、$HSiCl_3$，$(CH_3)_xSi_2Cl_{6-x}$ 以及少量的氢气、氯气、甲烷、碳等。直接法的反应温度不宜过高，否则二甲基二氯硅烷的收率会降低，而多氯硅烷含量将提高。适当增加反应压强（$4\sim5atm$）有利于二甲基二氯硅烷的生成。

在甲基氯硅烷单体中，用量最大和最重要的是二甲基二氯硅烷。为了要获得纯

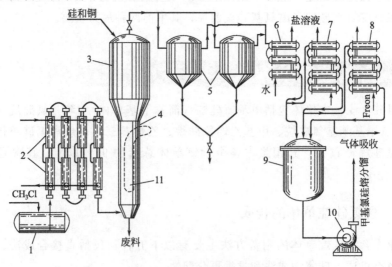

图 3.1 直接法合成甲基氯硅烷装置示意图

1—储存器；2—蒸馏器；3—分离器；4—反应器；5—过滤器；

6，7，8—冷凝器；9—收集器；10—离心泵；11—双筒式锅炉管

净的二甲基二氯硅烷，必须用 150～200 块理论塔板的分馏塔进行分馏。粗甲基单体经分馏后可得到纯度达 99.95％以上的二甲基二氯硅烷。甲基氯硅烷的生产工艺流程见图 3.1。

为了获得更多的二甲基二氯硅烷单体，可采用催化重排反应和裂解反应来综合回收其中的低沸物和高沸物，反应式如下。

重排反应：

$$(CH_3)SiCl_3 + (CH_3)_3SiCl \underset{150℃}{\overset{AlCl_3}{\rightleftharpoons}} 2(CH_3)_2SiCl_2 \qquad (3.2)$$

裂解反应：

$$(CH_3)_2ClSiSi(CH_3)Cl_2 + HCl \longrightarrow (CH_3)_2SiCl_2 + (CH_3)SiHCl_2 \qquad (3.3)$$

氯化铝可用来促进重排反应，当反应达到平衡时，重排反应混合物中二甲基二氯硅烷的含量可达 70％。也正是由于这个反应，在有铝存在的条件下二甲基二氯硅烷的产率会降低。而二硅烷的裂解一般通过和氯化氢反应来完成。

直接法生产甲基氯硅烷单体的操作相当复杂，原料的好坏、催化剂的种类、催化剂含量的高低、触体的形态、卤代烃的流速、反应温度、压强等都能对二甲基二氯硅烷的产率以及生成物中各种烃基卤硅烷的比例产生影响。

直接法反应的机理到现在为止还没有被彻底弄清。一般认为它是按照以下步骤进行的。首先，氧化铜在氯甲烷存在的条件下转化为氯化铜（式 3.4），氯化铜然后被硅还原成活性很高的单质铜（式 3.5），后者在 300℃时通过扩散和硅形成金属间化合物 Cu_3Si（式 3.6）。Cu_3Si 则能和氯甲烷反应，生成二甲基二氯硅烷，并析出单质铜（式 3.7）。

$$mCu_2O + nCH_3Cl \longrightarrow CuCl + H_2O + CH_3OH + HCl + CO_2 + CH_3OCH_3 \qquad (3.4)$$

$$4CuCl + Si \longrightarrow 4Cu + SiCl_4 \qquad (3.5)$$

$$3Cu + Si \longrightarrow Cu_3Si \qquad (3.6)$$

$$Cu_3Si + 2CH_3Cl \longrightarrow 3Cu + (CH_3)_2SiCl_2 \qquad (3.7)$$

直接法中生成物的组成和硅的转化率也有一定的关系（图 3.2）。由图 3.2 可见，在很大的转化率范围里，该反应的选择性还是非常好的。

多年来，许多化学家致力于甲基单体合成方面的研究，研究的重点包括提高粗单体中二甲基二氯硅烷的含量，降低能耗，提高原料硅粉的氯甲烷的利用率，综合回收利用氯化氢以及废溶剂并达到循环利用的目的，合理利用粗单体中的高、低沸物，实现长期连续稳定的运转等。为此，国外在催化体系方面进行了大量的研究和改进。催化剂除了主要用铜粉以外，还加入各种助催化剂，如锌、磷、砷、铝及其它物质。催化剂也可以通过烷基氯硅烷的表面处理来提高其效率。在化学工程方面进行床形结构的改进，沸腾床下部较小以改善流态化质量，防止触体结块粘壁；并辅以研磨或脉冲等装置，以更新固体表面，提高硅粉的利用率。采用振动法对强化反应过程也是有效的。同时，生产工艺向着自动化和连续化发展，利用计算机在线

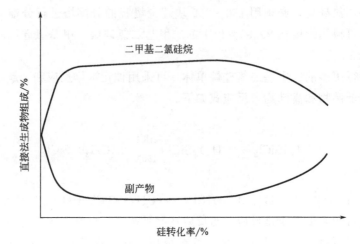

图 3.2 直接法中生成物组成和硅转化率的关系示意图

控制，并采用在线工业色谱仪等分析控制手段。在环境监测方面采用红外仪检测空气中微量氯甲烷的含量，灵敏度高达 1×10^{-6}（1ppm），在空气中氯甲烷含量超标时可自动报警。

以国外通常采用的生产流程为例，甲基氯硅烷的生产水平已达到以下水平：每台沸腾床年生产能力超过 70000t，每次反应时间长达 700~1000h，全年开车时间为 8000h。硅利用系数为 4（kg 单体/kg 硅）；氯甲烷的利用率约 96%；产物中二甲基二氯硅烷含量可达 92%；铜催化剂利用系数为 333（kg 单体/kg 硅）。其工艺控制指标为：反应温度 280~320℃，大多数时间在 280~300℃下运转；反应压强设计值为 5bar（表压）（1bar=10^5Pa，下同），而实际采用 1.2~2bar。

除了甲基氯硅烷以外，苯基氯硅烷和乙基氯硅烷在工业中也通过直接法来合成。乙基氯硅烷在世界上除了俄罗斯以外使用不是很普遍。而苯基氯硅烷却是制备有机硅聚合物的重要单体之一，它对改善聚有机硅氧烷的性能，特别是在提高有机硅产品的耐热性、化学稳定性、耐辐照性等方面，具有明显作用。在有机硅单体中，其用量及重要性仅次于甲基氯硅烷，居第二位。在苯基氯硅烷单体中，最常用的是苯基三氯硅烷，其次是二苯基二氯硅烷。在此我们就来介绍一下苯基氯硅烷单体的合成。

苯基氯硅烷的直接合成法与甲基氯硅烷的合成法相似，也采用铜粉作催化剂，由氯化苯与硅-铜催化剂体系反应。但这个反应对金属硅的纯度要求较高，特别是铝的含量，因为在高温下三氯化铝可以催化苯基氯硅烷的分解反应。由于氯化苯比氯甲烷稳定，所以该反应温度较高，一般在 400~600℃，铜催化剂用量一般为 30%~50%。比起铜来，银是直接合成苯基氯硅烷更好的催化剂，用硅-银作触媒（硅粉：银粉=9:1），反应在 400℃下就可很好地进行。苯基氯硅烷直接合成法的反应方程式如下：

$$C_6H_5Cl + Si \xrightarrow[\triangle]{Cu/Ag} (C_6H_5)SiCl_3 + (C_6H_5)_2SiCl_2 \qquad (3.8)$$

直接合成法生产苯基单体的优点是可以同时生产一苯基及二苯基氯硅烷（粗单体中苯基单体含量为 60%以上，其中一苯基三氯硅烷含量为 50%以上，二苯基二氯硅烷含量为 10%以上）。其缺点是副反应比甲基氯硅烷的直接法多得多，而且生成有毒的二氯联苯，其沸点与苯基氯硅烷接近，只能用吸收法除去，使生产成本提高。添加锌、锡、氧化锌、氧化镉等能抑制副反应，并促进二苯基二氯硅烷的生成。在氯化苯中添加四氯硅烷、三氯硅烷、四氯化锡和氯化氢等也能抑制副反应，并促进一苯基三氯硅烷的生成。同时，它们都能抑制联苯的生成。

直接法合成苯基氯硅烷的生产装置和甲基氯硅烷的相似（图 3.1），反应器有沸腾床、搅拌床和转炉几种。在俄罗斯以转炉为主，他们认为转炉反应器可以长期运转，反应温度较沸腾床为低，为 420~450℃，因此分解较少，收率较高。

3.1.1.2　高温热缩合法

前面已述，目前工业上已采用直接法进行苯基三氯硅烷的生产。虽然直接法有不少的优点，但由于该法需用大量的铜甚至银作催化剂，使得生产成本很高。再者，直接法设备结构也较复杂，不宜操作。高温热缩合法是可供选择的另一条合成途径。苯基三氯硅烷热缩和法合成反应方程如下：

$$C_6H_5Cl + HSiCl_3 \xrightarrow{\triangle} (C_6H_5)SiCl_3 + HCl \qquad (3.9)$$

副反应主要有：

$$C_6H_5Cl + HSiCl_3 \longrightarrow SiCl_4 + C_6H_6 \qquad (3.10)$$

$$4HSiCl_3 \longrightarrow Si + 3SiCl_4 + 2H_2 \qquad (3.11)$$

热缩合法的原料三氯硅烷可通过金属硅和氯化氢气体在 300℃作用来制取。热缩合法合成苯基三氯硅烷具有操作简便、设备简单、不用催化剂、无二苯基二氯硅烷生成等优点。热缩合法是自由基反应，反应温度为 600~640℃，加入自由基引发剂可把反应温度降至 500~550℃，而且也能提高主产物的产率。

用高温热缩合法制备苯基三氯硅烷，目前国外文献报道不多，前苏联在 1960 年曾报道，通过氯苯和三氯硅烷的混合物在石英管中进行高温缩合，制得苯基三氯硅烷，收率（以三氯硅烷计）为 52%。我国一般在衬铜的钢管中进行反应，其最佳条件如下：反应管后段温度为 625℃±5℃，预热段温度为 370℃±10℃，接触时间为 20~30s，氯苯和三氯硅烷的摩尔比为 2:1。苯基三氯硅烷的收率（以氯硅仿计）为 50%~55%，生产能力达 55~60g 纯单体每立升反应器每小时，苯基三氯硅烷含量为（质量）30%~35%。

甲基苯基二氯硅烷是制备有机硅高聚物，特别是制备硅橡胶及耐热硅油的重要原料之一。它也是采用高温热缩合法来合成的，其主要反应如下：

$$C_6H_5Cl + (CH_3)SiHCl_2 \longrightarrow (C_6H_5)(CH_3)SiCl_2 + HCl \qquad (3.12)$$

副反应主要有：

$$C_6H_5Cl+(CH_3)SiHCl_2 \longrightarrow (CH_3)SiCl_3+C_6H_6 \qquad (3.13)$$

$$2(CH_3)SiHCl_2 \longrightarrow (CH_3)SiCl_3+(CH_3)SiH_2Cl \qquad (3.14)$$

$$2(CH_3)SiHCl_2 \longrightarrow (CH_3)_2SiCl_2+H_2SiCl_2 \qquad (3.15)$$

原料甲基二氯硅烷是直接法合成甲基单体时的副产品。反应最佳条件是：温度为 620℃（顶部为 500℃），预热温度为 250℃，接触时间为 40～50s，氯苯和甲基二氯硅烷的摩尔比为（2.2～2.5）∶1。甲基苯基二氯硅烷单程收率（以甲基二氯硅烷计）为 35%～37%，生产能力为每立升反应器每小时 24～25g 纯单体。

高温热缩和法还可用来合成乙烯基三氯硅烷和甲基乙烯基二氯硅烷，反应方程式如下：

$$CH_2=CHCl+HSiCl_3 \xrightarrow{\triangle} CH_2=CHSiCl_3+HCl \qquad (3.16)$$

$$CH_2=CHCl+(CH_3)SiHCl_2 \xrightarrow{\triangle} (CH_2=CH)(CH_3)SiCl_2+HCl \quad (3.17)$$

国外有些专利提到氯硅烷与氯化烃的脱氢反应。该反应采用 0.5%～1% 的路易斯酸（如三氯化硼、三氯化铝或硼酸），反应产率为 20%～40%。甲基苯基二氯硅烷就可通过这种方法来合成（式 3.18）。

$$C_6H_6+(CH_3)SiHCl_2 \xrightarrow[B(OH)_3]{240℃,12MPa} (C_6H_5)(CH_3)SiCl_2+H_2 \qquad (3.18)$$

3.1.1.3 金属有机法

金属有机法是合成有机硅单体最古老的一种方法。1904 年，Kipping 首先用通式为 RMgX（R 为烷基或芳香烃基，X 为卤基）的格氏试剂在无水醚中与四氯硅烷作用，制得烷基和芳香烃基氯硅烷单体（式 3.19）。格氏试剂法是合成有机硅单体的金属有机法中最常用的方法。甲基单体的生产一开始时也是采用格氏试剂法。

$$RMgCl+SiCl_4 \longrightarrow RSiCl_3+R_2SiCl_2+R_3SiCl+R_4Si+MgCl_2 \qquad (3.19)$$

Si—X 和 RMgX 的反应活性取决于 R 基团的位阻效应、基团的电子特性、溶剂，而且也和搅拌速率和温度有关。具体分析如下：硅原子上的基团的吸电子能力越强，其活性越高；而 R 位阻越大，反应活性也就越低；而溶剂极性越强，反应也就越容易。

通过格氏试剂和四氯硅烷反应得到的是带不同取代基数目的硅烷混合物，但如果控制好原料比率和反应条件则能合成带一定取代基数目的氯硅烷。格氏试剂法的最大优点是可以使许多有机基团如烷基、烯基、炔基和芳基等连到硅原子上去以制备特殊的有机硅单体；也可以制得在一个硅原子上连有不同有机基团的有机硅单体。它的缺点是需要使用乙醚或其它易燃溶剂，对工业生产不利；同时，工艺步骤比较复杂，原料四氯硅烷和格氏试剂价格昂贵，因此成本较高，不适合工业化大生产的需要。

甲基苯基二氯硅烷可以通过格氏试剂来合成。反应方程式如下：

$$C_6H_5MgCl+(CH_3)SiCl_3 \longrightarrow (C_6H_5)(CH_3)SiCl_2+MgCl_2 \qquad (3.20)$$

文献中报道过通过格氏试剂反应合成三（γ-三氟丙基）氯硅烷的例子。制备的第一步首先在丁醚中进行格氏反应，合成三（γ-三氟丙基）硅烷：

$$3CF_3CH_2CH_2Cl+HSiCl_3+3Mg \longrightarrow (CF_3CH_2CH_2)_3SiH+3MgCl_2 \quad (3.21)$$

然后三（γ-三氟丙基）硅烷在四氯化碳中用氯气氯化，则得到所需的产物：

$$(CF_3CH_2CH_2)_3SiH+Cl_2 \longrightarrow (CF_3CH_2CH_2)_3SiCl+HCl \qquad (3.22)$$

有机锂试剂比格氏试剂更为活泼，更容易与 Si—X、Si—OR 和 Si—H 键反应。用这种试剂比较容易和方便地制得四取代硅烷。如：

$$C_6H_5SiCl_3+3p\text{-}CH_3C_6H_4Li \longrightarrow (p\text{-}CH_3C_6H_5)_3SiC_6H_5+3LiCl \quad (3.23)$$

$$Si(OC_2H_5)_4+4n\text{-}C_4H_9Li \longrightarrow (n\text{-}C_4H_9)_4Si+4LiOC_2H_5 \qquad (3.24)$$

同样也可以用有机锂试剂来制取部分取代的有机硅化合物，如：

$$SiH_4+2C_2H_5Li \longrightarrow (C_2H_5)_2SiH_2+2LiH \qquad (3.25)$$

$$SiCl_4+2(CH_3)_3SiCH_2Li \longrightarrow [(CH_3)_3SiCH_2]SiCl_2+2LiCl \qquad (3.26)$$

由于有机锂试剂高活性，它受空间位阻的影响比格氏试剂小得多，可用来引进大基团，而且其反应迅速，收率高。但有机锂试剂价格比格氏试剂高得多，对溶剂和操作要求极高，所以一般只是用来合成特种试剂。

武兹反应是指卤代烃与金属钠作用并生成碳碳键的反应，它是有机化学中一个比较常用的反应。在有机硅化学中，武兹反应指的是硅卤化合物和卤代烃在金属钠存在下反应，得到有机硅化合物的反应。这种反应适于合成四烃基硅烷，特别是四芳基硅烷。但不适用于制备部分取代的烃基硅烷。常用的溶剂有甲苯、二甲苯、十氢化萘等，有时也用乙醚及其它醚类溶剂。

硅上的烷氧基也可以进行武兹反应，但反应活性比卤素小。同时含有烷氧基和卤素的硅化合物可以使卤素起武兹反应而保留烷氧基官能团，如：

$$ClSi(OC_2H_5)_3+n\text{-}C_4H_9Cl+2Na \longrightarrow n\text{-}C_4H_9Si(OC_2H_5)_3+2NaCl \quad (3.27)$$

上海树脂厂有机硅研究所采用甲基三乙氧基硅烷为原料，在熔融金属钠存在下与氯化苯作用，生成苯基甲基二乙氧基硅烷（式 3.28）和二苯基甲基乙氧基硅烷（式 3.29）。这个技术已形成工业化规模生产多年，并以它们为主要原料之一生产苯基甲基硅油。

$$CH_3Si(OC_2H_5)_3+C_5H_5Cl+2Na \longrightarrow$$
$$(C_6H_5)(CH_3)Si(OC_2H_5)_2+NaCl+NaOC_2H_5 \qquad (3.28)$$
$$(C_6H_5)(CH_3)Si(OC_2H_5)_2+C_6H_5Cl+2Na \longrightarrow$$
$$(C_6H_5)_2(CH_3)Si(OC_2H_5)+NaCl+NaOC_2H_5 \qquad (3.29)$$

除了上述的三种常用方法以外，其它金属有机化合物，如有机锌、有机铝等，也可以用于有机硅化合物的合成，只是一般不常用。

3.1.1.4 硅氢加成法

硅氢化合物（≡Si—H）与不饱和烃类的加成反应，也能形成硅碳键。这种方法在 20 世纪 40 年代末期被发现，现已为有机硅化合物研究及工业生产的重要合成方法之一。这个方法的特点是副产物少，而且可以合成一些难于用其它方法制备的碳原子上带有官能团的有机硅化合物。硅氢加成可以通过自由基或催化反应来进行。其一般的反应式如下：

$$HSiX_3 + CH_2 \!=\! CHR \longrightarrow RCH_2CH_2SiX_3 \qquad (3.30)$$

$$HSiX_3 + CH \!\equiv\! CR \longrightarrow RCH \!=\! CHSiX_3 \qquad (3.31)$$

反应可以通过加热、紫外光照或 γ-射线辐照来进行。在反应过程中可以加入自由基引发剂来引发加成。在这类反应的产物中，除生成 1∶1 的加成产物外，尚有低聚物产生，这取决于烯类的聚合容易程度。一般反应历程如下：

$$R_1 \cdot + HSiX_3 \longrightarrow \cdot SiX_3 + R_1H \qquad (3.32)$$

$$\cdot SiX_3 + CH_2 \!=\! CHR \longrightarrow \cdot CHRCH_2SiX_3 \qquad (3.33)$$

$$\cdot CHRCH_2SiX_3 + HSiX_3 \longrightarrow \cdot SiX_3 + RCH_2CH_2SiX_3 \qquad (3.34)$$

这个反应可以用加入过量的 $HSiCl_3$ 来加以控制，使不生成低聚物。但对于一些非常容易聚合的烯烃，如丙烯腈、甲基丙烯酸甲酯、苯乙烯等，在加热或过氧化物的引发下得不到加成产物，而是生成聚合物。其中加热加成比用过氧化物引发的加成更容易引发聚合反应。如 CH_3SiHCl_2 与 $CH_2 \!=\! CH_2$ 在过氧化物存在下加热到 $100\sim140$℃没有低聚物生成；若不加任何引发剂，而是把反应混合物在 $100\sim500atm$ 下加热至 $250\sim300$℃，就会得到 $CH_3Cl_2Si(CH_2CH_2)_nH$ （$n \leqslant 6$）。

而有的烯烃在高温下和硅氢化合物反应却得不到加成产物，而只得到缩合产物。比如氯代乙烯（式 3.16 和式 3.17）。

在自由基加成反应中，硅氢化合物的结构与反应活性之间的关系表现出如下次序：$HSiCl_3 > CH_3SiHCl_2 > (C_2H_5)_2SiH_2 > (C_2H_5)_3SiH$。而烯烃和 $HSiCl_3$ 的反应活性次序则如下：

$$\Large \rangle\!\!=\!\!\langle \; > \; \rangle\!\!=\!\!\diagdown \; > \; \diagup\!\!=\!\!\diagdown \; > \; \rangle\!\!=\!\! \; > \; =\!\!=$$

由于叔碳自由基最稳定，仲碳次之，而伯碳最不稳定。所以 SiX_3 总是加至使烯烃形成仲或叔碳自由基的位置上，所以，反应遵照反马氏规则，即硅几乎都是与末端的碳相连。

对于共轭双烯的加成，可以是 1,4 加成，也可以是 1,2 加成，一般来说 1,2 加成较多。

催化硅氢加成是这类反应中用途最大的一种。硅氢加成的催化剂种类繁多，包括贵金属化合物、金属羰基化合物等。最常用的是含铂化合物，其中包括铂炭（Pt/C）、氯铂酸（$H_2PtCl_6 \cdot 6H_2O$）的异丙醇溶液（Speier 催化剂）、氯铂酸的正辛醇溶液（Lamoreaux 催化剂）、$Pt(0) \cdot 1.5[CH_2 = CH(CH_3)_2Si]_2O$（Karsted 催化剂）和 $Pt(0) \cdot 1.5[CH_2 = CH(CH_3)SiO]_4$（Oshby-Karsted 催化剂）等。

图 3.3 显示的是催化硅氢加成的反应机理。由于打开双键是一步可逆反应，所以这是一个热力学控制过程。氢负离子会连到双键中电子云密度比较小的一头，而另一头就会接到铂原子上去，然后在下一步和带正电荷的硅原子结合。所以，如果 R 为给电子基团的话，这个反应也遵照反马氏规则。

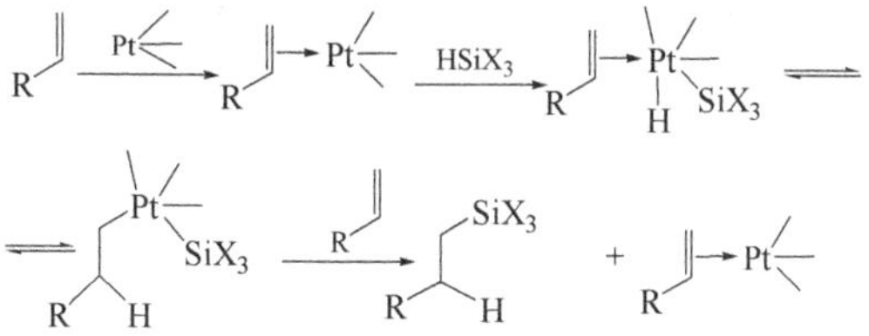

图 3.3　催化硅氢加成的反应机理

在氯铂酸的催化下，硅氢化合物上氢的电子云密度越大，硅氢化速率也就越低，如：$HSiCl_3 > C_2H_5SiHCl_2 > (C_2H_5)_2SiHCl > (C_2H_5)_3SiH$。而相对于不饱和化合物结构而言，其重键上电子云密度增加会加快反应速率，而空间位阻则会降低反应活性。如和 $HSiCl_3$ 反应活性顺序如下：

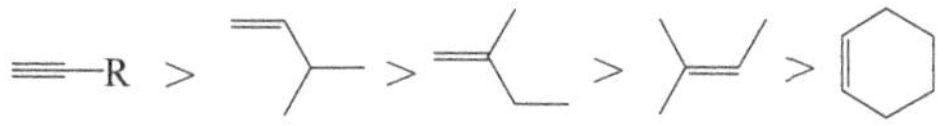

那些聚合趋势很强的烯烃，如丙烯腈，苯乙烯等，可以加入阻聚剂，如 2,6-二叔丁基对甲酚、叔丁基邻苯二酚、亚铜盐等，然后在催化剂存在下与硅氢化合物进行加成反应，也能顺利得到简单的 1:1 加成产物。有机碱如吡啶或其它胺类对于带强电负性基团烯烃，如丙烯腈，有良好的催化作用。如：

$$(CH_3)SiHCl_2 + CH_2 = CHCN \xrightarrow[Bu_3N, CuCl]{\text{Tetramethylethylenediamine}} (NCCH_2CH_2)(CH_3)SiCl_2$$

$$(3.35)$$

该反应机理是在碱的作用下，$(CH_3)SiHCl_2$ 离子化生成硅负离子 $(CH_3)Cl_2Si^-$，而后者进攻 $CH_2 = CHCN$ 的末端：

$$(CH_3)SiHCl_2 + B \longrightarrow (CH_3)Cl_2Si^- + BH^+ \qquad (3.36)$$

$$(CH_3)Cl_2Si^- + CH_2 = CHCN \longrightarrow (CH_3)Cl_2SiCH_2\bar{C}HCN \qquad (3.37)$$

$$(CH_3)Cl_2SiCH_2\bar{C}HCN + BH^+ \longrightarrow (CH_3)Cl_2SiCH_2CH_2CN + B \qquad (3.38)$$

在工业生产中，硅氢加成用来合成某些特种有机硅单体，比如我们以上提到的氰基氯硅烷（式 3.35）。以下我们再举几个例子，如壬基三氯硅烷、γ-氯丙基三氯硅烷和 γ-三氟丙基甲基二氯硅烷：

$$HSiCl_3 + CH_3(CH_2)_6CH = CH_2 \longrightarrow CH_3(CH_2)_8SiCl_3 \qquad (3.39)$$

$$HSiCl_3 + ClCH_2CH = CH_2 \longrightarrow Cl(CH_2)_3SiCl_3 \qquad (3.40)$$

$$(CH_3)SiHCl_2 + CH_2 \!=\! CHCF_3 \longrightarrow (CF_3CH_2CH_2)(CH_3)SiCl_2 \quad (3.41)$$

3.1.1.5　重排再分配法

连接在不同硅原子上的基团，包括烃基、氢及电负性基团（如卤素和烷氧基等），在催化剂、温度或其它因素作用下，可以相互交换，实现基团再分配。在此过程中，取代基的种类及总数不变，但可以生成不同于起始原料的产物。依据这一原理制取有机（卤）硅烷的方法，通称为重排再分配法。

重排再分配法区别于直接合成法及其它间接合成法，它是从有机硅单体出发，通过基团交换获得高价值硅烷的方法。在当前有机硅生产中，不管采用何种方法均存在产物组分分配与实际需要之间的不平衡问题，所以经常出现某些组分不足或过剩的难题。借助再分配法，可将一些应用价值不大或产量过剩的单体，转化成生产急需和价值更高的硅烷。特别是用于制取混合烃基或有机氢硅烷等，其意义更大。因而，再分配法作为合成硅烷的一种辅助方法，已为许多生产厂家所采用。

硅烷中各种取代基的交换，有的是在简单加热下即可进行。但通常都使用催化剂，以达到降低反应温度，缩短反应时间，提高选择性及获取高收率产物等目的。在各类催化剂中，$AlCl_3$ 的效果最佳。

工业中用这种方法来提高二甲基二氯硅烷的产率（式 3.2），而此法还可用来合成稀有有机硅化合物。比如：

$$(C_2H_5)_4Si + (C_3H_8)_4Si \overset{AlCl_3}{\underset{180℃}{\rightleftharpoons}}$$

$$(C_2H_5)_3Si(C_3H_8) + (C_2H_5)_2Si(C_3H_8)_2 + (C_2H_5)Si(C_3H_8)_3 \quad (3.42)$$

3.1.2　含氯硅烷单体的品种和性质

含氯硅烷不仅是硅橡胶、硅树脂和硅油的原料，而且由于硅氯键的特殊活泼性，能和很多官能基团反应，制成一系列有机硅化合物。表 3.1 总结了硅氯烷的各个化学反应和其产物。一般硅氯烷在潮湿空气由于水解而发烟，而水解的难度随着烷基体积的增大而降低。

■表 3.1　硅氯烷≡Si—Cl 的化学反应（M 为金属离子）

原料	ROH	H_2O	H_2O,MOH	M	MH	R_2NH
产物	≡Si—OR	≡Si—OH ≡Si—O—Si≡	≡Si—OM	≡Si—M	≡Si—H	≡Si—NR_2
原料	RSH	H_2SO_4	RCOOM	AgCN	AgNCO	AgNCS
产物	≡Si—SR	≡Si—OSO_2—Si≡	≡Si—OCOR	≡Si—CN	≡Si—NCO	≡Si—NCS

含氯硅烷单体的种类很多，但真正在有机硅工业中有较大应用价值的却不多。表 3.2 中列出的是在工业中应用较为广泛的含氯硅烷，而其重要性从左到右逐步下降。

■表 3.2 工业中应用较广泛的含氯硅烷

$\begin{matrix} H_3C & R \\ & Si \\ Cl & R' \end{matrix}$	R＝CH₃ ...			
	R＝CH_3	CH_3	CH_3	CH_3
	R′＝CH_3	$CH_2{=}CH$	H	C_6H_5

$\begin{matrix} Cl & R \\ & Si \\ Cl & R' \end{matrix}$							
	R＝CH_3	CH_3	CH_3	CH_3	C_6H_5	CH_3	CH_3
	R′＝CH_3	$CH_2{=}CH$	H	C_6H_5	C_6H_5	$CF_3CH_2CH_2$	$NCCH_2CH_2$

$\begin{matrix} Cl & R \\ & Si \\ Cl & Cl \end{matrix}$				
	R＝CH_3	C_6H_5	$CH_2{=}CH$	H

3.2 环硅氧烷单体

　　线型聚硅氧烷可以通过二官能团的氯硅烷水解来合成。但如果需要合成分子量较高的线型聚硅氧烷（聚合度超过 1000），对单体的纯度要求则很高，其中甲基三氯硅烷的含量必须大大低于万分之一，不然就会产生支链甚至交联。高纯度的二甲基二氯硅烷较难得到，因为甲基三氯硅烷和二甲基二氯硅烷的沸点只差 4℃。

　　在工业中为了克服这个难题，人们通过环型硅氧烷单体来合成线型聚二甲基硅氧烷。在所有的环型硅氧烷单体中，迄今为止只有环三硅氧烷（D_3）、环四硅氧烷（D_4）和环五硅氧烷（D_5）具有商业价值，并被较大量地生产和应用。其中 D_3 和 D_4 被作为单体用来合成线型聚硅氧烷，而由于十甲基环五硅氧烷（D_5）与大部分醇和其它化妆品溶剂有很好的相容性，而且无味、无毒、无刺激并且清洁不油腻，具有良好的延展性和涂抹性，所以它被用作各种个人护理产品的基础油。此外，它还替代了四氯乙烯作为环保干洗溶剂。

　　工业中环型硅氧烷单体最重要的合成方法是二氯硅烷的水解（式 3.41）和线型环型聚硅氧烷的重排。

　　在二氯硅烷的水解过程中，形成线型和环型聚硅氧烷的混合物。如果把二甲基二氯硅烷在 15～20℃ 的温度条件下加入过量的水中，形成的混合物的组成为 0.5%D_3，42.0%D_4，6.7%D_5，1.6%D_6 和 49.2% 线型聚二甲基硅氧烷及大环硅氧烷。小环硅氧烷的产率随着硅原子上有机取代基的体积增大而提高。水解反应产物的组成取决于反应条件。酸性条件有利于环型及线型低聚体的形成，而在碱性条件下正好相反。浓度越低，则分子内缩合的概率当然就越大，在水中加入与水互溶的有机溶剂能提高环型硅氧烷的产率。二氯硅烷的水解产物通过分馏，就能得到各种环型硅氧烷单体。

$$(m+n)Me_2SiCl_2+(m+n+1)H_2O \longrightarrow$$

$$HO(Me_2SiO)_mH+(Me_2SiO)_n+2(m+n)HCl \tag{3.43}$$

线型或环型聚硅氧烷的高温重排是工业中最重要的环型硅氧烷单体合成方法之一，它也是有机硅废料回收的主要途径。当线型或环型聚硅氧烷加热到较高温度时，分子中的化学键进行重排，形成各种大小的环状化合物。需要的环型硅氧烷单体可以从重排产物中分馏出来，而剩余的化合物可以重新返回反应釜再进行重排。几种 D_3 单体，如 $(CH_3HSiO)_3$、$[(CH_3)_2SiO]_3$、$(CH_3C_6H_5SiO)_3$ 和 $[CH_3(CF_3CH_2CH_2)SiO]_3$ 等，就是通过这种方法合成的。这主要因为在高温下具有较大环张力的 D_3 单体比较容易形成。酸和碱可以催化重排反应，从而降低反应温度。比较常用的催化剂有 LiOH、NaOH 和 KOH，其催化活性顺序如下：LiOH<NaOH<KOH。当然，这些催化剂也能促进一些副反应，如脱有机基团反应。所以当合成含如苯基和氢基等易反应基团的单体时，使用酸碱催化剂会使产率降低。

二氯硅烷和金属氧化物或含氧无机盐反应也是合成环型硅氧烷单体的一种方法（式 3.44）。这种方法比较适合用于合成含较大有机取代基的环型硅氧烷单体。文献中提到过的金属氧化物有氧化锌、氧化铜、氧化镁、氧化亚铁、氧化汞、氧化钙、氧化银和氧化铅。其中氧化锌和氧化铜对于合成 D_3 单体最为有效。如二苯基二氯硅烷和氧化锌或氧化铜反应能得到 $80\%\sim90\%$ 产率的六苯基环三硅氧烷，而用其它氧化物的产率只有 $20\%\sim40\%$。最理想的反应溶剂为不和硅烷作用的极性溶剂，比如乙酸乙酯、乙酸甲酯、丙酮等。

$$MO+R_1R_2SiCl_2 \longrightarrow MCl_2+1/n(R_1R_2SiO)_n \tag{3.44}$$

M 为金属离子，$n \geqslant 3$。

二氯硅烷还能和硫酸盐（式 3.45）、碳酸盐（式 3.46）、碳酸氢盐、硝酸盐的作用来合成环型硅氧烷单体。硫酸盐包括硫酸铜、硫酸锌、硫酸镍和硫酸亚铁等，其反应条件和金属氧化物类似。而碳酸盐如碳酸钠和碳酸钙和二氯硅烷的反应一般在无溶剂的条件下进行，这个反应的温度控制很重要，碳酸钠的反应温度为 $200\sim300℃$，而碳酸钙则为 $300\sim450℃$。

$$MSO_4+R_1R_2SiCl_2 \longrightarrow MCl_2+1/n(R_1R_2SiO)_n+SO_3 \tag{3.45}$$

$$MCO_3+R_1R_2SiCl_2 \longrightarrow MCl_2+1/n(R_1R_2SiO)_n+CO_2 \tag{3.46}$$

3.3 其他硅烷单体

除了以上提到的两大类硅烷单体外，工业中还生产其它一些有机硅单体，其中包括烷氧基硅烷、乙酰氧基硅烷、硅醇和硅胺基单体等。

烷氧基硅烷的化学性质比氯硅烷稳定，它使用、储存和运输都比较方便。所以在很多领域人们用这类化合物来代替氯硅烷。在数量众多的烷氧基硅烷中，工业中一般用到的只有甲氧基和乙氧基硅烷。较为重要的烷氧基硅烷化合物有四乙（甲）

氧基硅烷、三乙（甲）氧基硅烷、甲基三乙（甲）氧基硅烷等。

烷氧基硅烷主要通过氯硅烷和醇反应来制取，反应式如下（3.47）：

$$\equiv SiCl + ROH \longrightarrow \equiv SiOR + HCl \tag{3.47}$$

三烷氧基硅烷还可以通过硅粉和醇在铜基催化剂存在的条件下在180℃左右作用得到，这个反应我们在第1章中已经提到过（式1.10）。甲醇和乙醇都可以进行此反应。通过优化反应条件，三烷氧基硅烷的产率可达90％以上，而副产品则为四烷氧基硅烷。

四乙氧基硅烷是现代纳米技术中很重要的溶胶-凝胶（sol-gel）反应和化学气相沉积法（chemical vapor deposition，CVD）中最常用的二氧化硅前体。而把四乙氧基硅烷在酸性条件下进行部分水解，就能得到一系列硅酸乙酯（ethyl silicate）聚合物产品，一般被称为硅酸乙酯-x，x指的是产品中二氧化硅固体百分含量，常见的有硅酸乙酯-32、硅酸乙酯-40和硅酸乙酯-50。这些产品的主要用途是黏结剂、浸渍剂、模具制造和含锌涂料等。四烷氧基硅烷和甲基三烷氧基硅烷是室温硫化硅橡胶的交联剂。通过硅氢加成反应，各种有机基团可被连到三烷氧基硅烷的硅原子上，所以三烷氧基硅烷是生产硅烷偶联剂的原料之一。比如，在工业中 γ-氨基丙基三乙氧基硅烷就是通过三乙氧基硅烷和烯丙胺反应来合成的（式3.48）。如果只用铂催化剂，由于氨基上的活泼氢能和硅氢反应并放出氢气，所以该反应产率较低。加入如碳酸钠、三乙基胺之类的反应促进剂，或使用其它催化剂如 $Ru(CO)_3$ $(PPh_3)_2$ 等可以大大提高其产率。还有种提高产率的方法是把氨基先保护起来，如用烯丙胺和六甲基二硅氮烷或三甲基氯硅烷反应，生成 N-三甲基硅基烯丙胺。在硅氢反应后，通过和有机醇反应就能除去保护基团（式3.49）。

$$NH_2CH_2CH{=\!=}CH_2 + HSi(OC_2H_5)_3 \xrightarrow{H_2PtCl_6} NH_2(CH_2)_3Si(OC_2H_5)_3$$
$$\tag{3.48}$$

$$(CH_3)_3SiNHCH_2CH{=\!=}CH_2 + HSi(OC_2H_5)_3 \longrightarrow$$

$$(CH_3)_3SiNH(CH_2)_3Si(OC_2H_5)_3 \xrightarrow{C_2H_5OH} NH_2(CH_2)_3Si(OC_2H_5)_3 \tag{3.49}$$

乙酰氧基硅烷的化学性质比烷基硅烷活泼，但比氯硅烷稳定。它是生产单组分硅橡胶的原料之一。乙酰氧基硅烷有两种合成方法，一种是氯硅烷和乙酸酐反应（式3.50），而另一种方法是用氯硅烷和醋酸盐作用（式3.51）。比较重要的乙酰氧基硅烷有四乙酰氧基硅烷和甲基三乙酰氧基硅烷。

$$R_nSiCl_{4-n} + (4-n)(CH_3CO)_2O \longrightarrow R_nSi(OCOCH_3)_{4-n} + (4-n)CH_3COCl$$
$$\tag{3.50}$$

$$R_nSiCl_{4-n} + (4-n)CH_3COOK \longrightarrow R_nSi(OCOCH_3)_{4-n} + (4-n)KCl \tag{3.51}$$

硅醇可以通过氯硅烷、烷基硅烷或乙酰氧基硅烷水解得到，最常用的当然是氯硅烷的水解。硅醇一般都不太稳定，它们会进一步缩合生成硅氧烷。硅醇的化学性质和其结构有很密切的关系。一般来讲，它们的反应性随硅原子上羟基数目的增加而增加，顺序为：$R_3SiOH < R_2Si(OH)_2 < RSi(OH)_3$。而当硅醇的硅原子上连有比较大的有机基团如苯基时，这种硅醇就比较稳定，可以很容易地被分离出来。比如，二苯基硅二醇就是通过二苯基二氯硅烷水解得到。为了防止在水解过程中的缩合反应，二苯基二氯硅烷的水解在丁醇进行，反应过程如下（式 3.52）：

$$(C_6H_5)_2SiCl_2 \xrightarrow[-HCl]{C_4H_9OH} (C_6H_5)_2Si(OC_4H_9)Cl \xrightarrow[-HCl]{H_2O} (C_6H_5)_2Si(OC_4H_9)OH$$

$$\xrightarrow[-C_4H_9OH]{H_2O} (C_6H_5)_2Si(OH)_2 \qquad (3.52)$$

二苯基硅二醇被用来合成有机硅中间体及高分子化合物，也可用作硅橡胶的结构控制剂。

硅氨基单体的特点是活性大，容易水解转化为硅氧键。$Si-NH_2$ 容易自缩合并生成 $Si-NH-Si$。二官能团度硅胺则易生成三硅氮或四硅氮环，但难以聚合。最常见的硅氨基单体是六甲基二硅氮烷，它是三甲基氯硅烷和氨气反应的产物（式 3.53）。它主要用于聚合时封端、白炭黑表面处理和有机合成中作硅烷化试剂。

$$2(CH_3)_2SiCl + 3NH_3 \longrightarrow (CH_3)_3SiNHSi(CH_3)_3 + 2NH_4Cl \qquad (3.53)$$

参考文献

[1] Eugene G. Rochow. an Introduction to the Chemistry of the Silicones. New York：John Wiley & Sons, Inc. , 1946.

[2] Walter Noll, Chemie und Technologie der Silicone, 2. neubearb. und erw. Aufl. , Weinheim：Verlag Chemie GmbH, 1968.

[3] 杜作栋等. 有机硅化学. 北京：高等教育出版社，1978 年.

[4] O. Kenneth Johannson, Chi-Long Lee, Cyclic Siloxanes and Silazanes, in Book Cyclic Monomers, Ed. ：Kurt C. Frisch, New York：Wiley-Interscience, 1972，449-686.

[5] Silicone Chemie und Technologie, Ed. ：G. Koerner, M. Schulze, J. Weis, Essen：Vulkan-Verlag, 1989.

[6] 李光亮编著. 有机硅高分子化学. 北京：科学出版社，1998 年.

[7] 章基凯主编. 精细化学品系列丛书：有机硅材料. 北京：中国物资出版社，1999 年.

[8] 来国桥、幸松民等编著. 有机硅产品合成工艺及应用. 第 2 版. 北京：化学工业出版社，2010 年.

[9] L. M. Khananashvili, O. V. Mukbaniani, G. E. Zaikov. Elementorganic Monomers：Technology, Properties, Applications, Leiden-Boston：VSP, 2006.

第 **4** 章 ‹‹‹

有机聚硅氧烷高分子化合物的合成和性质

有机聚硅氧烷是一类以 Si—O—Si 键为主链的，而硅原子上直接连接有机基团的高分子化合物，其结构通式如下：$(R_m SiO_{4-m/2})_n$，其中 R 为有机基团，如甲基、苯基、乙烯基等，n 为聚合度。和普通高分子化合物一样，根据链结构的不同有机聚硅氧烷也可分为线型、支链型、交联型等。在这一章中我们将首先介绍工业中有机聚硅氧烷的制备方法，而着重点主要放在线型聚合物的合成上。除此之外，有机聚硅氧烷有着与普通有机高分子化合物许多截然不同的性质，这也是我们在这里将要讨论的内容之一。

›››››››› 4.1 有机聚硅氧烷高分子的合成

有机聚硅氧烷的制备方法大体可分为两大类：缩聚反应（polycondensation）和开环聚合反应（ring-openingpolymerisation）。缩聚反应是具有两个或两个以上官能团的单体，相互反应生成高分子化合物，同时产生小分子的化学反应。开环聚合反应是一种加聚反应，即在反应过程中并不放出小分子副产物，因此加聚物的化学组成和起始单体相同。

4.1.1 缩聚反应

4.1.1.1 形成 Si—O—Si 键的缩合反应

在讨论缩聚反应合成有机聚硅氧烷之前，我们有必要先来介绍一下能形成

Si—O—Si 键的各种缩合反应。Si—O—Si 键可以由同官能团有机硅缩合产生，如：

$$2\equiv SiOH \longrightarrow \equiv SiOSi\equiv +H_2O \tag{4.1}$$

$$2\equiv SiOR \longrightarrow \equiv SiOSi\equiv +R_2O \tag{4.2}$$

$$2\equiv SiOCOR \longrightarrow \equiv SiOSi\equiv +(RCO)_2O \tag{4.3}$$

其中 R 一般为甲基或乙基。

在这些反应中，硅醇的缩合反应（式 4.1）是最重要的一个。烷氧基硅烷的反应（式 4.2）的条件比较苛刻，一般需要加热、加压和加入催化剂如路易斯酸等。而乙酰氧基的缩合（式 4.3）则在加热到 175℃ 以上时才能进行。Si—O—Si 键还可以由不同有机硅官能团之间的互相缩合来产生。常见的异官能团缩合反应有以下几种：

$$\equiv SiCl + CH_3COOSi\equiv \longrightarrow \equiv SiOSi\equiv +CH_3COCl \tag{4.4}$$

$$\equiv SiCl + ROSi\equiv \longrightarrow \equiv SiOSi\equiv +RCl \tag{4.5}$$

$$\equiv SiCl + HOSi\equiv \longrightarrow \equiv SiOSi\equiv +HCl \tag{4.6}$$

$$\equiv SiCl + MOSi\equiv \longrightarrow \equiv SiOSi\equiv +MCl \tag{4.7}$$

$$\equiv SiOH + HSi\equiv \longrightarrow \equiv SiOSi\equiv +H_2 \tag{4.8}$$

$$\equiv SiOH + ROSi\equiv \longrightarrow \equiv SiOSi\equiv +ROH \tag{4.9}$$

$$\equiv SiOH + H_2NSi\equiv \longrightarrow \equiv SiOSi\equiv +NH_3 \tag{4.10}$$

$$\equiv SiOH + CH_3COOSi\equiv \longrightarrow \equiv SiOSi\equiv +CH_3COOH \tag{4.11}$$

$$\equiv SiOR + CH_3COOSi\equiv \longrightarrow \equiv SiOSi\equiv +CH_3COOR \tag{4.12}$$

其中 R 一般为甲基或乙基，M 为金属。

从这些反应可以看出，硅醇是其中最为常见的活性官能团，它可以通过氯硅烷、烷氧基硅烷等水解得到。以上所有这些缩合反应理论上来说都能用来合成聚硅氧烷，但在工业中只有氯硅烷的水解和缩合是制备聚硅氧烷的主要方法之一。

4.1.1.2 氯硅烷水解反应

氯硅烷的水解包括两个反应过程，首先它水解并生成硅醇，然后硅醇间脱水或和氯硅烷脱氯化氢而缩合成硅氧烷。线型聚硅氧烷当然是通过二氯硅烷的水解反应来得到。这个反应对二氯硅烷的纯度要求很高，其中三氯硅烷的含量必须大大低于万分之一，不然就会产生支链甚至交联，影响产品质量。二甲基二氯硅烷是最常用的氯硅烷单体，它水解的主要产物为环型硅氧烷和羟基封端的线型聚二甲基硅氧烷的混合物，常被称为水解物。线型产物的链长及其和环型硅氧烷的产率比可以通过改变反应条件来进行控制。其中反应过程中产生的盐酸的浓度及其和产物的接触时间起着确定性的作用。如果把产生的盐酸快速中和，或让反应在加压下进行则会形成短链结构的硅氧烷二醇，它可以用作硅橡胶中的结构控制剂。水解产物构成也可以通过所用水的多少和加入顺序来调节。在水大量过量的条件下（把氯硅烷加到水中），反应方程式如下：

$$\text{Me}_2\text{SiCl}_2 \xrightarrow[-\text{HCl}]{\text{H}_2\text{O}} \left[\text{Me}_2\text{Si}(\text{OH})_2\right] \xrightarrow{-\text{H}_2\text{O}} \underset{m=2,3,4\cdots}{\text{HO}(\text{Me}_2\text{SiO})_m\text{H}} + \underset{n=3,4,5\cdots}{(\text{Me}_2\text{SiO})_n}$$

(4.13)

而当把水逐步加到氯硅烷中去时（逆水解），产物的结构则会有所不同，并能得到分子量较大的线型聚硅氧烷（式 4.14）。

$$\text{Me}_2\text{SiCl}_2 \xrightarrow[-\text{HCl}]{\text{H}_2\text{O}} \underset{x<y}{\text{Cl}(\text{Me}_2\text{SiO})_x\text{Me}_2\text{SiCl}} \xrightarrow[-\text{HCl}]{\text{H}_2\text{O}} \underset{y>m}{\text{HO}(\text{Me}_2\text{SiO})_y\text{H}} + \underset{z=n}{(\text{Me}_2\text{SiO})_z}$$

(4.14)

为了使二氯硅烷能完全转化为羟基封端的线型聚硅氧烷，工业中采用连续水解的方法（图 4.1）。这是利用在催化剂存在的条件下硅氧键会产生断裂并形成平衡体系的原理，让从反应体系中分馏出来的环型低聚硅氧烷在酸催化条件下和二氯硅烷反应，从而形成二氯封端的线型聚硅氧烷。

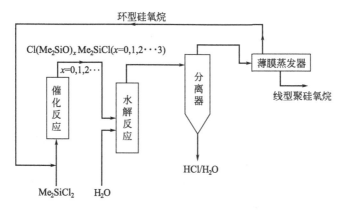

图 4.1 连续水解法生产羟基封端的线型聚二甲基硅氧烷工程示意图

水解产物的结构除了受以上所述反应条件影响外，反应过程中所用的酸、碱或溶剂的性质也能使其得到改变。比如，当用 6mol/L 盐酸代替水进行水解时，产物中环型低聚硅氧烷的产率可达到 70%；而如果用 50%～80%硫酸的话，则能得到含少量环体的较高分子量聚硅氧烷。水解时是否有有机溶剂存在，对水解物的结构也有较大的影响。一般来说，在这种情况下，由于羟基封端硅氧烷相被有机溶剂稀释，分子内缩合的几率开始超过分子间结合，环型硅氧烷的产率就会提高。

在有机氯硅烷水解过程中会产生大量氯化氢。不把它回收的话，会对环境造成很大的污染。但如果把氯化氢和甲醇反应，就能得到直接法合成有机氯硅烷单体的原料之一氯甲烷，这样就使能氯元素封闭循环，对环境不产生任何不良影响。但这样做需要两套反应装置。把有机氯硅烷用甲醇进行醇解，就能使生产聚硅氧烷和氯甲烷这两个反应在同一个反应釜中进行。如式（4.15）、式（4.16）所示，二甲基二氯硅烷用甲醇醇解得到的产物也是环型硅氧烷和羟基封端的线型聚二甲基硅氧烷的混合物，而且也能通过连续法使单体完全转化为线型聚二甲基硅氧烷。甲醇醇解应该是很有潜在意义的水解缩聚的替代过程，但目前在工业中还没有得到应用。究其原因大概是由于其反应速度较慢，而且单次反应线型硅氧烷产率较低。

$$HCl + MeOH \longrightarrow MeCl + H_2O \tag{4.15}$$

$$Me_2SiCl_2 \xrightarrow[-MeCl, -H_2O]{MeOH} Me_2Si(OMe)Cl \xrightarrow[-MeCl]{(H_2O)}$$

$$\longrightarrow \begin{matrix} Cl \\ MeO \\ HO \end{matrix} (\text{-}Me_2SiO)_x\text{-}Me_2Si \begin{matrix} Cl \\ OMe \\ OH \end{matrix} \xrightarrow[-MeCl, -H_2O]{-MeOH} HO(-Me_2SiO)_n-H + (Me_2SiO)_m \tag{4.16}$$

通过有机氯硅烷水解得到的线型聚硅氧烷的分子量对于大多数应用来说太低，它们还必须通过端硅醇基进一步缩合来提高分子量（式 4.17）。这个反应可以用酸或碱来催化。该反应还可以在用磺酸表面活性剂（如十二烷基苯磺酸）稳定的水乳液中进行，该表面活性剂同时也是缩聚反应的催化剂。在温和的反应条件下即可得到数均分子量高达 10^6 的高分子量聚合物。

$$\sim\sim\sim SiMe_2OH + HO^- \underset{}{\overset{-H_2O\uparrow}{\rightleftharpoons}} \sim\sim\sim SiMe_2O^-$$

$$\xrightarrow{\sim\sim SiMe_2OH} \sim\sim\sim SiMe_2OSiMe_2\sim\sim + HO^- \tag{4.17}$$

4.1.2 环硅氧烷的开环聚合反应

环硅氧烷的开环聚合反应是指环型硅氧烷单体在催化剂作用下断裂重排变成线型硅氧烷的过程。和缩聚反应相比，通过开环聚合能很好地控制产物的结构和分子量，并能得到较高分子量的化合物。环硅氧烷的开环聚合是目前制备聚硅氧烷最重要的一种方法，如高温胶和硅油等大都是通过这种方法来合成的。在大量的环型硅氧烷单体中，八甲基环四硅氧烷（D_4）和六甲基环三硅氧烷（D_3）是两个最重要的合成线型聚硅氧烷的单体。表 4.1 给出的是 D_3 和 D_4 的开环聚合熵和焓。根据活性增长中心的结构，环硅氧烷的开环聚合分为阴离子型或阳离子型。

■表 4.1　八甲基环四硅氧烷（D_4）和六甲基环三硅氧烷（D_3）的开环聚合熵和焓

单体	温度/℃	开环聚合焓($-\Delta H_p$)/(kJ/mol)	开环聚合熵($-\Delta S_p$)/[J/(K·mol)]
D_3	25	2.79	50.0
	77	23.4	−3.03
D_4	25	−6.4	194.4
	77	−13.4	190.0

4.1.2.1 环硅氧烷阴离子聚合

环硅氧烷阴离子聚合的引发剂主要是无机或有机强碱。其种类很多，比较常用的有碱金属氢氧化合物（MOH）、碱金属醇盐（ROM）和硅醇盐（≡SiOM）、季铵碱（R_4NOH）、季鳞碱（R_4POH）、硅醇季铵盐（R_4NOSi≡）、硅醇季鳞盐（R_4POSi≡）等。碱金属氢氧化合物的反应活性随着碱性的增强而提高，而其硅醇盐的反应活性顺序排列也类似。四甲基铵硅醇盐和四丁基鏻硅醇盐的反应活性和铯硅醇盐的相近。季铵碱及其硅醇盐和季鏻碱及其硅醇盐被称为暂时性引发剂，因为它们一经加热就会失去活性，并形成惰性物质。如 Me_4NOH 在 130℃ 分解，生成甲醇和三甲基胺。Bu_4POH 的分解温度为 150℃，分解产物为 Bu_3PO、水和丁烯。而如果用其它引发剂，聚合反应后需要用酸来中和，或用氯硅烷来封端，否则产物易裂解。

环硅氧烷阴离子聚合的反应机理如下所示：

链引发

$$Cat^+OH^- + \ \ \overset{O}{\underset{Si\ \ \ \ \ Si}{\diagdown}} \ \ \longrightarrow \ \ HO-Si \ \ \ \ \ \ \ Si-O^-Cat^+ \qquad (4.18)$$

链增长

$$\sim\sim SiO^-Cat^+ + \ \ \overset{O}{\underset{Si\ \ \ \ \ Si}{\diagdown}} \ \ \longrightarrow \ \ \sim\sim Si-O-Si \ \ \ \ \ \ Si-O^-Cat^+ \qquad (4.19)$$

链终止

$$\sim\sim SiOCat + Me_3SiCl \longrightarrow \sim\sim SiOSiMe_3 + CatCl \qquad (4.20)$$

除了这些主要反应外，当然还有副反应的存在。主要的两个副反应如下：

回咬反应

$$\sim\sim\overset{1}{Si}O\overset{2}{Si}\sim\sim\overset{3}{Si}O^-Cat^+ \longrightarrow \sim\sim\overset{1}{Si}O^-Cat^+ + \overset{2}{Si}\overset{O}{\diagdown}\overset{3}{Si} \qquad (4.21)$$

链转移反应

$$\sim\sim\overset{1}{Si}O^-Cat^+ + \sim\sim\overset{2}{Si}O\overset{3}{Si}\sim\sim \longrightarrow \sim\sim\overset{1}{Si}O\overset{2}{Si}\sim\sim + Cat^+ {}^-O\overset{3}{Si}\sim\sim \qquad (4.22)$$

回咬反应的结果是生成低分子量和高分子量的环硅氧烷，而链转移反应则造成产物分子量分布的提高。

环硅氧烷的结构对阴离子聚合的速率有较大的影响，如环大小和取代基的结构效应。一般来说，环越大反应速度也就越快，但 D_3 例外，由于环张力而具有特别高的反应性，它的聚合比 D_4 快得多。当环硅氧烷上的甲基被吸电子基团（如乙烯基、苯基、氯苯基、三氟丙基、氰烷基等）取代时，硅原子的亲电性提高，亲核试剂如碱基对其进攻变得较容易，使得阴离子聚合的速率得以提高。而当甲基被推电子基团如乙基、丙基、烷氧基取代时，反应速率就会下降。环硅氧烷取代基的不同也会造成其环张力的变化。含甲基环硅氧烷的 D_4 和 D_5 基本无环张力，但 $[Me(CF_3CH_2CH_2)SiO]_n$ 在本体聚合时由于 D_4 的环张力大于 D_5，所以反应要快。

非离子型亲电试剂，如六甲基磷酰三胺（HMPT）、二甲亚砜（DMSO）、二甲基甲酰胺（DMF），可以和硅醇盐形成络合物而使离子对分离，从而可以明显提高聚合反应速率。硅醇盐离子与冠醚、穴醚（cryptand）或磷腈碱（phosphozene-base）的超分子络合物作为环硅氧烷聚合的增长中心显示出非常高的反应活性。

在环硅氧烷阴离子聚合反应体系中如果有少量的水或醇存在，虽然反应速率会有所影响，但聚合不会被抑制。它们能终止链的增长，从而降低产物的分子量。它们也会使产物分子量分布变宽。

4.1.2.2　环硅氧烷阳离子聚合

环硅氧烷阳离子聚合也是工业上合成线型聚硅氧烷的一种重要方法。它可在室温下以适宜的速率进行，并且引发剂易于从聚合物中除去。这种方法在合成含有在碱性条件下不稳定取代基的聚硅氧烷时特别有用的，如 SiH、$SiCl$、$SiCH_2Cl$、$Si(CH_2)_nCOOH$ 等基团。常用的引发剂有硫酸、烷基或芳香基磺酸、氯磺酸、各种路易斯酸（$AlCl_3$、$FeCl_3$、$SnCl_2$、$ZnCl_2$、$SbCl_3$ 等）和强质子酸协同作用、用硫酸或盐酸处理过的酸性白土、离子交换树脂等。引发剂的酸性越强，反应也就越快。

环硅氧烷阳离子聚合的反应机理非常复杂，所以远没有阴离子聚合那么清楚。一般认为如下：

链引发

$$HA + \text{[环硅氧烷]} \rightleftharpoons HO-Si\cdots Si-A \tag{4.23}$$

链增长

$$\sim\sim SiA + HA + \text{[环硅氧烷]} \underset{\text{失活}}{\overset{\text{活化}}{\rightleftharpoons}} \sim\sim SiO^{\oplus} \quad HA_2^{\ominus} \tag{4.24}$$

$$\underset{\text{回咬}}{\overset{\text{链增长}}{\rightleftharpoons}} \sim\sim Si\cdots Si-O^{\oplus} \quad HA_2^{\ominus}$$

$$\sim\sim SiOH + \text{[环硅氧烷} H^+HA_2^-\text{]} \longrightarrow \sim\sim SiOSi\cdots Si OH \quad H^+HA_2^- \tag{4.25}$$

在聚合过程中还有以下的缩合反应存在：

$$\sim\sim SiOH + ASi\sim \rightleftharpoons \sim\sim SiOSi\sim\sim + HA \tag{4.26}$$

$$\sim\sim SiOH + HOSi\sim \overset{HA}{\rightleftharpoons} \sim\sim SiOSi\sim\sim + H_2O \tag{4.27}$$

由于聚合过程中连续引发和副反应（如缩合、回咬和链转移），导致阳离子聚合产物的分子量分布相当宽（$M_w/M_n=1.6\sim2$）。能够断裂硅氧烷键或产生端基的添加剂（如水、醇、酸等）则会降低产物的分子量。环甲基硅氧烷的硅氧烷键对酸的反应性按以下顺序降低：$D_3\gg D_7>D_6>D_5>D_4$。硅原子上有吸电子和大体积取代基时，环硅氧烷的反应性会降低。

4.1.2.3　环硅氧烷的平衡和非平衡聚合

　　环硅氧烷开环聚合通常有两种方法，常用的是平衡聚合，但它限于平衡聚合产率相对高的体系。另一种方法是非平衡聚合，即在达到平衡之前就把聚合反应的活性增长中心猝灭。

　　平衡聚合也被称为热力学控制聚合，指的是在平衡状态下进行的聚合。这种聚合一般是由于在合成高分子量聚合物的同时，也会发生大分子断链降解过程，最后使聚合物分子分布达到平衡状态。按照定义，这种状态不依赖于所用单体和引发剂。环硅氧烷的平衡聚合如图 4.2 所示。硅氧烷的平衡体系中实际有三个平衡关系：线型硅氧烷的平衡分布、环型硅氧烷的平衡分布和线型环型硅氧烷之间的平衡分布。

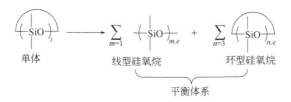

图 4.2　环硅氧烷的平衡聚合示意图

　　线型硅氧烷大小的分布是由链转移反应来控制的，这种反应使高分子链无规化，使其分子量为最可几分布。而在室温条件下环型硅氧烷的平衡分布如下：$D_3<D_4>D_5>D_6\cdots$。线型和环型硅氧烷之间的平衡可以通过反应式（4.28）来表示。

$$\left(\!\!\left.\text{SiO}\right.\!\!\right)_x \rightleftharpoons \left(\!\!\left.\text{SiO}\right.\!\!\right)_n + \left(\!\!\left.\text{SiO}\right.\!\!\right)_{x-n} \qquad (4.28)$$

　　由于环体主要是低聚物，知道环体和线型硅氧烷之间的平衡常数就能直接算出聚合产率。从反应式（4.28）可以导出形成 D_n 环体的平衡常数 K_{cn}：

$$K_{cn}=\frac{[D_n]}{p_n} \qquad (4.29)$$

　　式中，$[D_n]$ 是 D_n 环体的平衡摩尔浓度，p 一般接近 1，所以 $[D_n]\approx K_{cn}$。总的环化平衡常数 K_c 近似等于所有环体中 D 单元的摩尔浓度：

$$K_c=\sum_{n=3}^{\infty}n[D_n] \qquad (4.30)$$

　　由此也可以看出，线型和环型硅氧烷的平衡浓度和单体的起始浓度无关。如果 ω_l 和 ω_c 分别是线型和环型硅氧烷的平衡质量分数，那么它们之间的关系如下：

$$\omega_l = 1 - \omega_c = 1 - \frac{K_c}{[D]_{\text{总}}} \tag{4.31}$$

式中，$[D]_{\text{总}}$ 是 D 单元总的摩尔浓度。

可以看出，形成线型聚合物的条件是 $[D]_{\text{total}} \geqslant K_c$。聚合体系中硅氧烷单元的总的摩尔浓度越大，平衡时聚合物的产率也就越高，稀释平衡聚合体系会使线型聚合物产率降低。所以平衡聚合一般在本体中进行。

由于在开环聚合过程中化学键数没有变化，所以标准环化焓只和环体的张力能有关。在所有环硅氧烷中，D_4 和更大的环体几乎没有张力，而有环张力的 D_3 的存在在平衡时几乎可以忽略不计，因此，标准环化焓接近于 0，而聚合物的产率在很宽的温度范围内没有什么变化。这也就是说，环硅氧烷开环聚合是个熵驱动过程。所以线型聚硅氧烷的链越柔顺，其产率也就越高。这也是硅原子上取代基体积越大，极性越强，平衡时聚合物的产率就会显著下降的原因。

环硅氧烷的平衡聚合是工业上合成线型聚硅氧烷最重要的方法。在平衡聚合中，产物的分子量可通过引发剂的浓度来调节。但较精确地控制则是采用加入封端剂的方法式（4.32），其用量需要大大超过引发剂的量。封端剂用量越大，产品的分子量也就越低。三甲基硅封端的低聚硅氧烷（$MD_n M$）是常用的封端剂，其中六甲基二硅氧烷（MM）用得最多。通过加入含功能团的封端剂，可以实现链端基功能化。另外，平衡聚合法也可以用来合成各种无规共聚物。

$$Me_3SiOSiMe_3 + m(Me_2SiO)_n \longrightarrow Me_3Si(OSiMe_2)_{nm-xp}OSiMe_3 + x(Me_2SiO)_p \tag{4.32}$$

环硅氧烷的非平衡开环聚合是利用有环张力的高活性单体 D_3 在阴离子引发剂存在的条件下由于链增长速度大大超过回咬和链转移反应速度而实现的。但当高分子化合物达到一定浓度时，各种副反应开始占上风，所以在单体高转化率时需要立刻终止聚合反应（图 4.3）。非平衡开环聚合比较适用于在热力学上不利于线型聚

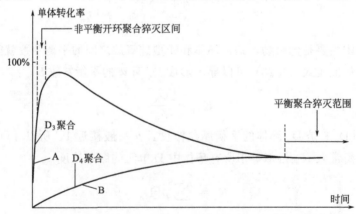

图 4.3　D_3 和 D_4 在阴离子聚合过程中单体转化率和时间的关系

合物形成的系统，如聚二苯基硅氧烷、聚甲基苯基硅氧烷和聚甲基（3,3,3-三氟丙基）硅氧烷等。

对于非平衡开环聚合反应引发剂和溶剂的选择非常重要。D_3 的非平衡开环聚合一般采用有机金属锂化合物作为引发剂，而把四氢呋喃作为溶剂。为了提高聚合反应速率，可以加入和平衡阳离子强烈作用的碱性添加剂，如六甲基磷酰三胺、二甲亚砜、穴醚、磷腈碱等。

非平衡阴离子开环聚合能达到活性聚合，即分子量和单体转化率呈正比，所以分子量和聚合物结构能得到非常好的控制，而分子量分布 M_w/M_n 可以控制在 1.2 以下。这种方法通常用作实验室中的精确聚合，如合成嵌段共聚物、单端官能团聚合物、规整星型聚合物等。式（4.33）给出的是一个合成聚二甲基硅氧烷-聚苯乙烯嵌段星型共聚物的例子。甲基丙烯酸酯基单封端的聚二甲基硅氧烷可以通过式（4.34）来制备。这个化合物在日本已经有工业生产，它被用来合成特种表面改性剂。由于操作难度较大，非平衡阴离子开环聚合在工业上目前还没有得到较大规模的应用。

$$ (4.33) $$

$$ (4.34) $$

4.1.3 高分子量聚硅氧烷的合成工艺路线

环硅氧烷的平衡聚合是工业中用得最多的合成线型聚硅氧烷的方法。在本节中我们主要介绍生产硅橡胶生胶的原料——高分子量线型聚硅氧烷的合成工艺路线。

4.1.3.1 聚合过程

聚合过程包括原料计量、脱水、配料、聚合、破煤、脱低分子、冷却、出料等操作。

原料中存在的水分会破坏催化剂，使聚合反应受到影响，同时，水分也是封端剂，产生羟基封端的聚硅氧烷分子，从而影响产品质量。实践表明，原料含水量应控制在 50ppm 以内，因此，脱水工艺是必须严格掌握的。目前采纳的脱水工艺有三种：低温、高真空（40～45℃）；中温、高真空（80～85℃）；高温、低真空（105～110℃）。

为了加强脱水效果，一般都要用氮气鼓泡搅拌。

环硅氧烷在碱性催化下，在温度大于 95℃ 时即可开始开环聚合，具体反应温度取决于所用的催化剂。生胶合成中应用最广的催化剂是硅氧烷醇钾和硅氧烷醇四甲基铵。前者通过 KOH 与环硅氧烷在加热条件下制备，而后者则用四甲基氢氧化铵与环硅氧烷在加热和真空条件下来合成，制成的硅氧烷醇四甲基铵被称为"碱胶"。硅氧烷醇钾便宜易得，工业应用也最成熟，但它的催化活性较低，一般要在 140～160℃ 下反应数小时才能完成平衡，反应后，要将 KOH 中和掉装置也较复杂，而且用 CO_2 中和时产生的 K_2CO_3 结晶析出还可能影响生胶的透明度。硅氧烷醇四甲铵的活性要高得多，在 110℃ 下反应 1～2h 就可以基本平衡。四甲基氢氧化铵虽然较贵，但加入量只需十万分之三～十万分之五，对成本影响不大。

硅橡胶在聚合过程中只放出少量热，因此聚合温度主要靠外部供热获得。环硅氧烷在引发以后，反应速度非常快，物料的黏度在几分钟迅速达到 $10^4 Pa·s$ 以上，形成黏度高峰。由于高聚物的传热性很差，因此，传质和传热都十分困难，要做好匀质和匀热，必须靠加强搅拌。在反应过程中，采用点段式搅拌或连续搅拌是不可少的。这样，平衡反应才能达到最佳效果，使得产物分子量分布均匀。为了减少产物中的低分子含量，在反应后其还要适当调整反应温度。聚合反应过程一般维持 2～3h，物料即可达到平衡，并在压力作用下送往下一道工序。

反应完成后，催化剂留在物料中将对产物的稳定性十分有害，所以必须破媒。前面已经提到，KOH 可用 CO_2 中和。而暂时性催化剂四甲基氢氧化铵，则可通过加热使其分解，然后在脱低分子时排出。破媒的工艺十分简单，只要使物料经过一个用油加热的裂管。其中热油温度应大于 200℃，从而使裂管中胶料的温度能达到 150～160℃，经停留足够的时间而使四甲基氢氧化铵达到完全分解。四甲基氢氧化铵的半衰期见表 4.2。

■表 4.2 四甲基氢氧化铵在不同温度下的分解速度常数和半衰期

分解温度/℃	分解速度常数/h^{-1}	半衰期/h
110	0.022	31.5
130	0.15	4.4
150	0.66	1.05

在聚合反应达到平衡后，其原料环硅氧烷的转化率仅为 85% 左右，另有 15% 左右的低分子环体存在胶中，其必须脱除。目前采用最普遍的方法是将加热破媒后的物料，经过有众多小孔的花板被拉成细丝，然后进入闪蒸室，在加热和真空条件下，低分子物被抽出并通过冷凝收集。通过调整体系真空度和温度，可以控制胶料的低分子含量（挥发份值），以满足后期加工的需要。

目前，生产中出料大多采用螺杆逆向带出法或氮气压料法，但必须注意物料的冷却，以保障产品的出厂质量。

4.1.3.2 聚合工艺路线

聚合工艺路线可分为间歇法、连续法和半连续法等几种流程。

使用间歇法时，一般选用一台大体积（8～12m³）的带搅拌器的反应釜，将脱水、聚合、中和催化剂及脱除低分子等操作在这样一台设备中完成，然后压入贮存器冷却，准备送往混炼胶装置进行进一步加工或包装出厂。间歇法工艺流程短，设备台数少，但存在搅拌功率大、能耗高和生产效率低等缺点。

下面我们介绍几种连续法。道康宁公司采用全连续流程，其中有些设备为多套设备切换操作，其流程见图 4.4。

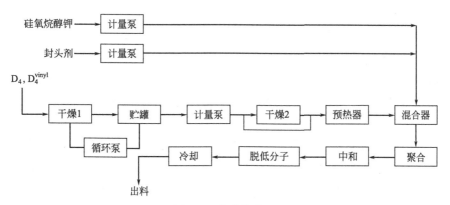

图 4.4　全连续流程

该流程采用无水氯化钙和 4Å 分子筛来干燥 D_4，使原料含水量稳定在 50×10^{-6}（50ppm），这样可以得到摩尔质量稳定的胶。原料预热后送入在线混合器，将各种原料高效混合。聚合反应器为立式螺带式搅拌反应器，安装有脉冲或搅拌控制器，每分钟搅拌 3 秒。物料经中和以后，进入 $\phi 229\text{mm} \times 1830\text{mm}$ 的冷却螺杆，冷却后用 90kg 或 200kg 桶进行包装。

1992 年晨光化工研究院研究发明了静态混合连续法生产热硫化硅橡胶的新技术（图 4.5）。该工艺结合静态混合器机组反应器、闪蒸脱分子器和逆向螺杆挤出机，具有设备简单、投资少、功力消耗少、产品质量高等优点，因此，在国内得到了快速的推广。

图 4.5　静态混合连续法

该工艺先把物料在低温下（40～45℃）脱水，然后加入引发剂及其它配合用剂，搅拌均匀，用柱塞泵连续送入静态混合器进行预热和反应，通过控制反应条件完成调聚过程。静态混合器由多节预热筒和反应筒组成，筒内装有静态混合单元（片状波纹填料）。该单元的选择和组装必须合理，使物料轴向和径向助力平衡，达到静态混合的目的。

2000～2003 年，国内一些公司吸收国外先进技术，开发了釜式反应连续法合成高温胶的新工艺。该技术采用 2 台反应釜分别进行聚合反应，通过切换连续进入闪蒸脱低分子和螺杆出料机，形成连续法生产。该工艺具有操作稳定，容易掌握，能耗低，产品质量高，装置能力便于放大等优点。使我国高温胶生产技术提高到一个新的水平。

4.1.3.3　影响产品质量的因素

甲基乙烯基硅橡胶的外观是无色透明、无机械杂质，经常出现的问题是外观变黄，产生的原因之一是单体中含铁质或呈酸性；而另一原因是由于低分子化合物的反复使用，使其中的三甲胺产生累积，并经加热氧化而使产品变黄。

摩尔质量的大小对硅橡胶的物理机械性能和加工性有较明显的影响，一般可以通过配方来调节达到目标值的±1 万，而分子量的分布一般要求适中。由于聚合度小于 400 的低聚物很少含乙烯基，所以不易产生交联点，残存于胶料中会使胶料发黏、硫化胶强度降低，所以应该尽量减少低聚物的含量。生胶若在 120℃达到聚合平衡，其可挥发份可达 13％～14％。生胶中挥发份的高低取决于以下因素：脱低分子器的结构（包括花板孔径的大小）、脱低分子器的真空度、花板上生胶的温度、生胶的摩尔质量等。一般采用真空度来调节生胶的挥发份。挥发份太大，硅橡胶制品收缩率大，而且逸出的气体还可能会损害周围的电子元件；而挥发份太小，混炼胶加工时，则不易吃粉，生产效率低，而且胶料流动性差。

生胶中的三官能链节会使线型分子形成支链。在生产过程中，如生胶中存在较多的三官能链节，花板会出现部分堵塞，胶料呈片状而不是呈细丝下落，花板压力升高，出胶速度变慢，从出胶机出口流出的胶料不光滑，有亮点。在相同配方下，生产的胶料分子量偏低。这种生胶在加工混炼胶时，填料分散差，胶料强度偏低。生胶中三官能链节的来源是单体和封头剂。所以为避免三官能链节，必须严格控制所有原料的质量。

理想的生胶分子是以三甲基硅或二甲基乙烯基硅封端的。但原料中的水分、碱胶、封头剂中的端羟基链节却会使生胶分子带上端羟基。带有较多端羟基的生胶在制造混炼胶时，会与白炭黑上的羟基发生反应，而使胶料加重结构化。带有大量端羟基的生胶加工性会变差，胶料表面发黏，在开炼机上粘辊，同时，还会使硫化胶粘模，降低生产效率和成品完好率。另外，大量羟基的存在还会降低硫化胶的耐热性，其分解温度比完全甲基封端的胶要降低 30～40℃。因此，必须尽量避免端羟基的存在。国产生胶端羟基的主要来源是原料中的水分。采用中温（80℃）和高温（100℃）脱水，同时，脱水时必须要有一定的流量，蒸出一部分原料，完全可以达到降低端羟基的要求；另一方面，采用压缩冷冻法制成的氮气，含水量很低，不会给系统带进水分。但钢瓶氮气往往含有水分，要注意进行干燥。

4.2 有机聚硅氧烷高分子的基本性质

4.2.1 有机聚硅氧烷高分子的光谱性质

表 4.3 中给出的是有机聚硅氧烷中常见基团的红外特征峰；表 4.4 中是不同硅原子的核磁共振谱中化学位移；而表 4.5 中列出了聚二甲基硅氧烷的 X 射线光电子能谱（XPS）元素分析结果。

■ 表 4.3 有机聚硅氧烷中常见基团的红外特征吸收峰

基团	红外吸收波数/cm^{-1}
—Si$(CH_3)_2$—O—Si$(CH_3)_2$—	2905～2960;1020;1090
Si$(CH_3)_3$	2905～2960;1250;840;765
Si$(CH_3)_2$	2905～2960;1260;855;805
Si—CH_3	2905～2960;1245～1275;760～845
Si—H	2100～2300;760～910
Si—OH	3695;3200～3400;810～960
Si—CH＝CH_2	1590～1610;1410;990～1020;940～980

■ 表 4.4 有机聚硅氧烷中各种硅原子的核磁共振谱中化学位移

结构	MDTQ 命名	相对于四甲基硅烷的化学位移/$\times 10^{-6}$
—OSi$(CH_3)_3$	M	6.6～7.3
—OSi$(CH_3)_2$Ph	M^{Ph}	－1
—OSi$(CH_3)_2$CH＝CH_2	M^{Vi}	－4
—OSi$(CH_3)_2$H	M^H	－7
—OSi$(CH_3)_2$OH	D^{OH}	－12
—[OSi$(CH_3)_2$]—	D	－19～－23
—O_3SiCH$_3$	T	－63～－68
—O_4Si	Q	－105～－115

■ 表 4.5 聚二甲基硅氧烷 X 射线光电子能谱元素分析结果

原子电子轨道	电子结合能/eV	元素含量/%
Si-2p	102.6	25.0
C-1s	285.0	50.0
O-1s	532.6	25.0

4.2.2 有机聚硅氧烷高分子的物理性质

有机聚硅氧烷是一类结构比较特殊的高分子化合物，它们的主链可以被看作是无机二氧化硅的一维类似物，但侧链上却是有机基团。所以它们的性质也介于无机和有机材料之间。

有机聚硅氧烷中 Si—O 键键长为 0.164nm，比共价半径之和（0.176nm）短。这是由于 Si—O 键离子性较强及具有部分双键特性的结果。但和普通有机高分子中的 C—O 和 C—C 键相比，Si—O 键就长得多。由此我们可以得出以下结论：硅上取代基之间的距离较大，相互之间的作用也就较弱，所以绕 Si—O 键旋转的势垒势必非常低。而且 Si—O—Si 键的键角的也非常"柔软"，根据结构不同，它可以在 104°～180°的范围内变化。因此，聚硅氧烷链极其柔顺。

线型聚二甲基硅氧烷是最重要的有机聚硅氧烷，它每个硅原子上都有两个非极性甲基。这些基团能绕 Si—C 键进行比较自由的旋转，对能量较大的硅氧主链起了有效的屏蔽作用。由于甲基和主链之间的排斥作用，聚二甲基硅氧烷链在低温下形成较规整的卷曲螺旋结构，非极性取代基指向外，并朝向邻近的分子链。由于甲基之间的作用很弱，这就造成聚二甲基硅氧烷的表面能低。表 4.6 中列出的是几种物质的临界表面张力。临界表面张力是衡量固体表面润湿性能的经验参数，常以 γ_c 表示。当液体的表面张力小于 γ_c 时可在此固体表面上铺展。可以看出，聚二甲基硅氧烷的表面能和石蜡差不多。另外，这样结构的分子链间纠缠较少，所以熔融态黏度也较低。但随着温度的提高，聚二甲基硅氧烷的螺旋结构转变为无规线团构象，使得链之间的作用增大，纠缠度提高，从而抵消了温度提高而造成的黏度下降。所以对于聚二甲基硅氧烷流体来说，温度对其黏度的影响很小。

■表 4.6　室温下各种物质临界表面张力 γ_c

物质	临界表面张力 γ_c/(mN/m)	水接触角/(°)
聚四氟乙烯	18.5	108
聚三氟丙基甲基硅氧烷	21.4	104
聚二甲基硅氧烷	24	101
石蜡	25.5	112
聚异丁烯	27	—
聚丙烯	31	116
聚乙烯	33	94
聚对苯二甲酸乙二醇酯	43	84

由于有机聚硅氧烷的链非常柔顺，所以它们的玻璃态转化温度非常低。其中玻璃态转化温度最低的是聚二乙基硅氧烷，达到 -139℃。而聚二甲基硅氧烷的也为 -123℃。除了乙基以外，有机聚硅氧烷的玻璃态转化温度随着取代基尺寸的变大而升高。也是因为链的柔顺，规整的有机聚硅氧烷较容易结晶，但晶体的熔点较低，而且熔融热也不高。如聚二甲基硅氧烷的熔点为 -55℃，而熔融热仅为 30～36J/g。这是因为高分子链之间作用力较小的缘故。

有机聚硅氧烷的极性和取代基的性质有关。表 4.7 中列出的是几种硅氧烷链节的溶解度参数。聚二甲基硅氧烷和环己烷的溶解度参数接近，所以它为非极性聚合物。聚二甲基硅氧烷的溶剂有苯、甲苯、二甲苯、乙醚、氯仿、四氯化碳、乙酸乙酯、丁酮、四氯乙烯和煤油等，而非溶剂包括水、甲醇、环己醇、乙二醇、2-乙氧基乙醇、邻苯二甲酸二甲酯、苯胺和溴苯等。聚二甲基硅氧烷在丙酮、乙醇、异丙醇、丁醇、二噁烷及苯基乙基醚中部分溶解。

■表 4.7 几种硅氧烷链节的溶解度参数 δ

硅氧烷链节	溶解度参数 δ
$(CH_3)_2SiO$	7.2
$(CH_3)(C_6H_5)SiO$	9.0
$(CH_3)(NCCH_2CH_2)SiO$	9.0
$(CH_3)(CF_3CH_2CH_2)SiO$	9.6

聚二甲基硅氧烷还有很多优良的性能。比如，它有非常好的电绝缘性，很高的压缩性和气体渗透性，生物相容性等。这些性能我们会在以后的章节中较为详细地阐述。表 4.8 给出了高分子量聚二甲基硅氧烷的部分物理性质。

■表 4.8 高分子量聚二甲基硅氧烷的部分物理性质

性质		性质		
密度(25℃)/(g/cm³)	0.978	气体溶解(25℃,101.35kPa)/(mL/g)	O_2	0.258
折射率(25℃)	1.4035		CO_2	1.497
表面张力/(mN/m)	21.5		N_2	0.166
流动活化能(E_{visc})/(kJ/mol)	14.6		CH_4	0.543
黏度温度系数	0.61	气体扩散速率(常温常压)	O_2	16
膨胀系数/K^{-1}	0.00096	$D/[\times 10^{-5}(cm^2/s)]$	CO_2	11
导热率(50℃)/[W/(m·K)]	0.16		N_2	15
比热容(25℃)/[kJ/(kg·K)]	1.46		CH_4	12.7
晶体熔融温度/℃	-55	体积电阻率/Ω·cm		1.0×10^{15}
玻璃态转化温度/℃	-123	介电常数($10^2\sim10^4$ Hz)		2.75
声波传播速度(30℃)/(m/s)	987.3	绝缘击穿强度(25℃)/(kV/cm)		158
润滑性(四球磨耗试验,25℃)	2.0	介质损耗角正切(100Hz)		0.00008

4.2.3 有机聚硅氧烷高分子的化学性质

Si—O 键的键能很高，明显高于 C—O、C—C 和 Si—C 键的键能。这使得有机聚硅氧烷和普通有机高分子化合物相比具有更高的高温稳定性。由于 Si—O 键的键长较长，使得硅原子上亲核反应的立体位阻较低，而且硅氧键具有突出的离子性，所以这些聚合物所特有的链柔顺性能够使分子间和分子内重排比较容易进行。图 4.6 显示的是这些反应的机理。在较高温度时，有机聚硅氧烷链由此能发生裂解，生成在此温度条件下热力学较稳定的可挥发的低聚环状硅氧烷，最常见的是 D_3。这种现象降低了聚硅氧烷的热稳定性。

线型聚二甲基硅氧烷的热降解与端基有关。如图 4.7 所示，硅羟基封端的聚二甲基硅氧烷的分解起始温度为 350～370℃，而三甲基硅氧基封端的聚二甲基硅氧

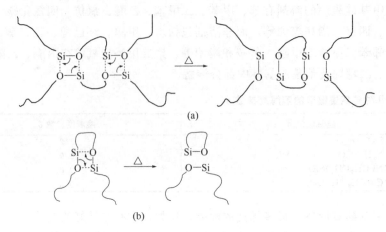

(a)

(b)

图 4.6　有机聚硅氧烷链分子间（a）和分子内（b）重排

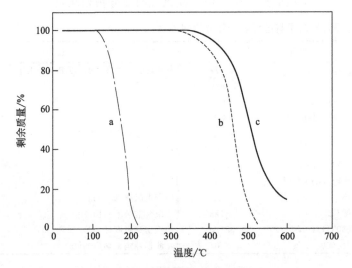

图 4.7　聚二甲基硅氧烷的热重分析曲线

a—加 5% 氢氧化钾的硅羟基封端聚二甲基硅氧烷；b—硅羟基封
端聚二甲基硅氧烷；c—三甲基硅氧基封端聚二甲基硅氧烷

烷在 390～400℃时才开始分解。而杂质的存在更能降低其稳定性，特别是离子型
引发剂如氢氧化钾的存在。这也是通过离子聚合法合成聚硅氧烷后需要把反应中心
猝灭，而且最好把硅羟基也转化掉的原因。聚二甲基硅氧烷的聚合在通常条件下是
个平衡过程，也就是说是个可逆反应。在高温和减压条件下，由于生成可挥发低聚
环状硅氧烷，使平衡向解聚反应方向移动。当聚二甲基硅氧烷是硅羟基封端时，聚
合物的解聚反应主要是由于端基的回咬，从而生成低聚环状硅氧烷。离子型引发剂
除了能使这个反应加速外，还能使主链断裂，所以大大降低聚硅氧烷的热稳定性。
而在三甲基硅氧基封端聚二甲基硅氧烷中端基回咬反应不可能进行，但图 4.6 中所示的分子间和分子内反应还是可以发生，但这些反应的活化能要高些。表 4.9 中给出的是不同条件下各种线型聚二甲基硅氧烷降解反应的活化能。

■ 表 4.9 不同条件下各种线型聚二甲基硅氧烷降解反应的活化能

聚二甲基硅氧烷	降解反应条件	活化能/(kJ/mol)
三甲基硅氧基封端	420~480℃下的无规降解	176
三甲基硅氧基封端	350~420℃下的热氧化降解	126
硅羟基封端	250℃以上在真空下的链式降解	35.6
硅羟基封端	170~300℃下 0.01%NaOH 或硫酸催化降解	58.6
硅羟基封端	60~140℃下 0.01%KOH 催化降解	21.4

要提高有机聚硅氧烷的内在热稳定性，可以在其主链中加入亚苯基、亚苯醚基或癸硼烷基等。究其原因主要是因为这些基团的加入不但妨碍了环硅氧烷的形成，而且也降低高分子链的柔顺性。

当有机聚硅氧烷在空气中受热时，主要发生的是侧链氧化，产生甲醛、甲酸等及分子间交联，最终生成纯二氧化硅。有机聚硅氧烷的热氧化稳定性取决于取代基的性质，其稳定性顺序如下：$C_6H_5 > ClC_6H_4 > Cl_3C_6H_2 > Cl_2C_6H_3 > CH_2=CH > CH_3 > C_2H_5$。

有机聚硅氧烷在无催化剂存在的条件下，由于其高疏水性，所以在水中是相当稳定的，甚至在较高温度下也不和水发生作用。但当有碱性或酸性催化剂存在时，聚硅氧烷就能被水降解（式 4.35）。水降解反应是缩聚反应的逆反应，其特点是高分子链的无规断裂，并生成一个含羟基封端聚硅氧烷和少量低聚环硅氧烷的平衡体系，造成分子量降低而分子量分布变宽。这也解释了为什么在聚合反应中水的存在会导致分子量不能得到提高，正是水起了封头剂的作用。

$$\text{—Si—O—Si—} + H_2O \longrightarrow \text{—Si—OH} + \text{HO—Si—} \tag{4.35}$$

参考文献

[1] Walter Noll, Chemie und Technologie der Silicone, 2. neubearb. und erw. Aufl., Weinheim: Verlag Chemie GmbH, 1968.

[2] Silicone Chemie und Technologie, Ed.: G. Koerner, M. Schulze, J. Weis, Essen: Vulkan-Verlag, 1989.

[3] 李光亮编著. 有机硅高分子化学. 北京：科学出版社，1998 年.

[4] 章基凯主编. 精细化学品系列丛书：有机硅材料. 北京：中国物资出版社，1999 年.

[5] 冯圣玉、张洁、李美江、朱庆增编著. 有机硅高分子及其应用. 北京：化学工业出版社，2004 年.

[6] Richard G. Jones, Wataru Ando, Julian Chojnowski 主编. 冯圣玉，栗付平，李美江等译. 含硅聚合物-合成和应用. 北京：化学工业出版社，2008 年.

[7] 来国桥、幸松民等编著. 有机硅产品合成工艺及应用. 第 2 版. 北京：化学工业出版社，2010 年.

第**5**章 ‹‹‹

硅油

5.1 硅油的简介和分类

硅油通常是指在室温下是液态的有机聚硅氧烷产品，它可以是线型，也可以支链型，其分子结构式表示如下：

R-Si-O(-Si-O-)ₙSi-R

线型硅油   支链型硅油

分子式中的 R 是相同或不同的有机取代基，包括烷基、芳基、烯烃基、氢基、各种碳官能基等。在实际应用中支链型硅油不太常见，所以本章中我们只讨论线型硅油。

硅油依其结构可基本分为四类：①烃基硅油；②硅官能基硅油；③碳官能基硅油；④含非活性有机聚合物链段硅油，烃基硅油是指分子中硅原子上的取代基全部为非活性烃基的硅油，如二甲基硅油、二乙基硅油、甲基苯基硅油等。而在硅官能基硅油的分子中，硅原子上的取代基除了烃基以外，还有其它官能团，如氯原子、羟基、氨基、氢基、烷氧基、酰氧基等。碳官能基硅油指的是分子中硅原子上的取代基除非活性烃基以外，还有碳官能基的硅油。如氯苯基硅油、氰基烷基硅油、氨基烷基硅油、含氟烃基硅油、环氧烃基硅油等。硅油分子结构中还可以加入有机聚合物链，如聚醚改性硅油，长链烷基硅油有时也归入此类。习惯上，人们将前两类硅油称为线性硅油或普通硅油，将后两类硅油称为改性硅油。若依反应活性分类，则①、④类为惰性硅油，②、③类为活性硅油。此外，有机硅氧烷主链中也可以嵌入部分其它有机含硅链，如硅氮烷、硅亚芳基、硅亚烃基等。

　　硅油一般是无色（或淡黄色）、无味、无毒、不易挥发、不易燃烧的液体，是有机硅聚合物中一类很重要的产品，其品种繁多，应用范围非常广泛。其中二甲基硅油（即所有的 R 均为甲基）的结构最为简单，但它是历史最早、产量最大及应用面最广的一个硅油产品。它具有典型的有机聚硅氧烷的特性，包括：耐高低温、抗氧化、黏温系数低、抗剪切、低蒸气压、低表面张力、憎水、电气绝缘及生理惰性等。其它硅油可以看成是为提高或改变二甲基硅油的某些性能而开发出来的产品。上述各类硅油通过再加工又可制成硅脂、硅膏、消泡剂、脱模剂、纸张隔离剂等二次加工产品。

5.2 线型硅油

5.2.1 二甲基硅油的合成和性质

　　二甲基硅油一般被称为甲基硅油，国内的产品牌号一般为 201。其化学结构如下：

$$\text{H}_3\text{C}-\underset{\overset{|}{\text{CH}_3}}{\overset{\overset{\text{CH}_3}{|}}{\text{Si}}}-\text{O}-\left[\underset{\overset{|}{\text{CH}_3}}{\overset{\overset{\text{CH}_3}{|}}{\text{Si}}}-\text{O}\right]_n\underset{\overset{|}{\text{CH}_3}}{\overset{\overset{\text{CH}_3}{|}}{\text{Si}}}-\text{CH}_3$$

　　其通常用 MD_nM 来表示。它一般以 $(CH_3)_2SiCl_2$ 的水解物或 D_4 为原料，并结合封端剂六甲基二硅氧烷（MM）或十甲基四硅氧烷（MD_2M）通过酸或碱催化平衡反应来制备。一般来说，生产高分子量（高黏度）的甲基硅油采用碱性催化，而低分子量（低黏度）的甲基硅油则通过酸性催化合成。在碱性催化条件下，有机硅氧烷的反应活性顺序如下：$D_3 > D_4 > MD_2M > MDM > MM$。

　　而酸性催化剂对硅氧烷反应的影响有所不同，其顺序为：$D_3 > MM > MDM > MD_2M > D_4$。

　　所以当 D_4 通过碱性催化聚合时，为了防止反应过程中黏度高峰的出现，一般采用十甲基四硅氧烷作为封端剂。而用酸性催化剂时，价格较低的六甲基二硅氧烷则是第一选择。另外，十甲基四硅氧烷的沸点较高，达 194℃，所以不易在反应过程中逸出。它可由 MM 和 D_4 用浓硫酸催化平衡制得：

$$D_4 + 2MM \xrightarrow{H_2SO_4} 2MD_2M \tag{5.1}$$

甲基硅油的平均分子量可以通过 D 和 M 的投料比来进行控制。从理论上来说，D 和 M 的投料比就是甲基硅油的平均聚合度，但由于平衡反应中会产生环体，所以在实际生产中主要还是得依靠实践经验数据。例如要得到有 100 个硅氧烷链节的硅油（黏度 120mm²/s），它的配方是用 7400 份（质量）硅氧烷和 108 份（质量）六甲基二硅氧烷。事实上将制得较为稀薄的硅油，因为在平衡体系中含有 10%～15% 的环体。环体可以通过真空薄膜蒸发法除去。对于大多数应用领域来说，硅油中可挥发份含量必须尽可能地降低。反应结束后，必须滤去催化剂或使之失活，从而使产品具有较高的热稳定性。

二甲基硅油是投入商业化生产最早、用途最广和最常用的一种无色透明的油状液体。甲基硅油在很宽的分子量范围内可保持黏稠液体状态。图 5.1 显示的是其黏度和分子聚合度的关系。甲基硅油 25℃ 时的运动黏度和重均分子量的关系可以按以下经验公式来计算：

$$\log\nu = 3.71\log M_w - 13.56(M_w > 3\times 10^4)$$
$$\log\nu = 1.39\log M_w - 3.2789(M_w < 3\times 10^4)$$

公式中 M_w 为重均分子量。运动黏度 ν 的单位是 mm²/s。

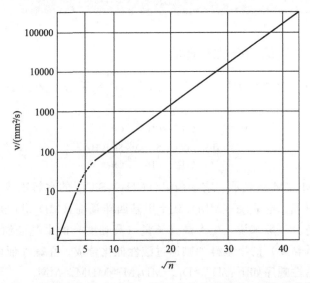

图 5.1　二甲基硅油 $MD_n M$ 在 25℃ 时的运动黏度和 n 平方根的关系

甲基硅油的黏温系数比矿物油小得多，约为 0.6，这说明其黏度随温度变化很小。其中的原因我们已在第 4 章中提到过。甲基硅油具有高度可压缩性，但比矿物油低得多。其可压缩性随分子量的提高而降低。甲基硅油抗剪切能力较强，比最好的矿物油要好 20 倍以上，所以适作润滑剂使用。但甲基硅油很难在钢和钢界面形成良好的润滑膜，而且不能承受较大的负荷，但其用于塑料间的润滑还是相当不错的。

甲基硅油具有典型的聚有机硅氧烷的耐高低温性能，并可在较高温度下长期使用。它的使用温度范围为$-40\sim200℃$，这是一般矿物油所无法比拟的。其在150℃以下几乎不发生氧化，而在200℃加热16h黏度才提高10%，只有在200℃以上侧链的氧化交联趋势才开始比较明显。

甲基硅油具有很低的表面张力，所以有较高的表面活性和疏水性。因此，甲基硅油可作为高效消泡剂、脱模剂等。

甲基硅油的比热容较小，约为水的1/3。其热膨胀性大于水及水银而与苯相近，甲基硅油热导率为$0.14\sim0.16W/(m\cdot K)$（约为水的1/4）。

甲基硅油具有良好的电绝缘性。其体积电阻率大于$1\times10^{14}\Omega\cdot cm$，绝缘强度大于14kV/mm，介电常数（$\varepsilon$）为$2.64\sim2.75$，介电损耗角正切值（$\tan\delta$）小于$6\times10^{-4}$，并且所有这些参数在$10^3\sim10^7Hz$的频率范围内和$-40\sim150℃$的温度范围内变化很小。

甲基硅油虽不溶于水，但非常容易吸潮。在通常情况下每升甲基硅油中都会含有$(100\sim200)\times10^{-6}$（$100\sim200ppm$）的水。微量水的存在使硅油的电绝缘性能大大降低。因此，当甲基硅油作为电绝缘油使用时，需要事先在减压条件下进行加热干燥处理。

在聚合物中，甲基硅油的抗辐射性能为中等。在辐射线照射下，甲基硅油分子中的Si—C和C—H键都会断裂，并形成自由基，从而产生交联。

甲基硅油可透过可见光，对紫外光的透过率则随波长降低而下降。而其折射率随黏度的增加而提高。甲基硅油的传音速度中等，提高摩尔质量可加快传音速度，但其随温度升高而降低。

甲基硅油属于化学惰性物质，对大多数材料没有腐蚀作用。常温下对水和空气很稳定，但不耐强酸和强碱。

脱除低沸物的甲基硅油对人体无毒无害，其动物致死量LD_{50}大于35g/kg。经口服毒性试验、皮肤刺激吸收试验、眼睛刺激试验、吸入毒性试验、胃吸收及代谢功能试验及遗传系试验，均表明无异常现象发生。

以上海树脂厂生产的201甲基硅油为例，其技术指标和性能如下。

外观：无机械杂质，无色透明油状液体。

黏度：$10\sim200000mm^2/s$（25℃），允许范围为±10%。

密度：$0.930\sim0.975$（25℃）。

折射率：$1.390\sim1.410$（25℃）。

凝固点：$<-65\sim-50℃$。

闪点：黏度大于$100mm^2/s$的硅油为大于300℃。

耐热性：可在170℃下长期使用。在隔绝空气时或在惰性气体中可在200℃下长期使用。

耐寒性：可在$-50\sim-60℃$的低温下使用而不凝固。

黏度随温度变化小：黏度温度系数为 $0.31\sim0.61$。

防水性：在各种物体表面可形成防水膜。

表面张力小：$15.9\sim21.5\mathrm{mN/m}$。

化学稳定性：除铅外对金属无腐蚀，遇强酸、强碱会使黏度发生变化。

导热性：热导率为 $0.134\sim0.159\mathrm{W/(m \cdot K)}$。

比热容：$0.33\sim0.37\mathrm{cal/(g \cdot {}^\circ C)}$。

具有良好的抗压缩性与抗剪切性。

电绝缘性：体积电阻 $10^{14}\sim10^{15}\Omega \cdot \mathrm{cm}$；介电常数 $2.6\sim2.8$；介电损耗角正切值小于 1×10^{-4}；击穿电压大于 $10\mathrm{kV/mm}$。

溶解性：苯、甲苯、二甲苯、甲醚、乙醚、氯仿、四氯甲烷、石油醚、汽油、煤油等为二甲基硅油的良好溶剂，可配制成各种浓度的甲基硅油溶液。

生理惰性：甲基硅油为无毒品。

透光性：对可见光透光率为 100%。

5.2.2 甲基苯基硅油的合成和性质

甲基苯基硅油简称苯基硅油，它们可以看作是甲基硅油分子中的部分甲基被苯基取代后的产物，其化学结构主要有以下两种：

（Ⅰ）

（Ⅱ）

其中 R_1 和 R_2 为甲基或苯基。

在工业中，甲基苯基硅油（Ⅰ）是由甲基苯基环硅氧烷或者甲基苯基二烷氧基硅烷的水解物，和含甲基 D_4 及 MD_nM 催化平衡聚合制得。甲基苯基硅油（Ⅱ）则是先使二苯基二氯硅烷和二甲基二烷基硅烷共水解，然后把其水解物与含甲基 D_4 及 MD_nM 催化平衡化得到。甲基苯基硅油的产品牌号较多，有 250、255、275 等。

甲基苯基硅油比同黏度的甲基硅油具有较高的黏温系数、较低的凝固点和闪点。它的抗压缩性能比甲基硅油低，在压力条件下黏度的变化比甲基硅油快。甲基苯基硅油的主要特点是具有较高的氧化稳定性和耐辐照性能。它除了具有甲基硅油的一般性能外，还有以下特点：随着苯基含量的提高，其比重和折光率也随之增大。在甲基硅油中引入 5%（摩尔分数）的苯基时（低苯基含量的硅油），由于聚硅氧烷链的规整性遭到破坏，其结晶性能下降，所以它的凝固点可达 $-70^\circ C$ 左右，因此特别适用于在超低温条件下使用。中苯基和高苯基含量的硅油的热稳定性能比甲基及低苯基硅油有很大程度的提高，在隔绝空气存在的情况下，在 250℃下加热数千小时其物理性质基本没有变化；而且，中苯基和高苯基含量的硅油还具有良好的抗耐辐射性能，在室温下在受到剂量达 2×10^8 R 的辐射后仍然可以使用。此外，甲基苯基硅油的润滑性能要优于甲基硅油，因此它是有效的润滑剂，而且可在高温条件下，如 200℃下连续运转使用。不过甲基苯基硅油的脱模效果要比甲基硅油差。

另外，甲基苯基硅油的有机相容性要比甲基硅油好，所以它可与植物油、动物油和矿物油混合使用。

低黏度的甲基苯基硅油还被用作超高真空扩散泵油。高真空扩散泵油是高真空技术中的重要材料，要求具有很高的热、氧化稳定性，在冷却温度下蒸汽压很低，但蒸汽压随温度的变化较大，以使其沸腾温度不至于过高。目前使用的扩散泵油有硅油、聚苯醚、全氟聚醚等。在上述各种类型的高真空扩散泵油中，甲基苯基硅油具有卓越的耐热性、耐氧化性、非常陡的蒸汽压/温度曲线、在常温下很低的蒸汽压和很低的凝固点。而且即使在低温下黏度变化也很小，并具有无毒、无腐蚀及化学稳定性等特性，因此是一种理想的高真空扩散泵油。与其他扩散泵油相比较，它的使用寿命较长，可在 250℃下长时间（10^3 h 以上）使用，如果在真空下则可在更高的温度下使用。

目前各国生产的扩散泵硅油仍沿用美国道康宁公司的 DC-702、DC-704 和 DC-705，其中 DC-704 和 DC-705 的结构式如下。国内生产的类似产品的牌号为 274 和 275。

$$
\begin{array}{c}
\quad\ \ C_6H_5 \quad\ \ CH_3 \quad\ \ C_6H_5 \\
\quad\ \ | \qquad\ \ | \qquad\ \ | \\
H_3C-Si-O-Si-O-Si-CH_3 \\
\quad\ \ | \qquad\ \ | \qquad\ \ | \\
\quad\ \ C_6H_5 \quad\ \ CH_3 \quad\ \ C_6H_5
\end{array}
\qquad \text{DC-704（274）}
$$

$$
\begin{array}{c}
\quad\ \ C_6H_5 \quad\ \ C_6H_5 \quad\ \ C_6H_5 \\
\quad\ \ | \qquad\ \ | \qquad\ \ | \\
H_3C-Si-O-Si-O-Si-CH_3 \\
\quad\ \ | \qquad\ \ | \qquad\ \ | \\
\quad\ \ C_6H_5 \quad\ \ CH_3 \quad\ \ C_6H_5
\end{array}
\qquad \text{DC-705（275）}
$$

5.2.3　二乙基硅油的合成和性质

二乙基硅油简称乙基硅油，即硅原子上的取代基全为乙基的硅油，其化学结构式如下：

$$
\begin{array}{c}
\quad\ \ C_2H_5 \quad\ \ C_2H_5 \quad\ \ C_2H_5 \\
\quad\ \ | \qquad\ \ | \qquad\ \ | \\
C_2H_5-Si-O\!\left(\!Si-O\!\right)_{\!n}\!Si-C_2H_5 \\
\quad\ \ | \qquad\ \ | \qquad\ \ | \\
\quad\ \ C_2H_5 \quad\ \ C_2H_5 \quad\ \ C_2H_5
\end{array}
$$

用于生产乙基硅油的原料二乙基二氯硅烷也可以通过直接法合成，反应方程式如下：

$$2C_2H_5Cl + Si \xrightarrow[300\sim360℃]{Cu} (C_2H_5)_2SiCl_2 \tag{5.2}$$

这个反应比生产二甲基二氯硅烷的直接合成复杂得多，二乙基二氯硅烷的产率也较低，而副产物也更多。乙基硅油的封端剂三甲基氯硅烷也是副产物之一。与甲基氯硅烷系列不同，乙基氯硅烷化合物之间的沸点相差较大，所以它们可以通过分馏法很容易就分离开。二乙基二氯硅烷和三乙基氯硅烷在溶剂中共水解，其水解物通过催化重排平衡就得到乙基硅油。

乙基硅油还可以以正硅酸乙酯和氯乙烷为原料，通过格氏试剂法合成。正硅酸乙酯和乙基格氏试剂反应，生成乙基乙氧基硅烷混合物。其中二乙基二乙氧基硅烷和三乙基乙氧基硅烷共水解缩合，然后在酸催化下进行重排，也可以得到乙基硅油。

乙基硅油的性能与甲基硅油相似，但耐高温性和抗氧化性稍差，然而其耐低温性和润滑性却比甲基硅油来得好，其长期使用温度范围为 $-70\sim150℃$。乙基硅油的有机相容性比二甲基硅油好，它可以和矿物油互溶。乙基硅油在俄罗斯比较常见。主要原因除了那里冬天气温较低，还有就是酒精产量高、价格较低的缘故。

5.2.4　甲基含氢硅油的合成和性质

甲基含氢硅油通常简称为含氢硅油，其结构如下：

$$R-\underset{\underset{CH_3}{|}}{\overset{\overset{CH_3}{|}}{Si}}-O\left(\underset{\underset{CH_3}{|}}{\overset{\overset{CH_3}{|}}{Si}}-O\right)_n\left(\underset{\underset{H}{|}}{\overset{\overset{CH_3}{|}}{Si}}-O\right)_m\underset{\underset{CH_3}{|}}{\overset{\overset{CH_3}{|}}{Si}}-R$$

R 可以为甲基或氢原子。当 n 为 0 时为全氢型甲基含氢硅油。国内生产的甲基含氢硅油的产品牌号有 202、802 等。

甲基含氢硅油可直接用甲基 D_4、1,3,5,7-四甲基环四硅氧烷和封端剂（六甲基二硅氧烷或 1,1,3,3-四甲基二硅氧烷）为原料，按一定比例在催化剂作用下平衡聚合反应制得：

$$n/4D_4 + m/4D_4^H + MM \xrightarrow{H^+} H_3C-\underset{\underset{CH_3}{|}}{\overset{\overset{CH_3}{|}}{Si}}-O\left(\underset{\underset{CH_3}{|}}{\overset{\overset{CH_3}{|}}{Si}}-O\right)_n\left(\underset{\underset{H}{|}}{\overset{\overset{CH_3}{|}}{Si}}-O\right)_m\underset{\underset{CH_3}{|}}{\overset{\overset{CH_3}{|}}{Si}}-CH_3 \tag{5.3}$$

与其它硅油的合成不同，甲基含氢硅油的制备只能使用酸性催化剂，而不能用碱来催化，原因是碱会使 Si—H 键断裂：

$$\equiv Si-H + H_2O \xrightarrow{OH^-} \equiv Si-OH + H_2 \tag{5.4}$$

在甲基含氢硅油的实际工业生产中，通常先将直接法中的副产品甲基二氯硅烷（CH_3SiHCl_2）水解，其水解物再和适量 D_4、封端剂催化平衡。催化剂常选用浓硫酸，但浓硫酸容易被硅氢化合物还原成硫，影响产品质量。所以最好选择一种不太容易被还原的强酸作为催化剂。甲基二氯硅烷直接水解易产生凝胶化，因此水解反应需要在溶剂中进行。溶剂一般用乙醇和丁醇的混合物、甲苯等。

甲基含氢硅油分子结构中的 Si—H 键可以和含碳碳双键的化合物进行硅氢加成,所以含氢硅油是合成改性硅油非常重要的中间体。

甲基含氢硅油最大的优点就是其交联成膜性。它在金属盐类化合物催化作用下,在较低温度下即可交联,从而在很多物质表面形成稳定的防水膜。它可用作织物、玻璃、陶瓷、纸张、皮革、金属、水泥、大理石等各种材料的防水剂。其反应机理如下:

$$\equiv\!Si\!-\!H + H\!-\!Si\!\equiv \xrightarrow{H_2O/O_2} \equiv\!Si\!-\!O\!-\!Si\!\equiv \qquad (5.5)$$

该交联反应可由水引起,在碱性介质中反应较快。在此反应中,首先是硅氢键水解(式 5.4)或氧化生成硅醇,随后缩合成硅氧烷键。在没有催化剂的情况下,硅氢键的交联温度为 200℃左右,但在含铅、锆、锌、锡、钛等金属化合物催化下反应温度可降到 140~150℃。活性较大的催化剂有有机钛酸酯(如钛酸丁酯)等,但由于对水敏感,所以其只限于在有机溶剂中使用。

5.2.5 甲基羟基硅油的合成和性质

甲基羟基硅油是指以羟基二甲基硅氧基为端基的聚二甲基硅氧烷,通常情况下是指聚合度小于 7 的低聚物。其结构式为:

$$HO\!-\!\underset{\underset{CH_3}{|}}{\overset{\overset{CH_3}{|}}{Si}}\!-\!O\!\left(\!\underset{\underset{CH_3}{|}}{\overset{\overset{CH_3}{|}}{Si}}\!-\!O\!\right)_{\!n}\!\!\underset{\underset{CH_3}{|}}{\overset{\overset{CH_3}{|}}{Si}}\!-\!OH$$

式中 $n = 3 \sim 7$。

羟基硅油制备可以由二甲基二氯硅烷或甲基 D_4 为原料合成。二甲基二氯硅烷的水解反应请参见 4.1.1.2。若以 D_4 为原料,其反应方程式如下:

$$n/4D_4 + H_2O \xrightarrow{H^+ \text{或} OH^-} HO\!-\!\underset{\underset{CH_3}{|}}{\overset{\overset{CH_3}{|}}{Si}}\!-\!O\!\left(\!\underset{\underset{CH_3}{|}}{\overset{\overset{CH_3}{|}}{Si}}\!-\!O\!\right)_{\!n}\!\!\underset{\underset{CH_3}{|}}{\overset{\overset{CH_3}{|}}{Si}}\!-\!OH \qquad (5.6)$$

甲基羟基硅油为无色透明或淡黄色透明的油状液体。国内生产甲基羟基油的主要厂家和牌号为:208(上海树脂厂)、GY-209(晨光化工研究院)、JHG-805(吉林化学工业公司研究院)、203(杭州永明树脂厂)。上海树脂厂生产的 208 甲基羟基硅油的物理性质如下。

外观:淡黄色透明油状液体。

黏度:≤40mm²/s(25℃)。

折射率:1.4000~1.4100。

羟基含量:≥5%。

甲基羟基硅油是硅橡胶制品行业中常用的一种优良结构控制剂。用它代替二苯基二羟基硅烷作为结构控制剂不仅能简化橡胶的加工工艺,提高加工性能(省去热处理),改善了劳动条件,而且还增加了制品的透明度。甲基羟基硅油还可用作织物、纸张、皮革的防水、柔软和防黏处理剂。

甲基羟基硅油也可用作乳液聚合原料或直接做成乳液作柔软剂用，也可以以它作为原料对其它聚合物进行改性。

5.3 改性硅油

为了提高线型硅油的某种性质，人们通过引入有机基团对其进行化学改性，开发出各种改性硅油，从而进一步拓宽了硅油的应用范围。线型硅油的改性可在其端基或侧基进行，而改性硅油的合成方法基本上有以下两种：①含氢硅油和双键化合物之间的硅氢反应；②改性单体和甲基单体共聚。改性硅油品种繁多，在这里我们仅介绍比较常用的几种。

5.3.1 氯苯基甲基硅油

氯苯基甲基硅油可以看作是甲基苯基硅油中的苯基上部分氢原子被氯原子取代的一种改性硅油，其结构式如下：

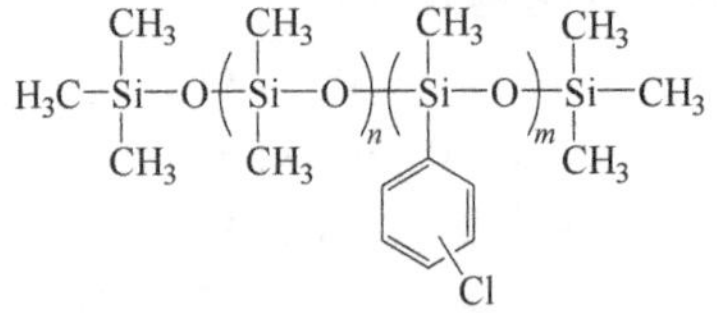

氯苯基甲基硅油可以通过氯苯基甲基二氯硅烷、二甲基二氯硅烷和三甲基氯硅烷共水解，然后用浓硫酸催化重排平衡制得。而其中的原料单体氯苯基甲基二氯硅烷则由苯基甲基二氯硅烷在亲电催化剂（如金属或金属卤化物）存在的条件下用氯气氯化得到（式5.7）。其最主要的副反应是脱苯基反应（式5.8），这个副反应的概率可以通过降低反应温度和采用适当的催化剂（如用铁或三氯化锑）大大降低。

$$CH_3(C_6H_5)SiCl_2 + nCl_2 \xrightarrow{Fe} CH_3(C_6H_{5-n}Cl_n)SiCl_2 + nHCl \qquad (5.7)$$

$$CH_3(C_6H_5)SiCl_2 + Cl_2 \longrightarrow CH_3SiCl_3 + C_6H_5Cl \qquad (5.8)$$

氯苯基甲基硅油具有良好的热、氧化稳定性和粘温性能，同甲基硅油相比润滑性能有显著的改进。氯苯基甲基硅油的凝固点在 $-70℃$ 以下，闪点高于 $180℃$。其使用温度范围为 $-70\sim150℃$，短期可达 $175℃$。

氯苯基甲基硅油具有良好的润滑性能和抗磨性能，其边界润滑机理一般认为是在一定温度下，苯基上的氯原子在金属表面活化而与金属生成低剪切力的金属氯化物薄膜，从而防止了金属的磨损。氯苯基甲基硅油可用作高、低温仪表油，通用于航空计时仪器、微型伺服马达轴承、陀螺仪马达轴承与陀螺仪平座等润滑。加入改性添加剂后可用作宇宙飞行器上的传感器油以及飞机用液压油等。

5.3.2　含氰硅油

含氰硅油一般是指含 β-氰乙基侧基的硅油，其分子结构可表示如下：

$$H_3C-\underset{\underset{CH_3}{|}}{\overset{\overset{CH_3}{|}}{Si}}-O\left(\underset{\underset{CH_3}{|}}{\overset{\overset{CH_3}{|}}{Si}}-O\right)_n\left(\underset{\underset{CH_2CH_2CN}{|}}{\overset{\overset{CH_3}{|}}{Si}}-O\right)_m\underset{\underset{CH_3}{|}}{\overset{\overset{CH_3}{|}}{Si}}-CH_3$$

含氰硅油可由氰乙基甲基二氯硅烷与二甲基二氯硅烷共水解，然后加止链剂六甲基二硅氧烷在浓硫酸催化下进行平衡反应得到。氰乙基甲基二氯硅烷的合成在3.1.1.4 节已有介绍，而共聚物分子链的长度可以通过止链剂的相对用量来进行控制。

含氰硅油具有优良的介电性能，随着氰基含量的不同，介电常数可在 3～40 范围内变化，氰基含量越高，其介电常数越大。而与此同时，二甲基硅油的介电常数仅为 2.75。当然，含氰硅油的绝缘性比二甲基硅油的要差。这种硅油适于用作电子电气工业的介电液体，特别是超小型电容器的介电液。

含氰硅油的另一种特性是它们的高极性，其极性随氰基含量的提高而成比例地增强。含氰基较低的硅油可溶于非极性溶剂如甲苯、松香水、煤油、丙酮、乙醚、二甲苯、环己烷、四氯化碳、二噁烷、丁醇、甲基乙基酮和汽油。然而，氰基含量高的硅油除了二噁烷和甲基乙基酮外，在上述溶剂中均不溶解。利用这一特性，可用作抗油和抗溶剂的有价值的材料以及用作石油加工的非水体系的消泡剂。尽管含氰硅油具有高的极性，但与水却不相混溶。它们在水中很稳定，黏度不发生变化。在蒸馏水中经 90h 的回流都没有水解或分解的迹象。

5.3.3　甲基三氟丙基硅油

甲基三氟丙基硅油简称含氟硅油，是指侧基含三氟丙基的改性硅油，其结构如下：

$$H_3C-\underset{\underset{CH_3}{|}}{\overset{\overset{CH_3}{|}}{Si}}-O\left(\underset{\underset{CH_3}{|}}{\overset{\overset{CH_3}{|}}{Si}}-O\right)_n\left(\underset{\underset{CH_2CH_2CF_3}{|}}{\overset{\overset{CH_3}{|}}{Si}}-O\right)_m\underset{\underset{CH_3}{|}}{\overset{\overset{CH_3}{|}}{Si}}-CH_3$$

含氟硅油可由 $[CH_3(CF_3CH_2CH_2)SiO]_3$、$D_4$ 和 MM 为原料，在酸或碱催化下平衡反应制得。其中含氟单体 $[CH_3(CF_3CH_2CH_2)SiO]_3$ 的合成已在 3.2 节中介绍过。

甲基三氟丙基硅油不溶于非极性溶剂及水，但溶于酮类。它具有高度的耐溶剂性和化学稳定性。它的润滑性要比其它硅油好得多。含氟硅油的黏温性与二甲基硅油相似，但着火点较高。在开放系统中其使用温度范围为 $-40\sim204℃$，而在密闭系统中则为−40～288℃。另外，含氟硅油还具有独特的高密度性能，它的相对密度在所有硅油中是最高的，在23℃时可达1.25～1.30。

甲基三氟丙基硅油可用作叶片式和活塞式液压泵、机械真空泵、压缩机气泵和曲轴箱等的优良润滑剂，也可用于无线电、电子工业以及纤维织物处理使之耐油、防污、憎水。此外，还可用于非水相体系的消泡。甲基三氟丙基硅油可以用来配制润滑脂，用于要求比甲基硅油和甲基苯基硅油有更好的抗磨性和抗溶剂性的许多场所，这类脂能抗各种烃类溶剂、强酸（如硫酸、盐酸、发烟硝酸等）、腐蚀性气体以及导弹和火箭用的燃料和抗氧剂，使用温度范围为−73～232℃。

5.3.4 甲基长链烷基硅油

甲基长链烷基硅油是1965年左右发展起来的分子中含有长链烷基的一类改性硅油，它们可以看成是硅油与烃类化合物的杂交产品，其最突出的特点是具有优良的润滑性能。虽然这类硅油的长期工作温度范围约为−50～150℃，不如甲基硅油的宽，但它们可以找到特殊的用途。甲基长链烷基硅油的分子结构如下：

$$\begin{array}{c} CH_3 \quad\quad CH_3 \quad\quad CH_3 \\ | \quad\quad\quad\;\; | \quad\quad\quad\;\; | \\ H_3C-Si-O \left[Si-O \right]_n Si-CH_3 \\ | \quad\quad\quad\;\; | \quad\quad\quad\;\; | \\ CH_3 \quad (CH_2)_x CH_3 \quad CH_3 \end{array}$$

甲基长链烷基硅油通常是由甲基含氢硅油与 α-烯烃催化加成来制取，也可以由甲基长链烷基二氯硅烷的水解物或含长链烷基的环硅氧烷和MM平衡聚合来合成。

甲基长链烷基硅油的分子结构中当 $x=0$ 时即为二甲基硅油，它们是烷基硅油中稳定性最高、黏温性最好，但润滑性较差的硅油。当二甲基硅油的聚合度改变时，除黏度以外，其它性质都很少受到影响。如黏度增加一万倍，其表面张力仅改变2%；而高分子链的分支能降低其凝固点，但对表面性质几乎无影响，甚至有20%的分支时，其表面张力与无支链的相同。与改变高分子主链的长度和结构相比，改变侧链取代基的影响就比较显著。如每个硅原子上的一个甲基被苯基取代后，其表面张力要增加40%。而其它性质如抗低温性、黏温性、热稳定性、溶解性等都有很大的变化。用长链烷基取代也是如此。当取代基由甲基变为乙基时，其化学性质（如热稳定）有较大程度的变化，但烷基链再变长时变化就不大了。这是由于受氧化攻击时最活泼的是硅上的 β 碳原子，所以乙基硅油比甲基硅油不稳定，而烷基碳原子数在2以上之后，稳定性基本就不再下降。甲基硅油可长时间使用的最高温度为200℃，而甲基长链烷基硅油只有150℃。甲基长链烷基硅油的许多物理性质则随着烷基链的加长而逐渐变化，例外的是压力——黏度特性，其几乎不变。这类硅油的润滑性和液膜散布特性随着烷基长度的增加而提高，但在辛基时达到最高，再延长碳链影响就很小。表5.1列出了各种甲基长链烷基硅油的物理性质，它们到甲基十四烷基硅油为止在室温时是液体。从表中可以看出碳链增长后黏温性有所下降。

■表 5.1 平均聚合度为 20 的甲基长链烷基硅油的物理性质

硅油	黏度/(mm^2/s)			相对密度 (25℃)	表面张力(20℃) /(mN/m)	折射率	流动点 /℃	开杯闪点 /℃
	−18℃	10℃	100℃					
二甲基	30	8	4	0.960	20.2		−54	>300
甲基乙基	281	67	22	0.9646	26.2	1.4243	−57	282
甲基丙基	362	67	21	0.9443	26.2	1.4283	−50.5	282
甲基丁基	617	82	27	0.9332	27.6	1.4332	−49.5	316
甲基戊基	440	98	29	0.9214	28.3	1.4337	−50.5	316
甲基己基	440	99	29	0.9164	28.2	1.4406	−49.5	316
甲基辛基	677	147	37	0.9006	30.4	1.4451	−45.5	316
甲基十烷基	1018	195	44	0.8994	31.4	1.4494	−38.5	316
甲基十二烷基	1408	246	51	0.8942	32.5	1.4523	−32	316
甲基十四烷基	1600	298	58	0.893	33.5	1.4555	−28	316

5.3.5 环氧改性硅油

环氧改性硅油是指甲基硅油中的部分甲基被环氧烃基取代的一类活性硅油，其结构通式如下：

R 为环氧烃基，通常使用的有以下两种：

环氧改性硅油的合成大致有两种方法。第一种方法是通过含氢硅油和不饱和环氧化合物的催化硅氢加成。但这种方法不适于合成分子量较大的环氧改性硅油。因为在聚合度较高时，硅氢加成的产率较低。另一种方法是在单体或低聚硅氧烷阶段通过硅氢加成引入环氧烃基，然后在碱性触媒存在下，与 D$_4$ 或聚二甲基硅氧烷进行平衡共聚而得。但是环氧基很容易被酸或碱开环破坏，所以需要优化反应条件以防止开环。如采用季铵碱或季𬭩碱、较低反应温度、合适的溶剂等。

环氧基具有较高的反应活性，所以环氧改性硅油可以用作活性中间体来合成其它改性硅油，或用作环氧树脂的改性。这类硅油在工业中的主要用途是作为织物处理剂。涤纶或聚丙烯纤维用环氧改性硅油加氨丙基三乙氧基硅烷处理，可以赋予近乎羽毛的平滑性和柔软性。还有人提出用环氧改性硅油和氨基改性硅油并用，可产生毛绸或安哥拉山羊毛似的手感。此外，用环氧改性硅油处理涤纶缝纫线，可以提高缝纫速度和色泽牢度。

5.3.6 氨烃基改性硅油

氨烃基改性硅油可以看作是甲基硅油中的部分甲基被氨烃基取代而得到的一类产品，氨烃基可为伯胺、仲胺、叔胺、芳香胺、季铵盐等。最常见的是侧链或端基含有氨丙基$[NH_2(CH_2)_3-]$或 N-(β-氨乙基)氨丙基$[NH_2(CH_2)_2NH(CH_2)_3-]$的聚二甲基硅氧烷。

在硅原子上引入氨烃基通常是在合成单体阶段进行，即首先制备氨烃基硅烷，如甲基氨丙基二甲氧基硅烷。然后与 D_4 和封端基进行碱催化平衡，即可得到侧基含氨丙基的改性硅油。而以氨丙基封端的改性硅油可由 D_4 和 1,3-二氨丙基-1,1,3,3-四甲基二硅氧烷在碱性条件下平衡聚合制得。氨烃基硅烷可以通过以下几个反应来合成：

$$
H_3CO-\underset{\underset{OCH_3}{|}}{\overset{\overset{CH_3}{|}}{Si}}-H + CH_2=CHCH_2NH_2 \xrightarrow{Pt\text{-}Cat} H_3CO-\underset{\underset{OCH_3}{|}}{\overset{\overset{CH_3}{|}}{Si}}-(CH_2)_3NH_2 \qquad (5.9)
$$

$$
H_3CO-\underset{\underset{OCH_3}{|}}{\overset{\overset{CH_3}{|}}{Si}}-CH_2CH_2CN \xrightarrow{H_2} H_3CO-\underset{\underset{OCH_3}{|}}{\overset{\overset{CH_3}{|}}{Si}}-(CH_2)_3NH_2 \qquad (5.10)
$$

$$
H_3CO-\underset{\underset{OCH_3}{|}}{\overset{\overset{CH_3}{|}}{Si}}-H + CH_2=CHCH_2Cl \xrightarrow{Pt\text{-}Cat} H_3CO-\underset{\underset{OCH_3}{|}}{\overset{\overset{CH_3}{|}}{Si}}-(CH_2)_3Cl
$$

$$
\xrightarrow{NH_2CH_2CH_2NH_2} H_3CO-\underset{\underset{OCH_3}{|}}{\overset{\overset{CH_3}{|}}{Si}}-(CH_2)_3NH(CH_2)_2NH_2 \qquad (5.11)
$$

而季铵盐改性硅油可以通过氨烃基或环氧改性硅油的进一步反应得到：

$$
H_3C-\overset{CH_3}{\underset{CH_3}{Si}}-O\left(\overset{CH_3}{\underset{CH_3}{Si}}-O\right)_n\left(\overset{CH_3}{\underset{(CH_2)_3NH_2}{Si}}-O\right)_m\overset{CH_3}{\underset{CH_3}{Si}}-CH_3 \xrightarrow{3m\,RX} H_3C-\overset{CH_3}{\underset{CH_3}{Si}}-O\left(\overset{CH_3}{\underset{CH_3}{Si}}-O\right)_n\left(\overset{CH_3}{\underset{(CH_2)_3\overset{+}{N}R_3X^-}{Si}}-O\right)_m\overset{CH_3}{\underset{CH_3}{Si}}-CH_3 \quad (5.12)
$$

$$
H_3C-\overset{CH_3}{\underset{CH_3}{Si}}-O\left(\overset{CH_3}{\underset{CH_3}{Si}}-O\right)_n\left(\overset{CH_3}{\underset{(CH_2)_3OCH_2CH-CH_2}{Si}}-O\right)_m\overset{CH_3}{\underset{CH_3}{Si}}-CH_3 \xrightarrow{m\,NH(CH_3)_2} H_3C-\overset{CH_3}{\underset{CH_3}{Si}}-O\left(\overset{CH_3}{\underset{CH_3}{Si}}-O\right)_n\left(\overset{CH_3}{\underset{(CH_2)_3OCHCH_2N(CH_3)_2}{Si}}-O\right)_m\overset{CH_3}{\underset{CH_3}{Si}}-CH_3
$$

$$
\xrightarrow{CH_3Cl} H_3C-\overset{CH_3}{\underset{CH_3}{Si}}-O\left(\overset{CH_3}{\underset{CH_3}{Si}}-O\right)_n\left(\overset{CH_3}{\underset{(CH_2)_3OCHCH_2\overset{+}{N}(CH_3)_3Cl^-}{Si}}-O\right)_m\overset{CH_3}{\underset{CH_3}{Si}}-CH_3
$$

$$
(5.13)
$$

氨基改性硅油有非常广泛的用途。氨基极性强，反应性高，它们可以用作活性中间体合成其它改性硅油，它们也可以用来改性各种高分子材料。比如氨丙基封端的聚二甲基硅氧烷被用来改性聚氨酯/聚脲（式 5.14）和聚酰亚胺（式 5.15），这些共聚物在微电子（作为钝化层）和电子（用于无烟绝缘材料）工业中得到越来越多的重视。氨基改性硅油也用于各种天然树脂和合成树脂的改性，并赋予这些材料有机硅特有的性质，如高热稳定性和优良脱模性。

$$\begin{array}{ccc} \overset{\displaystyle CH_3}{\underset{\displaystyle CH_3}{-Si-}}(CH_2)_3NH_2 + OCNR & \longrightarrow & \overset{\displaystyle CH_3}{\underset{\displaystyle CH_3}{-Si-}}(CH_2)_3NHCNHR \\ & & \overset{}{\underset{}{\parallel}} O \\ & \text{聚氨酯/聚脲} & \end{array} \quad (5.14)$$

$$\begin{array}{ccc} \overset{\displaystyle CH_3}{\underset{\displaystyle CH_3}{-Si-}}(CH_2)_3NH_2 + & \longrightarrow & \overset{\displaystyle CH_3}{\underset{\displaystyle CH_3}{-Si-}}(CH_2)_3N \\ & \text{聚酰亚胺} & \end{array} \quad (5.15)$$

和环氧改性硅油一样，氨基改性硅油最重要的用途也是用作织物处理剂。氨基可与纤维表面的活性基团发生较强的相互作用，所以这类硅油具有很强的吸附性，而且它们在水中的乳化性能也很好。用氨基改性硅油处理过的化纤织物的柔软性、防皱性、弹性和撕裂强度都有显著的提高，另外它们还可赋予近乎羊毛或丝绸等动物纤维那样的手感。在日用化学工业方面，氨基改性硅油可作为发油、发蜡等头发用品的配合剂，使头发柔软并且有光泽。用氨基改性硅油处理皮革可提高其防水性、柔软性和光泽。汽车车身的抛光若是用氨基改性的硅油，可提高涂膜的耐久性。此外，涂料中添加氨基改性硅油，可使涂料具有抗凝结性。

与普通氨基改性硅油相比，季铵盐改性硅油在纤维上的吸附能力更强，所以作为织物后整理剂效果更佳。除此之外，季铵盐改性硅油还具有抗菌、抑菌的功效。带长碳链的季铵盐能破坏细菌细胞膜，从而起到杀菌和抑制细菌生长的作用。季铵盐改性硅油广泛应用于内衣、袜子、毛巾、床单、手术用纺织品等的抗菌整理。另外，季铵盐改性硅油还具有抗静电功能，同时还是一种新型的表面活性剂。把它们用作高级洗发香波调理剂，可赋予头发良好的干湿梳理性、手感柔滑和亮丽的光泽，当然还有抗菌、抑菌的效果。

5.3.7 羧酸改性硅油

硅油引入羧酸基的最简单的方法是不饱和酸，比如丙烯酸(CH_2＝$CHCOOH$)或甲基丙烯酸[CH_2＝$C(CH_3)COOH$]与 Si—H 的加成反应。但该反应会伴随不少副反应，比如 Si—H 与羧基或羟基的反应，以及不饱和酸的自聚等，所以加成反应后必须分离精制。另外，羧酸基可用三甲基硅来保护，这样也能提高产率。目前大多采用在合成硅烷或二硅氧烷的单体原料阶段就引入羧酸基的反应方法，生成物然后再与二甲基硅氧烷链段进行平衡聚合（式 5.16）。

$$\text{HOOC(CH}_2)_2\!-\!\underset{\underset{CH_3}{|}}{\overset{\overset{CH_3}{|}}{Si}}\!-\!O\!-\!\underset{\underset{CH_3}{|}}{\overset{\overset{CH_3}{|}}{Si}}\!-\!(CH_2)_2COOH + n/4D_4 \xrightarrow{H^+} \text{HOOC(CH}_2)_2\!-\!\underset{\underset{CH_3}{|}}{\overset{\overset{CH_3}{|}}{Si}}\!-\!O\!\left(\!\underset{\underset{CH_3}{|}}{\overset{\overset{CH_3}{|}}{Si}}\!-\!O\!\right)_n\!\underset{\underset{CH_3}{|}}{\overset{\overset{CH_3}{|}}{Si}}\!-\!(CH_2)COOH$$

$$(5.16)$$

含氰硅油中的氰基在溶剂中酸性水解（式 5.17），或者是用氯烷基改性硅油与二羧酸单钠盐缩合（式 5.18），也可以得到羧酸改性硅油。

$$\text{H}_3C\!-\!Si\!-\!O\!\left(Si\!-\!O\right)_n\!\left(Si\!-\!O\right)_m\!Si\!-\!CH_3 \xrightarrow{H^+/H_2O} H_3C\!-\!Si\!-\!O\!\left(Si\!-\!O\right)_n\!\left(Si\!-\!O\right)_m\!Si\!-\!CH_3$$

（下标取代基 $CH_2CH_2CN \to CH_2CH_2COOH$）

$$(5.17)$$

$$\text{H}_3C\!-\!Si\!-\!O\!\left(Si\!-\!O\right)_n\!\left(Si\!-\!O\right)_m\!Si\!-\!CH_3 \;+\; m\,\text{NaOOC(CH}_2)_4COOH$$

（取代基 CH_2Cl）

$$(5.18)$$

$$\xrightarrow{DMF} H_3C\!-\!Si\!-\!O\!\left(Si\!-\!O\right)_n\!\left(Si\!-\!O\right)_m\!Si\!-\!CH_3$$

（取代基 $CH_2OOC(CH_2)_4COOH$）

羧酸改性硅油由于具有化学反应性和极性，当与氨基改性硅油配合使用作织物处理剂时，牢度好，洗涤时不易脱落。羧酸改性硅油在金属和金属氧化物表面的附着力强，所以羧酸改性硅油是汽车抛光剂的主要成分。而在磁带的黏合剂中添加羧酸改性硅油可减轻磁带与磁头的摩擦阻力，可制得耐磨耗、损伤小、耐久性长的磁带。

5.3.8 巯基改性硅油

巯基改性硅油是分子中含有巯烃基的硅油。在硅原子上引入巯烃基一般在硅烷单体合成阶段进行，目前主要的生产方法是硫脲法（式 5.19）。

$$\text{H}_3CO\!-\!\underset{\underset{OCH_3}{|}}{\overset{\overset{CH_3}{|}}{Si}}\!-\!(CH_2)_3Cl + S\!=\!C\!\!\begin{array}{l}NH_2\\NH_2\end{array} \longrightarrow H_3CO\!-\!\underset{\underset{OCH_3}{|}}{\overset{\overset{CH_3}{|}}{Si}}\!-\!(CH_2)_3SC\!\!\begin{array}{l}NH\\NH_2HCl\end{array}$$

$$(5.19)$$

$$\xrightarrow[KOH,EtOH]{H_2O} \left(Si\!-\!O\right)_n \xrightarrow[H^+]{+D_4+MM} H_3C\!-\!Si\!-\!O\!\left(Si\!-\!O\right)_n\!\left(Si\!-\!O\right)_m\!Si\!-\!CH_3$$

（取代基 $(CH_2)_3SH$）

巯基改性硅油是用作脱膜剂和防黏隔离剂的优良材料。将巯基改性硅油，或巯基改性硅油和乙烯基硅油的混合物，薄薄地涂于纸张或薄膜上，然后用紫外光或电子束固化，形成牢固的有机硅薄膜，可作为标签或胶黏带等的防黏隔离层。在静电复印机的调色剂熔接部，为防止调色剂黏附通常需不断供以二甲基硅油，但在热的金属辊上还是不能完全防止调色剂的黏附。若改用巯基改性硅油，防黏附的效果就特别好。

在发型装饰用品中把巯基改性硅油配入烫发剂可赋予头发耐湿性、耐久性，并使发型固定。此外，在涂料中添加巯基改性硅油可提高其抗凝结性；而用于羊毛制品处理可大大改善其防毡缩性。

5.3.9　聚醚改性硅油

聚醚改性硅油是指二甲基硅油的侧链或主链含有聚醚链段的一类改性硅油。常用的聚醚有聚乙二醇、聚丙二醇及其它们的共聚物，在特殊情况下也有用聚丁二醇的。其中聚乙二醇是亲水性的，而聚丙二醇则疏水。所以聚醚改性硅油的性质不仅可以通过改变聚醚/聚二甲基硅氧烷的比例来改变，而且还可以通过改变聚醚中聚乙二醇和聚丙二醇的相对含量来加以控制。

聚醚改性硅油按照聚醚基团和聚二甲基硅氧烷的连接方式分为水解型和非水解型两种。水解型指的是通过易水解的 Si—O—C 键来连接，而非水解型用的是对水稳定的 Si—C 键。在实际应用中非水解型是主要产品形式，所以在本书中我们只介绍这种聚醚改性硅油的合成和应用。

非水解型聚醚改性硅油可以通过不同的方法来合成。工业中用的最多的方法是用含氢硅油和不饱和聚醚进行硅氢加成（式 5.20）。不饱和聚醚可以通过环氧乙烷和环氧乙烷以烯丙醇为引发剂在碱性条件下开环聚合制取（式 5.21）。除此之外，通过羧酸或环氧改性硅油和单羟基封端聚醚反应也能得到聚醚改性硅油。

$$\equiv Si{-}H + CH_2{=}CHCH_2O(CH_2CH_2O)_xH \xrightarrow{Pt\text{-}Cat} \equiv Si(CH_2)_3O(CH_2CH_2O)_xH$$

$$(5.20)$$

$$CH_2{=}CHCH_2OH + x\ CH_2{-}CHR \xrightarrow{OH^-} CH_2{=}CHCH_2O(CH_2CHO)_xH \quad (5.21)$$

R＝H 或 CH₃

硅油一般难溶于水，从而使其应用受到限制。而在聚醚改性硅油的分子结构中，不仅具有亲水性的聚醚链段，而且还有低表面张力的疏水性聚二甲基硅氧烷链。这种特殊的双亲结构使其成为性能优异的表面活性剂。聚醚改性硅油是改性硅油的主要品种之一，它在日用化学产品中得到广泛应用，它可与洗发香波、护发素等配合，使头发柔软、有光泽、容易梳理。它还广泛用于聚氨酯泡沫的气泡控制，还可用作消泡剂，而且消泡效果非常显著。聚醚改性硅油作为农药的添加剂能起到很好的增效作用。在这方面应用效果最好的是聚环氧乙烷改性的三聚硅氧烷：

$$H_3C{-}\underset{\underset{CH_3}{|}}{\overset{\overset{CH_3}{|}}{Si}}{-}O{-}\underset{\underset{CH_3}{|}}{\overset{\overset{CH_3}{|}}{Si}}{-}O{-}\underset{\underset{(CH_2)_3(OCH_2CH_2)_8OCH_3}{|}}{\overset{\overset{CH_3}{|}}{Si}}{-}CH_3$$

植物叶子的表面一般都有一层疏水的角质层蜡，使喷洒上去的农药液滴无法润湿，吸收效果较差。而聚环氧乙烷改性的三聚硅氧烷的加入则能使农药液滴迅速润湿叶子的表面，从而使农药的作用发挥到最大程度。这种现象被称为超级润湿。

5.3.10　其他改性硅油

上述改性方法可以两种或两种以上同时使用，则能得到多功能硅油，用于某些应用领域效果会更佳。除此之外，还有许多含其他功能团的改性硅油，如醇改性硅油，烯基或炔基改性硅油等，在这里我们就不多讨论了。

5.3.11　有机硅表面活性剂

有机硅表面活性剂（surfactant）是一类分子结构中含有极性基团的聚甲基硅氧烷。表 5.2 中列出的是硅油表面活性剂中常用的极性基团。含聚乙氧烷/聚丙氧烷和含季铵盐基团的有机硅表面活性剂的合成已在 5.3.6 和 5.3.9 中有所介绍。磺酸基可以通过环氧改性有机硅和亚硫酸氢钠反应得到式（5.22）。关于两性离子型有机硅表面活性剂的合成可参看式（5.23）。

$$-\underset{\underset{CH_3}{|}}{\overset{\overset{CH_3}{|}}{Si}}-(CH_2)_3OCH_2CH-CH_2 \ (O) +NaHSO_3 \longrightarrow -\underset{\underset{CH_3}{|}}{\overset{\overset{CH_3}{|}}{Si}}-(CH_2)_3OCH_2\underset{\underset{OH}{|}}{CH}CH_2SO_3Na \qquad (5.22)$$

$$-\underset{\underset{CH_3}{|}}{\overset{\overset{CH_3}{|}}{Si}}-(CH_2)_3N(CH_3)_2 + \underset{}{(O-SO_2)} \longrightarrow -\underset{\underset{CH_3}{|}}{\overset{\overset{CH_3}{|}}{Si}}-(CH_2)_3\overset{+}{N}(CH_3)_2[(CH_2)_3SO_3^-] \qquad (5.23)$$

■表 5.2　有机硅表面活性剂中常用的极性基团

极性基团种类	例　子
非离子型	聚乙氧烷,聚乙氧烷/聚丙氧烷,糖类
阴离子型	磺酸基团
阳离子型	季铵盐基团
两性离子型	甜菜碱,磺酸和季铵盐基团

有机硅表面活性剂有与普通烃表面活性剂不同的特性，比如：
① 表面能比烃表面活性剂的低；
② 在水和非水溶液体系均可使用；
③ 结构多样性；
④ 在分子量很高的时候还能保持液态。

有机硅表面活性剂是 20 世纪 50 年代作为聚氨酯泡沫稳定剂进入市场的。从那时起，它们的应用范围就一直得到不断地扩大。在非水溶液体系中的表面活性使它们能用于聚氨酯泡沫生产、原油破乳及燃料消泡。这类化合物能有效地降低系统的表面张力，所以它们可应用于表面润湿和表面扩展等方面。而部分结构的高分子量硅油表面活性剂也能用作乳液的稳定剂。另外，有机硅表面活性剂能赋予纺织品、毛发和皮肤等表面特殊的干润滑性，所以它们在织物整理和日用化工也有很广泛的应用。

有机硅表面活性剂中最重要的是非离子型聚醚改性聚甲基硅氧烷，表 5.3 中给出的是一类聚醚改性聚甲基硅氧烷的性质。其结构式如下。

$$
\underset{\substack{\displaystyle CH_3 \\ |}}{\overset{\substack{\displaystyle CH_3 \\ |}}{H_3C-Si-O}}\!\!\left(\!\!\underset{\substack{\displaystyle CH_3 \\ |}}{\overset{\substack{\displaystyle CH_3 \\ |}}{Si-O}}\!\!\right)_{\!\!n}\!\!\left(\!\!\underset{\substack{\displaystyle (CH_2)_3O(CH_2CH_2O)_p(CHCH_2O)_qH \\ | \\ CH_3}}{\overset{\substack{\displaystyle CH_3 \\ |}}{Si-O}}\!\!\right)_{\!\!m}\!\!\underset{\substack{\displaystyle CH_3 \\ |}}{\overset{\substack{\displaystyle CH_3 \\ |}}{Si-CH_3}} \tag{5.24}
$$

从表 5.3 可以看出，它们的物理性质不但可以通过 n/m 的比，而且还可以通过聚醚嵌段中亲水的乙氧基和丙氧基的比（EO/PO）来控制。这类化合物至今最重要的用途还是聚氨酯的泡沫稳定。当然，它们还有很多其它应用领域，比如化妆品、纺织和涂料等。

■表 5.3　一类聚醚改性聚甲基硅氧烷表面活性剂的性质

n/m 比	0/1	13/5	20/5	20/5	20/5
聚醚中 EO/PO 的质量比	80/20	100/0	75/25	35/65	20/80
1% 水溶液的浊点/℃	45	90	65	30	10
HLB 值		19	18	14	10
25℃在水中的溶解性	+	+	+	+	−
25℃在乙醇中的溶解性	+	+	+	+	+
25℃在甲醇中的溶解性	−	−	−	−	+
1% 水溶液的表面张力/(mN/m)	23	28	28	27	
1% 聚丙氧烷溶液①的表面张力/(mN/m)	27	25	25	27	27
0.1% 溶液用 Rose-Mile 法测得的起泡高度/mm	200	110	60	60	5

① 聚丙氧烷的分子量约为 2000，表面张力为 31 mN/m。

>>>>>>>>>

5.4　硅油的二次加工制品

硅油可作为产品直接使用，如用作绝缘油、传动油、导热油、真空泵油及刹车油等，当然它们会含有少量的添加剂，如抗氧剂。这些产品一般被称为硅油的一次制品。而以硅油为主要原料，加入各种性能改进剂，经过特定工艺配制成的复合物、溶液、乳液等制品，则被称为硅油的二次加工制品。硅油经二次加工后，产品形态和性质均发生变化，从而拓宽了硅油的应用范围。下面我们就来介绍几种比较常见的硅油二次加工制品。

5.4.1　硅脂和硅膏

硅脂和硅膏是指以硅油为基础，加入增稠剂、稳定剂及其它添加剂后经混合研磨加工而成的脂状机械混合物。两者无严格区别，只是人们根据产品的用途习惯称呼而已。表5.4列出的是硅脂和硅膏的基本组成及其特性。增稠剂是一种流变助剂，可以提高系统黏度，从而赋予产品优异的机械性能和贮存稳定性。按增稠剂分类，硅脂可分为皂系和非皂系两大类。

■表5.4　硅脂、硅膏的基本组成及其特性

项目	组　　成		特　　性
基础油		二甲基硅油	轻润滑、密封
		甲基苯基硅油	耐高低温润滑密封
		甲基氯代苯基硅油	改善润滑性
		甲基氟烃基硅油	改善润滑性，耐油、耐溶剂
		甲基长链烷基硅油	优良润滑性及相容性
增稠剂	皂系	锂、铝、钙的脂肪酸盐	润滑，耐高温，抗水解
	非皂系	憎水白炭黑	耐高温，透明
		石墨粉	高温，润滑
		金属氧化物(氧化铝、氧化锌等)	导电
		聚四氟乙烯粉末	提高滴点[①]及界面润滑
		二硫化钼	润滑耐热
		酞菁铜	耐辐射，高温润滑
稳定剂		乙二醇、聚乙二醇、甘油等	保持脂膏状形状，提高产品稳定性
改性剂		抗氧剂(辛酸铁，酚噻嗪，芳胺等)	提高热氧化稳定性
		防锈剂(苯并三唑，硫醇等)	抑制对钢、铜的腐蚀
		极压抗磨剂多氯苯二甲酸酯及含硫或磷化合物等	提高边界润滑

① 滴点是油脂受热降稠而开始滴落的温度。

硅脂有无味、无毒、闪点高、凝固点低、蒸汽压低等特点，它还具有较高的耐温性和低的黏温系数，良好的机械稳定性和抗水性，优良的氧化稳定性、润滑性和电绝缘性能。在温度变化时，它的黏度变化很小，而且温度对它的体积电阻影响也不大。硅脂可溶解在芳香类溶剂中如苯、甲苯、二甲苯或含氯溶剂如三氯乙烯等，但不溶于甲醇、乙醇、丙酮、乙二醇及甘油等。硅脂对铁、铜、钢、铝及其合金没有腐蚀性，在天然橡胶、合成橡胶、酚醛树脂、三聚氰胺树脂、醋酸纤维素等表面用硅脂涂层，外观没有显著变化。硅脂在塑料、橡胶、木材与金属间的润滑性很好，而在玻璃与玻璃之间的润滑性能也不错。

硅脂按其使用目的分类，有润滑脂、脱膜脂、绝缘脂、密封脂、真空脂，散热脂，减震脂等。

5.4.1.1　皂系硅脂

皂系硅脂是用锂、铝、钙等的脂肪酸盐作增稠剂的一类硅脂。脂肪酸锂盐（俗称锂皂）耐水性好，熔点高，而且在很宽的温度范围下稳定等，所以对有机硅来说，是最适用的一种皂。其中，以硬脂酸锂与甲基苯基硅油配合使用效果最佳。此外，也有用硅油与二元脂肪酸二酯的混合油、氯苯基甲基硅油、氟硅油等作基油的锂皂增稠硅脂。锂皂硅脂可在各种负荷的轴承、雷达天线、航空仪表、精密仪表、

电动机等中用作润滑剂及防护剂。用低苯基含量甲基苯基硅油为基础油的锂皂硅脂
适用于轻和中负荷润滑剂，而中苯基含量甲基苯基硅油则用于高负荷润滑剂。锂皂
硅脂与通常的石油系润滑脂相比，有以下特点：

① 达到最高使用温度标准的滴点高；

② 油分离及蒸发量小；

③ 氧化稳定性高，适用于在高温下使用；

④ 耐水性和耐化学药品性优良；

⑤ 界限润滑性比矿物油润滑剂差，所以一般不作为连续运转轴承的润滑，而
只是用于间断性转动的润滑。

以下是锂皂硅脂的一个典型制备方法（质量份）。把甲基苯基硅油（400mPa·
s）80 份、硬脂酸锂 20 份、及苯基-α-苯胺 0.5 份在捏和机中在 190℃下混合 1h，
冷却后再移至三辊磨上进一步研磨就能形成硅脂。

国内皂系硅脂的主要牌号有 290-H（锂皂增稠的苯基硅油）。国外类似的硅脂
以美国道康宁公司的产品为例，有 Molykote-33（锂皂增稠低苯基含量甲基苯基硅
油）和 Molykote-44（锂皂增稠中苯基含量甲基苯基硅油）等。

5.4.1.2 非皂系硅脂

白炭黑硅膏是一种典型的非皂系硅脂，它是用白炭黑（即二氧化硅纳米粉末）
为增稠剂配制而成，也被称作硅油复合物。硅油复合物一般具有优良的电绝缘性、
憎水性及热稳定性等，主要用途有电绝缘及防潮、密封、脱膜及高压开关类的防止
火化污损等。通过选用不同的硅油，不同种类的二氧化硅及不同用量，可以配制成
不同用途的白炭黑硅膏。以下是一个白炭黑硅膏的典型制备方法（质量份）。将甲
基苯基硅油（500mm^2/s）88 份、白炭黑（比表面积 200m^2/g）12 份及三甲氧基
乙烯基硅烷 4 份在捏和机中混匀，再经脱泡，得到透光率为 93%～95% 的光学用
透明硅膏。

国内以甲基硅油为基础油的白炭黑硅膏的牌号为 295。而美国道康宁公司类似
产品的牌号有 DC-4。

氟树脂系硅脂是用氟树脂微粉作为增稠剂配制而成一种高性能硅脂，其滴点比
锂皂系脂更高，界限润滑性也稍好。氟树脂系硅脂的基油是耐热性较好的甲基苯基
硅油或氟硅油，它们可用作在高温下操作的传送炉及风扇离合器的轴承用润滑脂。
它们的性能及其同皂系硅脂对比见表 5.5。

以下介绍几种有特殊用途的非皂系硅脂。导热硅脂是其中一种，它是含有导热
性能优良的氧化铝、氧化锌等金属氧化物的硅油复合物。主要用于芯片和散热板或
散热器之间的空隙填充，可进一步提高散热效果。国内的 SAS-1 和美国道康宁公
司的 DC-340 就是常见的导热硅脂。而减震硅脂一般是含有黏性聚丁烯的硅油复合
物。这种脂填充在狭小的缝隙中也能与壁面黏着，一经滑动或旋转，即可获得很大

■表 5.5　耐热性润滑用硅脂

试验项目		甲基苯基硅油-皂系	甲基苯基硅油-氟树脂系	氟硅油-氟树脂系	试验方法
外观		驼色	白色	黄色	目视
稠度	60 次混合 25℃	262	264	268	JIS-K-2560
离油度/%	150℃/24h	0.7	2.7	2.1	JIS-K-2570
	200℃/24h	7.2	4.8	4.1	
	200℃/24h	—	6.2	6.6	
挥发份/%	150℃/24h	1.0	1.2	0.4	离油度测定时的加热减量
	200℃/24h	0.6	1.7	0.7	
	250℃/24h	—	2.1	2.3	
加热稠度 (60 次混合)	150℃/24h	258	268	275	离油度测定后试样的稠度
	200℃/24h	188	257	264	
	250℃/24h	—	249	270	
滴点/℃		—	220	271	254	JIS-K-2561
氧化稳定度 /(kg/cm^2)	150℃/50h	0.1	0.1	0.1	JIS-K-2569
耐水性/%	80℃	0.3	0.1	0.1	JIS-K-2572
混合稳定度	10 万次混合 25℃	350	298	319	JIS-K-2571
铜板腐蚀	室温/24h	合格	合格	合格	JIS-K-2566
低温力矩(-30℃) /(×10^{-3}N·cm)	启动	1430	1287	2180	ASTM-D-1478
	运转	455	670	1290	

的阻抗。利用这种阻抗力可用作录音机磁带盒推顶减震器,还可用于录音放演的拾音消音器,或增加音量开关的旋转阻力等。长效高压绝缘子防闪硅脂是以二甲基硅油为主体,氢氧化铝微粉为主要填料,辅以少量增稠剂和抗紫外老化剂所组成的脂状物质。国产 296 硅脂是浅灰色不透明脂状物,除了保持原来 295 硅脂的憎水性和电性能外,油离度较 295 硅脂更低,接近于 0(295 油离度小于 8%),所以不容易产生油离现象,可以保持较长时间对污染物的"阿米巴"吞噬作用。而且其击穿电压强度超过 11kV/mm(295 油离度>8.8kV/mm),使闪烁初始电压提高,即使闪烁后泄漏痕迹漫延速度也较慢。

5.4.2　有机硅乳液

乳液(emulsion)是指一相液体以液滴状态分散于另一相液体中形成的非均相液体分散体系。根据连续相和分散相的不同,基本可以分成油包水型(water-in-oil,w/o)和水包油型(oil-in-water,o/w)两种乳液,前者连续相为油脂,分散相为水溶液,而后者的连续相为水溶液,分散相为油脂。除了上述这两类外,还有复合乳液,即水相和油相互为内外相,层层交替所形成的乳液。这种乳液一般存在于原油中,不太常见。乳液广泛应用于工业生产和日常生活中。但如果将两种纯的、互不相溶的普通液体混在一起,无论如何搅拌,一般最终不能形成稳定的乳液。而如果在其中加入少量称为乳化剂的表面活性剂,就能得到稳定的乳液。

表面活性剂分子一般含有极性的亲水基团和非极性的疏水基团（或亲油基团），所以它们也被称为双亲分子。这类化合物在水中具有表面活性，它们的分子能在水的表面定向排列，并使其表面张力显著下降。在水油乳液体系中，由于表面活性剂分子的双亲性，它们能迁移到水油界面，从而降低界面能，这样就能有效阻止分散相的小液滴凝结，从而使乳液稳定。乳化剂以亲水基团在水溶液中是否电离和电离后所带电荷来分类可分为阳离子型、阴离子型、两性型和非离子型。阳离子乳化剂主要有：十二烷基二甲基苄基溴化铵（新洁尔灭）、十二烷基二甲基苄基氯化铵（洁尔灭）、十二烷基（或十六烷基）三甲基氯化铵、十八烷基二甲基苄基氯化铵、二（十八烷基）二甲基氯化铵等。阴离子乳化剂主要是：十二烷基苯磺酸钠、十二烷基硫酸钠、烷基（$C_{12} \sim C_{16}$）磺酸钠、脂肪（$C_{11} \sim C_{17}$）酸钠、二丁基萘磺酸钠、松香皂等。两性型乳化剂是兼有阴、阳离子亲水基的乳化剂，比较常见的如 N,N-二烷基-N,N-二聚氧乙烯基甘氨酸季铵盐、卵磷脂等。两性型乳化剂对硬水和加热稳定，具有良好的表面活性和乳化功能，而且还有刺激性低、毒性小、易生物降解等特点。非离子型乳化剂与离子型相比，有适应性强、稳定性高等优点。非离子型乳化剂如：脂肪醇聚氧乙烯醚、烷基酚聚氧乙烯醚、聚氧乙烯失水山梨酸单硬脂酸酯（吐温-60，Tween-60）、聚氧乙烯失水山梨醇单油酸酯（吐温-80，Tween-80）、失水山梨醇单硬脂酸酯（斯盘-60，Span-60）、失水山梨醇单油酸酯（斯盘-80，Span-80）等。离子型乳化剂也可以与非离子型乳化剂混合使用，比如新洁尔灭与烷基酚聚氧乙烯醚的混合物。在离子型乳液制备过程中加入适量的非离子型乳化剂，可以增加离子型乳液的稳定性，使其具有良好的耐热性、耐电解质性和耐冷冻性，而且还能有效控制乳液的粒径。

表面活性剂分子中亲水基团和疏水基团之间的大小和力量平衡程度的量可用亲水亲油平衡值（Hydrophile-Lipophile Balance，HLB）来表示。表面活性剂的亲油或亲水程度可以用 HLB 值的大小判别，HLB 值越大代表亲水性越强，HLB 值越小代表亲油性越强。一般而言，HLB 值在 1～40 之间，其中非离子表面活性剂的 HLB 值范围为 0～20，即完全由疏水碳氢基团组成的石蜡分子的 HLB 值为 0，而完全由亲水性的氧乙烯基组成的聚氧乙烯的 HLB 值为 20，既有碳氢链又有氧乙烯链的表面活性剂的 HLB 值则介于两者之间。

如果把表面活性剂的 HLB 值看成是分子中各种结构基团贡献的总和，则每个基团对 HLB 值的贡献可以用数值表示，这些数值称为 HLB 基团数。将各个 HLB 基团数代入下式，即可求出表面活性剂的 HLB 值，该计算值与实验测定的结果有很好的一致性：

$$HLB = \sum (\text{亲水基团 HLB 数}) - \sum (\text{亲油基团 HLB 数}) + 7$$

非离子表面活性剂的 HLB 值可以通过以下公式来计算得到：

$$HLB = 20 \times \frac{M_h}{M}$$

式中，M_h 是分子中所有亲水基团的分子量，而 M 则是总的分子量。

非离子表面活性剂的 HLB 值还具有加和性，例如简单的二组分非离子表面活性剂体系（a 和 b）的 HLB 值可计算如下：

$$HLB = \frac{HLB_a \times W_a + HLB_b \times W_b}{W_a + W_b}$$

式中，HLB_a 和 HLB_b 分别为 a 和 b 的 HLB 值，而 W_a 和 W_b 则为 a 和 b 的质量分数。不同 HLB 值的表面活性剂有着不同的应用。HLB 值为 1.5～4 的可用作消泡剂，3.5～6 可作油包水型乳液的乳化剂，7～9 可被用作润湿剂，8～18 可作为水包油型乳液的乳化剂，13～15 可用作洗涤剂，而 13～18 则用作增溶剂。

有机硅乳液由有机硅化合物、水和表面活性剂等组成，大多数为水包油型。它是重要的有机硅产品之一，在工业上得到广泛的应用，其中纺织用有机硅乳液占总量的 1/5 左右。有机硅乳液品种繁多，它们可以根据有机硅聚合物的种类来分类。各种硅油包括线型硅油和改性硅油都可以配成乳液，当然各种硅油的乳化性能和应用都会有所不同。除此之外，还有一种有机硅复合乳液，是以碳为主链、聚硅氧链为侧链的有机硅改性聚合物复合乳液。其中最典型的代表是有机硅丙烯酸复合乳液，当然还有有机硅改性聚醋酸乙烯酯乳液、有机硅改性苯丙乳液、有机硅改性聚氨酯乳液、有机硅改性天然油脂或合成油脂的乳液、有机硅改性丙烯酸硝化棉乳液等。有机硅改性能赋予普通有机高分子化合物新的性能，从而构成了具有特殊功能和用途的有机硅复合乳液。

有机硅乳液的合成方法主要有两种：一是把已制备好的有机硅高分子与水和乳化剂作用，即可得到有机硅乳液。这种方法的优点是操作简单方便，适合大规模生产。但对于高分子量有机硅而言，由于黏度大而难以乳化。把有机硅高分子分散到水相中通常用的方法是机械乳化法，比如用胶体磨、均质机或超声波等把硅油打成小液滴并均匀分散在水中。乳液的稳定性取决于油相的黏度和含量，还有就是乳化剂。机械乳化法所用的乳化剂一般为非离子型。以下举一个甲基含氢硅油乳液的制备方法。

制备甲基含氢硅油乳液过程中，体系的 pH 值应控制在 3～5 之间。乳化装置可由两台搅拌釜、一台胶体磨和一台匀浆机组成。含氢硅油乳液的典型配方如下：

原　料	质量份
甲基含氢硅油(25℃黏度 30mPa·s,含氢量约 1.5%)	40
乳化剂[$C_{13}H_{27}O(C_2H_4O)_5H : C_{13}H_{27}O(C_2H_4O)_{10}H=1:1$]	2
冰醋酸	0.15
去离子水(Ⅰ)	22
去离子水(Ⅱ)	35.85

在一号搅拌釜中加入甲基含氢硅油及乳化剂，搅拌均匀后加入醋酸和去离子水（Ⅰ）的混合物。在二号搅拌釜中加入去离子水（Ⅱ）。将一号搅拌釜中的物料搅拌

均匀，并用间隙 0.127mm 的胶体磨处理后投入二号搅拌釜中。搅拌均匀后再用匀浆剂在 30MPa 下处理到一号搅拌釜中。最后用醋酸把 pH 值调到 3～4 之间，即可得到分散性好、稳定性高的甲基含氢硅油乳液，其技术指标如下：

硅油含量(质量分数)/%	40±5	pH 值	3～4
颗粒大小/μm	<3	储存稳定性	3 个月以上不破乳、不分层

由于硅油的疏水性，所以较难分散，特别是高黏度的硅油。所以乳化时可以先加入一些分散剂，如十二烷基二甲基氧化胺（OB-2）等，使硅油分散后，再在室温下进行乳化，这样较易形成稳定的乳液体系。举例如下。将甲基硅油（10^6 mPa·s）和 5%OB-2 搅拌均匀，加入 5%壬基酚四聚氧乙烯醚（TX-4）和阴离子表面活性剂 S 的复配乳化剂，搅拌均匀后慢慢加入少量水，搅拌形成油包水乳液，加大转速，加水转相形成水包油乳液，降低转速并继续搅拌一定时间，即可以制得高含油量的硅油乳液。该乳液稳定性高，耐候性好，而且黏度适中，其产品性能如下：

外观	乳白色黏性液体
硅油含量(质量分数)/%	50±1
黏度(25℃)/mPa·s	2400
pH 值	6.2～7.5
离心稳定性(4000r/min,30min)	无油水分离现象
耐候性(−15℃×24h;48℃×24h)	回到室温后乳液不分层无浮油

第二种方法是乳液聚合，即把有机硅单体如 D_3 或 D_4 分散在水中，然后在乳化剂和引发剂并存的条件下进行聚合而成。由于聚合和乳化一步完成，因而耗时少、效率高，而且得到的乳液颗粒均匀，稳定性较高。此外，在乳液聚合中也可以通过控制聚合反应条件来控制产物的分子量，或通过共聚引入各种功能基团。1959年美国道康宁公司申请了有机硅氧烷乳液聚合的专利，该法采用阳离子乳化剂十二烷基二甲基苄基溴化铵，通过碱金属氢氧化物引发 D_4 的开环阴离子乳液聚合，可以直接得到硅羟基封端的高分子量聚二甲基硅氧烷的含较小颗粒的稳定乳液。乳化剂可以是阳离子型，也可以是阴离子型或非离子型。乳化剂种类的选择取决于所用引发剂，如阴离子乳化剂和酸性引发剂一起使用；而阳离子乳化剂则和碱性引发剂搭配；对于非离子乳化剂来说，酸性和碱性引发剂都可使用。1969 年 Weyenberg 等首先发表了有机硅氧烷乳液的酸引发聚合，他们使用十二烷基苯磺酸钠为乳化剂，十二烷基苯磺酸为引发剂。在此条件下，D_4 在 25～100℃ 的水体系中开环聚合，可以得到颗粒大小为 0.1～1μm 的端羟基甲基硅油乳液。有机硅乳液聚合比较好的酸碱引发剂为含长碳氢链的有机强酸和有机强碱，这大概是因为这类化合物在硅氧烷中的溶解度较高的缘故。

以上介绍的有机硅乳液均以水为连续相的水包油型。另一类有机硅乳液为含有机硅的油包水型乳液，其油相以硅油为主，通常可含有矿物油、地蜡等其他成分，而水相中则可以加入醇、无机盐等极性物质。油包水型有机硅乳液在化妆品行业获得广泛的应用，如用于干爽型化妆品、护肤品（如胭脂、眼影、眉笔、防汗剂、防晒油、护肤霜、沐浴露）等产品中，能改善油性化妆品的黏性感，赋予皮肤光滑、柔软、干爽、舒适的感觉。而如果将水包油型有机硅乳液用于皮肤上，由于水、醇的蒸发热远大于挥发性的有机硅化合物，所以会使皮肤有湿、冷、发黏的感觉。有机硅抛光剂有良好的延展性、舒适的美感光泽以及抗污染、抗腐蚀等性能，而在抛光剂中，尤其是在家具抛光剂中，油包水型有机硅乳液也得到广泛的应用。

油包水型硅油乳液通常由亲油性的聚醚改性硅油作乳化剂这样可以避免有机乳化剂对皮肤产生的刺激。这种硅油乳液的配制通常是将硅油、聚醚改性硅油表面活性剂及水经预混合后，用高速分散搅拌器、匀浆机等乳化设备进行乳化制得。作为连续相的硅油可以是各种黏度的硅油，其中高黏度硅油需要用低黏度硅油、环状硅氧烷或烃类有机溶剂溶解后使用。聚醚改性硅油表面活性剂的结构（表5.3）是成功配制油包水型硅油乳液的关键。以下是含有机硅油包水型日霜和晚霜的一个配方：

组分	原　　料	配比/%
A	矿物油	15.0
	矿物油、凡士林、地蜡、甘油三油酸酯及羊毛脂的混合物（Protegin X®）	5.0
	聚醚改性硅油[式(5.24)中 $n=100,m=30,p=6,q=0$]	2.0
B	吐温-80	0.4
	氯化钠	2.0
	水	75.6

制备方法：将A和B组分分别混合，然后在搅拌条件下将B组分倒入A组分中，就能得到水包油型日霜和晚霜乳液。需要注意的是A和B两组分应避免过度混合，否则乳液会朝水包油型体系转化。

有机硅微乳液是近年来开发出来的有机硅乳液新品种。微乳液（microemulsion）可以定义为两种互不相容液体在表面活性剂的作用下形成的热力学稳定、粒径在1~100nm范围内的分散体系。微乳液的形成不需要外加功，而是在体系内各种成分达到匹配时自发形成的。根据结构不同微乳液可分为油包水型、水包油型和油水双连续型。影响微乳液形成和结构的因素很多，主要包括油相的化学结构和性质、乳化剂分子的结构和性质、温度、pH值、电解质浓度、各组分的相对比例等。有机硅越亲水就越容易形成微乳液，如氨基改性硅油就比普通甲基易形成微乳液。一般制备微乳液要用较大量的表面活性剂，有时还需要加助表面活性剂如有机醇等。

>>>>>>>>

5.5 硅油及其二次加工制品的应用

硅油具有许多独特的性能，硅油及其二次加工制品已在国民经济的各个领域得到了广泛的应用。本章节将通过对硅油几大类产品较为具体的介绍，从而使读者对硅油的用途有较为感性的认识。

5.5.1 有机硅消泡剂

消泡剂（defoamer）又称为抗泡剂（antiform），用于抑制或消除各种生产过程中产生的有害泡沫。泡沫是一种气体在液体中的分散体系，气体成为许多气泡被连续相的液体分隔开来，其中气体是分散相，而液体是分散介质。泡沫是热力学不稳定体系，这是由于泡沫消除后体系的液体总表面积大为减少，从而使体系自由能也随之降低的缘故。不同的消泡体系可以有不同的消泡机理，常用消泡剂一般在起泡液中的溶解度很小，并具有较低的表面张力。当在泡沫体系中加入消泡剂后，消泡剂的液滴进入泡膜。由于接触消泡剂部分的膜的表面张力显著降低，而泡沫周围的表面张力几乎没有变化，从而使液膜迅速排液而变薄。而消泡剂的液滴因此就能跨越液膜，并由于膜的收缩而延伸，并断裂，最后导致泡沫破裂，以达到消泡的目的。消泡剂的种类比较多，有有机硅、聚醚、油脂、脂肪酸、磷酸酯、醇、醚、胺等。作为消泡剂的化合物一般具备以下条件：

① 消泡剂的表面张力小于起泡液的表面张力；

② 消泡剂不溶于起泡液中；

③ 消泡剂能够很好地分散在起泡液中或保持良好的接触。

同时，为获得最佳的消泡效果，消泡剂应在泡沫发生之前加入。当然，遇到紧急情况，也可随时加入以破除生成的泡沫。

在所有消泡剂中，有机硅和聚醚类消泡剂的性能比较优越，应用范围广泛，而且品种亦较多。目前国内外研制和生产的品种大多以这两类为主。尤其是有机硅消泡剂，由于其卓越的特性，已被公认为是一种理想和最有前途的消泡剂。有机硅消泡剂通常和疏水改性二氧化硅粒子共同使用，效果更佳。这主要是由于固体粒子的界面活性，即通常所称的 Pickering 现象，使消泡剂液滴更容易进入泡膜。有机硅消泡剂的优点如下：

① 应用广泛 由于有机硅特殊的化学结构，使它既不溶于水或含极性基团的液体，也不与烃类或含烃基的有机物相容。因此，有机硅消泡剂既适用水体系消泡，又可在油体系中使用，所以它们的应用面非常广泛。

② 表面张力小 中等黏度的硅油得表面张力约为 $20\sim21$mN/m，比水（72mN/m）及其它普通液体的表面张力要小很多。

③ 消泡能力强　有机硅消泡剂不仅能有效地破除已经生成的泡沫，而且可以显著地抑制泡沫的生成。它的使用量很少，只要加入泡沫体系重量的百万分之一，即可产生消泡效果，其常用量范围为 $(1\sim100)\times10^{-6}$（1~100ppm）。

除此之外，有机硅消泡剂又有聚硅氧烷化合物的其它优点，如热稳定性高、化学稳定性好及生理惰性等。由于有机硅消泡剂的上述特点，因此它们被越来越多地用来代替其它类型的消泡剂，特别是在医药、医疗、食品、发酵等工业上，它们的作用是其它类型消泡剂所无法比拟的。

有机硅消泡剂按其物理形态有纯硅油、硅油溶液、硅膏和硅油乳液四种产品类型。

纯硅油型消泡剂一般使用表面张力小的聚二甲基硅氧烷。它主要应用于马达油、变速器油等润滑油以及采油、炼油或裂化烃系重质油等过程中的消泡。低黏度甲基硅油的表面张力小，易形成小液滴分散于发泡液而能起到很好的消泡作用。但由于其溶解性大，故缺乏持续性。相反，$1000mm^2/s$ 以上的高黏度硅油则消泡性能较差，但其溶解性小，所以持续性长（表5.6）。而将二者混合使用时，则会同时产生消泡及抑泡性。另一规律是，对于低黏度的起泡液，宜选用高黏度硅油；反之，则可用低黏度硅油。最经常使用的是黏度为 $100\sim100000mm^2/s$ 的甲基硅油。除聚二甲基硅氧烷以外，聚甲基苯基硅氧烷可用于乙醇的消泡，含乙基或丙基的聚硅氧烷可用于涂料和油墨的消泡。虽然含氟硅油的表面张力比甲基硅油的高，但由于它在烃类化合物中的溶解度比甲基硅油小，所以它经常被用于非水体系的消泡。

■表5.6　聚二甲基硅氧烷的表面张力以及它和水的界面张力

黏度/(mm^2/s)	表面张力(25℃)/(mN/m)	与水的界面张力/(mN/m)
0.65	19.6	30.6
10	20.2	29.4
50	20.7	26.6
100	20.9	26.6
1000	21.1	26.6
100000	21.3	—

使用纯硅油作消泡剂，持久性虽好，但由于硅油与水有较高的界面张力，所以不易分散在发泡介质中，因此消泡效率较低。纯硅油消泡剂主要适用于那些不允许有分散剂及乳化剂等存在的非水体系中使用。使用时多用涂覆法，即将硅油直接涂在系统的加料口（喷嘴口）和容器边壁上，或涂在丝绒及网状结构物上（扩大接触表面），并将它们挂在发泡系统内，达到消除泡沫的目的。

带端羟基的聚二甲基硅氧烷可改善在水中的分散性，提高消泡效果。如带端羟基的支链型聚二甲基硅氧烷在水中的抑泡性能比二甲基硅油提高几倍。

由于硅氧烷键容易受离子性试剂的攻击，因此使其在强碱、强酸等体系中的应用得到限制。

溶液型有机硅消泡剂是将硅油按一定比例溶于溶剂或混合溶剂中制得。常用的溶剂有汽油、煤油、环己烷、甲苯、二甲苯、二氯甲烷、三氯乙烯、乙酸或酯、乙醚及氟利昂等。使用硅油溶液作为消泡剂，有助于提高硅油在某些起泡体系内的分散性，从而提高其消泡效果。目前国内各生产单位较少供应溶液型消泡剂，通常由使用单位根据起泡体系的特点和要求，选择适用黏度的硅油和合适的溶剂，自行配制，而后将硅油溶液直接加入起泡体系中进行消泡。根据需要，可以一次投入，也可分批或连续补加进去。

硅膏型消泡剂是将硅油与一定比例的二氧化硅、氧化铝或炭黑等高细度粉末在捏合机及混炼机中进行捏炼而制得的黏稠的膏状物。由于固体微粒的存在，消泡效率得到了提高。硅膏型消泡剂通常有两种使用方法，一种是将硅膏事先涂覆在系统加料口、容器边或网状物上，而后使系统投入运转；另一种是将硅膏事先溶于适当的溶剂中，稀释后直接加入起泡液中进行消泡。一般来说，后一种方法的效果优于前者。

乳液型有机硅消泡剂一般为水包油型乳液，它的制备在 5.4.2 节中已经有较详细的介绍。它的特点是易分散在水体系中，所以可以广泛用作水相体系的消泡剂。硅油比其它油难以乳化，虽然离子型乳化剂的乳化效果较好，但由于容易发泡，因此工业中多采用非离子型乳化剂。研究表明，有机硅乳液颗粒越小，消泡能力越强，但所需乳化剂量也相应提高，而且乳液黏度也会升高，使消泡性能降低。所以乳液颗粒粒径以 $1\sim10\mu m$ 为适宜。硅油乳液型消泡剂是有机硅消泡剂中使用面最广、用量最大的一种消泡剂。使用时，将乳液直接加入水相起泡体系中，即可获得良好的消泡效果。为提高乳液的消泡效果及计量的准确性，一般不直接使用 10% 以上的浓硅油乳液；而是先将其用凉水或直接用起泡液稀释至10% 以下使用。禁忌使用过热或过冷的液体稀释，否则将使乳液破乳。乳液稀释后由于乳化剂浓度降到临界胶束浓度以下，其稳定性会变差，存放过程也可能发生分层（漂油）现象，即破乳。因此稀释后的乳液宜尽快用完。如果需要，可加入增稠剂以提高乳液的稳定性。对于间歇操作过程，硅油乳液可以在体系运转前一次加入，也可采用分批补加的方式；对于连续操作过程，硅油乳液应在系统的适当部位连续或间歇地加入。

使用乳液型消泡剂时，特别要考虑起泡体系的温度及碱、酸性等条件，因为硅油乳液比较娇气，超过它的使用范围，就会过早破乳，变成低效或无效。乳液的用量一般为起泡液重量的 $(10\sim100)\times10^{-6}$（按硅油计）。当然，特殊情况下也有用少于 10×10^{-6} 和多于 100×10^{-6} 的，所以最宜用量主要是通过试验来确定。

甲基硅油无毒无害，所以被允许用作食品添加剂。但它所用的乳化剂则只限于甘油脂肪酸酯、缩水山梨糖醇脂肪酸酯等五个品种。

甲基硅油乳液型消泡剂广泛应用于发酵、食品、造纸、纤维、制药、合成树脂等方面。国内生产此类消泡剂的牌号较多，如 280 型乳剂、327 型乳剂、28$^{\#}$ 消泡剂、302 型乳剂等。以 28$^{\#}$ 有机硅乳剂为例，其技术指标如下：

外观	乳白色乳状液
pH	7～8
相对密度	0.95～0.98
硅油含量	32%±1%
热稳定性	(130±2)℃，经0.5h烘焙，不破乳
耐寒性	在−15℃以下冰箱内冷冻72h，自然解冻后不破乳
放置稳定性时间	3个月以内

还有一种有机硅乳液消泡剂是由 D_4 和甲基三乙氧基硅烷通过平衡反应合成的支链型甲基乙氧基硅油及配合剂制成。这种硅油含较多端羟基，所以较容易乳化。国内主要商品编号有 284P 型、304 型乳化硅油等。以 284P 型乳液为例，它含有 30%～35% 的低黏度硅油和 2%～3% 的聚乙烯醇作为乳化剂。284P 乳化硅油的技术指标如下：

外观	白色乳液
含油量	>30%
pH	6～8
离心稳定性(3000r/min、15min)	不分层

一般的硅油乳液型消泡剂为水包油型。但应特殊需要也有油包油型的硅油乳液，例如国内研制成功的商品牌号为 GXP-202 的乳液。它是以矿物油为连续相，在混合乳化剂作用下，使用胶体磨把硅油分散在矿物油中而制得。

甲基硅油大多是以溶液或乳液的形式使用。但当将其添加于发泡液中进行搅拌、循环或加热时，分散了的硅油会慢慢凝集。这样，消泡剂与泡沫就难以保持接触，泡沫会再度产生。因此要使消泡剂长时间有效，关键是使消泡剂保持最初的分散状态。基于此观点，在聚二甲基硅氧烷链中引入亲水基，如聚醚等，能大大提高其乳化性能，甚至能达到自乳化的效果。确实，近年来有机硅消泡剂正朝着有机硅-聚醚嵌段共聚（或接枝共聚）方向发展。这类消泡剂本身由于兼具有机硅和聚醚的特性，因而消泡能力得到很大的提高。而且有机硅-聚醚共聚型消泡剂是在有机硅分子链中嵌段（或接枝）亲水性的聚氧化乙烯链或氧化乙烯氧化丙烯共聚链，使其能做到自乳化。所以它作为消泡剂来说铺展系数大，能在发泡介质中分散均匀，消泡效力高，是一类新型的高效消泡剂。这类无须使用乳化剂的自乳化硅油特别适用于那些不宜使用一般硅油乳液和一般硅油乳液难以胜任的场合。

有机硅消泡剂广泛用于石油、化工、电镀、印染、纸浆/造纸、制糖、发酵、医药、医疗、食品、水及废水处理等领域。作为生产过程的助剂，有机硅消泡剂可提高过滤、脱水、洗涤等工艺过程的效率，改善含有悬浮物的各种废水的排放效果，并可增加各种容器的贮存能力，提高蒸馏或蒸发设备的效率。抛光产品如油漆、涂料或黏合剂等可通过选用适当的消泡剂来提高其质量，因为泡沫会使漆膜或涂层产生杂乱而不平整的"污点"或"针眼"。在造纸行业中，通过使用调配的消泡剂可改善纸浆和纸制品的质量、清洁度和提高生产率。近年来还发现消泡剂在节能和节水方面大有用途。目前许多市政和工业水处理装置利用消泡剂消除可见的泡沫，从而省去曝气槽和贮蓄池设施，并可大大减少用水量。

5.5.2 有机硅脱膜剂

在橡胶、塑料制品生产、精密压铸、食品制造过程时，使用脱膜剂（mouldre-leaseagent）可以防止成品与模具材料黏着，使其容易脱膜。以往常用的脱膜剂是矿物油、石蜡、肥皂、脂肪酸酯或滑石粉之类的物质。有机聚硅氧烷化合物由于表面能量低，与其它树脂类无亲和性，所以易脱膜，并且它们还具有耐热性、持续性、用量少、无毒性、光泽好、少鳞、坑等优点，因而目前被广泛用作脱膜剂。有机硅脱膜剂有非反应硅油型、树脂型和橡胶型三种形态，可根据用途进行选择。硅油可直接使用，也可以配成溶液、乳液、脂膏等二次加工制品使用。作为黏着性极强的树脂如聚氨酯树脂的脱膜剂，单纯用甲基硅油是不够的，要用添加了其它组分的脱膜剂才行。添加的组分有石蜡、固态硅氧烷、改性硅油等。

纯硅油脱模剂多为甲基硅油和甲基乙氧基硅油。硅油黏度越大，脱模的效果越好，但低黏度硅油在模子表面上的展布性能较好，因此工业上用作脱模剂的硅油，黏度一般为 $350\sim1000mm^2/s$ 之间。

溶液型有机硅脱模剂是把硅油溶解在有机溶剂里制得的。溶剂可以用四氯化碳、多氯乙烷、甲苯或二甲苯等，一般可以配成 0.5%～2% 的浓度，用喷涂和刷涂都可以，在冷模上也可以使用。

乳液型有机硅脱模剂是水包油型硅油乳液，含水量一般在 30% 左右。这种脱模剂由于以水为溶剂，使用时安全无毒，因此，使用面较广。它可以用水任意冲溶，一般是先把它冲淡到含油量在 1% 左右，然后使用。使用时，用喷枪把它喷到模具上，喷雾一定要十分细小而均匀，模具一定要是热的，否则乳液会在模具上形成油滴，产生不良效果。如将 201 甲基硅油（黏度 $300mm^2/s$）、甲基硅树脂、乳化剂和水经机械乳化，制得一种具有高效脱模能力的 JSR-01 有机硅乳液脱模剂，该乳液无毒、无味，可在 0～130℃ 的温度范围内使用，可作纸张、织物、橡胶、塑料等制品的优良脱模剂。JSR-01 有机硅乳液脱模剂的技术指标如下：

外观	白色乳状液
pH	6～7
乳液颗粒直径	$10\mu m$ 以下
固体含量	不低于20%
热稳定性	在(130±2)℃下 30min 不破乳分层
离心稳定性	3000r/min,15min 不漂油,底部沉淀物不大于 0.5mL

脂膏型有机硅脱模剂一般用硅油与超细二氧化硅粒子机械混合而成。

为了达到做好的脱模效果，使制品表面光洁、不受污染，应该根据不同情况选择不同类型的脱模剂。硅油一般用于大型成形物高温操作时的脱模，如酚醛树脂、不饱和聚酯层压板等；溶液型脱模剂适用于 60～110℃ 下使用；乳液型脱模剂主要用于高于 120℃ 的场合及形状复杂的制品；而脂膏型脱模剂的耐热性较好，一般在表面积大而平滑、形状简单的场合使用。

除了上述四种类型脱模剂外，近年来国外还发展了一类气雾剂型脱模剂。此外，硅树脂、硅橡胶也都可以用作脱模剂，它们一般作为半永久性薄膜，可连续使用几十次到几百次。硅橡胶脱模剂是将硅橡胶溶于有机溶剂中，配成 1%～2% 浓度的溶液使用，或采用成膜的室温硫化硅橡胶 106，用溶剂冲淡后，与催化剂、固化剂一起喷刷在模具上，使模具表面形成一层硅橡胶薄膜，产生脱模效果。

5.5.3 硅油织物整理剂

现代人们穿戴，不仅要求式样新颖，而且还要求具有挺括、防皱、防静电、防起球、手感舒服、外衣防雨、内衣吸汗、杀菌、透气等功能。整理（finishing）泛指在织物离开织布机后有所提高其外观和性能的方法手段。要满足使用和生产的要求，必须对纤维和纺织品进行整理，特别是对在现代纺织品中比重越来越大的合成纤维。合成纤维虽然具有很多优良的性质，但与天然纤维相比有种种的不足，比如吸湿性小、导电性差、摩擦系数大、织物手感比较粗糙和发硬等。在所有织物整理剂中，有机硅是最重要的一类。

有机硅织物整理剂具有良好的综合性能，不仅可以满足耐磨、耐撕裂、耐折皱、挺括、洗后免熨烫，而且手感柔软，富有弹性及超级滑爽，还可减少 20%～50% 的树脂消耗量，并使织物的吸水率降低，缩短干燥时间，从而节省能源。有机硅织物整理剂按其形态可分为两类：溶解于有机溶剂的溶液型和乳化分散在水中的乳液型，目前用的最多的是乳液型。硅油织物整理剂按其用途可分为四类：防水剂、弹性整理剂、纤维润滑剂和柔软剂。

织物拒水整理是将疏水性物质沉积或吸附在织物纤维和纱线上，赋予织物不被水润湿的能力。处理时由于织物经纬纱之间的间隙基本不变，故空气和水蒸气依然能通过，使得织物的透气性能不变。有机硅化合物疏水性强，是非常理想的防水剂。最普通的有机硅防水剂含羟基硅油和含氢硅油。它们在催化剂的作用下脱氢缩合，形成硅氧键（式 5.24）。另外，硅氢键在催化剂存在的条件下也能水解，生成硅醇，继而脱水缩合（式 5.25）。通过这些反应，有机硅在织物表面交联，并形成一层疏水性薄膜。常用的催化剂是锌、锡等的金属羧酸盐，通常是在 100～180℃ 下加热数分钟就能固化。在实际应用上还可和环氧等有机树脂共同使用。有机硅防水剂的特点在于用量小（一般 0.5%～1% 就能达到较高拒水能力），和主要竞争对象有机氟系列防水剂相比，有机硅产品的手感较为柔软。有机硅防水剂也有不少缺点，比如使织物表面起球、缝线滑移、用量过多造成拒水能力下降、洗涤稳定性较差、无抗油和抗污染能力等。

$$(5.25)$$

$$(5.26)$$

弹性整理对于针织品来说特别重要，而这种整理目前只能通过有机硅来实现。弹性整理需要达到的效果是使织物具有持久的高弹性，即不仅要有伸缩性，而且形变回复能力也非常重要。为了使织物产生高弹性，其每根纤维都需要用一层弹性膜来覆盖。有机硅弹性整理剂配方中一般包括羟基硅油、含氢硅油和作为交联催化剂的金属羧酸盐，其反应机理请参看式（5.25）和式（5.26）。还有一种有机硅弹性整理剂，它含有羟基硅油和小量三或四官能团度的缩合交联剂。其反应机理见式（5.27）。有机硅薄膜在亲水纤维表面稳定性较差，这是因为在反复洗涤过程中由于反复溶胀而产生应力的缘故。部分采用环氧改性硅油可以解决这个问题，因为环氧基能和棉纤维上的氢氧基及羊毛、丝绸表面的氨基反应，使得有机硅薄膜和纤维表面通过化学键来联结。但使用环氧改性硅油有可能会使织物手感变差。

$$(5.27)$$

现代纺织工业日益向自动高速方向发展，比如缝纫线高速绕线机的速率可达8000r/min。很显然，在这么快的速度下，摩擦会产生很高的热，从而使某些熔点较低的合成纤维如涤纶软化，造成断线。所以合成纤维在纺丝和缝制时，其表面需要用润滑剂进行处理。硅油有很低的表面张力，能均匀润湿合成纤维的表面，形成有润滑作用的薄膜。而且硅油耐高低温性能优良，能在很宽温度范围内保持良好的润滑作用。所以硅油是非常理想的纤维润滑剂。经硅油乳液处理过的涤纶缝纫线的表面光滑，其可缝性能有了显著的提高。

柔软整理是最重要的织物化学整理之一。通过对织物进行柔软整理，可以改善织物的手感，即当手指触摸织物表面时皮肤产生的一种主观感觉。织物的柔软性是弹性、可压缩性和光滑性等多个物理现象的组合。织物柔软整理的基本原理是通过柔软整理剂对织物表面进行改性，减小纤维之间、纱线之间的摩擦阻力，从而使织物产生柔软的手感。而小分子化合物还能渗到纤维里，从而起到塑化纤维的作用（即降低聚合物的玻璃态转变温度）。硅油是一种最理想的织物柔软整理剂，它不仅使织物具有柔软滑爽的性能，还赋予织物以表面光泽、弹性、丰满、防皱、耐磨、抗撕裂和毛料感强等特点，并能提高织物的缝纫性，这些都是其它类型柔软剂所无法比拟的。而且硅油还可以和热固性树脂共同使用。

有机硅织物柔软剂的另外一个特点是良好的热稳定性和耐久性，而且它们可应用于各种从疏水到亲水不同纤维成分的织物，这种多方面的适用性决定了它具有广泛的用途。有机硅织物柔软整理剂可用于天然纤维（毛、棉）、人造纤维（包括黏胶、尼龙、聚酯、聚丙烯腈和烯烃类纤维）、天然纤维与人造纤维的混纺以及玻璃棉等。有机硅柔软剂在纺织工业中的应用飞速发展。据统计，国外有 10％～20％的有机硅产品用在纺织和造纸工业上。

有机硅织物柔软剂一般都是硅油乳液，其中包括羟基硅油乳液和改性硅油乳液。离子型羟基硅油乳液中用得较多的是阴离子型羟乳，其特点是在织物整理性中配伍性好，乳液稳定。尤其纺织品印染中的助剂大部分为阴离子型，若采用阳离子型羟乳往往容易引起破乳漂油，而阴离子型羟乳可以避免此弊病。阴离子型羟乳的代表产品为美国道康宁公司的 DC-1111，它是由 D_4 在十二烷基苯磺酸及其钠盐存在下进行乳液聚合而成的，反应温度为 75℃。用上述方法制取的 DC-1111 羟乳是高黏度的乳液，当作为织物柔软剂时一般和硅氧烷交联剂乳液及催化剂共同使用，通过改变羟乳与交联剂用量比，可调节整理织物的手感及其它物理性能。由于 DC-1111 羟乳具有许多优良的性能和使用效果，被国际上公认为一种比较好的阴离子型羟基硅油乳液。我国已研制生产出多种牌号的阴离子型羟基硅油乳液，其中一些羟乳的各项技术性能指标和使用效果均达到了 DC-1111 羟乳的水平。国产阴离子型羟基硅油乳液的牌号及性能指标见表 5.7。为了提高羟乳的稳定性，常在离子型羟乳中加入非离子型表面活性剂，从而复合成为复合离子型羟基硅油乳液。

■表 5.7　国产阴离子型羟乳的技术性能

厂家	江西星火化工厂	北京化工二厂	杭州永明树脂厂	上海树脂厂	吉化公司研究院
牌号	XH-RJ02	YQR-01	306	289	JHG-842
外观	乳白色液体	乳白色液体	呈蓝光乳液	呈蓝光乳液	乳白色液体
硅油含量/%	30±2	30±1	35±0.5	31±2	35±2
分子量/×10^4	7～14	9～14	10 左右	10～30	8～12
pH	7±1	7～5.5	7±0.5	6～8	7～8
离心稳定性 （3000r/min 不分层）	≥30min	≥15min	≥15min	≥30min	≥15min
放置稳定时间	半年	半年	半年	一年	半年

非离子型羟乳比离子型羟乳的适应性强，稳定性更好，是目前主要的研究方向。如瑞士汽巴（Ciba）公司生产的产品 Ultratex®FSA，这是一种分子量在 20 万以上的羟基封头聚二甲基硅氧烷的非离子型乳液。它比 DC-1111 阴离子型羟乳前进了一步。

为了适应各类织物高级整理的需要，改善有机硅织物整理剂的性能，并使化纤织物具有天然织物的许多优点，可以在有机硅大分子上引入其它活性基团如氨基、羟基、羧酸基、环氧基等，即聚二甲基硅氧烷的一部分甲基被这些基团置换。改性硅油织物整理剂的改性率一般较低，为 1%～5%（摩尔分数），剩余的大部分仍由二甲基硅氧烷基单元（CH₃）₂SiO 构成，所以其基本物理化学性质与甲基硅油类似。但除此之外，它们还具有这些活性基团所赋予的特性。

氨基改性硅油是最重要的织物整理剂之一，它已成为纺织业不可缺少的材料。氨基的引进不仅可提高其耐洗性，而且可赋予织物多种不同的风格。由于导入高极性的氨基，有机硅聚合物可以有效地定向吸附于纤维表面，从而能得到较强的柔软效果。用氨基改性硅油处理合成纤维织物，可改良其柔软性、防皱性、弹性和撕裂强度，还可赋予近乎羊毛或丝绸等动物纤维那样的手感。氨基改性硅油也可以和其它织物整理剂共同使用。例如，与环氧化合物组成的织物整理剂可赋予合成纤维具有羽毛般的平滑性、柔软性及弹性等手感；和环氧改性有机硅的混合物可用作为丙烯腈棉的处理剂；与羟基硅油并用，使合成纤维的原棉或者填料棉较柔软而且蓬松的风格。

目前商品化氨基聚硅氧烷柔软剂中，有 90% 以上是氨乙基亚氨丙基聚硅氧烷（简称双胺型）。比较著名的产品是美国道康宁公司生产的 DC-108，一种阳离子型硅油含量为 35% 的含氨基官能团和硅羟基官能团的硅油乳液。它无需使用催化剂和高温焙烘，在空气中当水分蒸发后能交联固化。SM-8709 也是一种道康宁公司生产阳离子型氨基改性硅油乳液，固含量为 30%。SM-8709 与 DC-108 相似，能在室温下固化，当它与一种特殊的催化剂 BY-22-812A（双三乙醇胺二异丙基钛酸酯和醋酸锌的异丙醇溶液）配合使用时，具有吸尽性。即使是很稀的溶液，织物也能把溶液中的有机硅有选择性地吸收干净，而乳化剂则留在溶液中。这是最大的优点，因为乳化剂留在织物上，会对织物的耐用性和色牢度会有不良的影响。

氨基改性硅油处理的纤维制品，由于空气、加热、紫外线等影响，会使氨基氧化而泛黄。为了防止泛黄可采用把氨基钝化的方法，如通过和环氧化合物或和酸酐反应。虽然这些方法都有效，但很难从本质上进行改良。

与普通氨基改性硅油相比，季铵盐改性硅油在纤维上的吸附能力更强，所以作为织物后整理剂效果更佳。除此之外，季铵盐改性硅油还具有抗菌、抑菌的功效。它在女子用品、男子用品、家庭用物、床上用品、制服类、运动衣料及其其它纺织品上抗菌防臭整理的报道很多。当用在聚酰胺纤维上时，首先用有机硅季铵盐涂覆在聚酰胺纤维丝上，然后用含有匀染促进剂的烃基磺酸盐类表面活性剂或其混合物覆盖，制得具有内在抗菌微生物性能和均染性好的聚酰胺纤维。而在黏胶纤维上的应用，是将有机硅季铵盐溶于醇类、酮类、烃类、氯化烃化合物中的一种或两种以上的混合溶剂中，然后可以直接与黏胶混合，或者用稀碱溶液稀释后，再与黏胶混合进行纺丝。用这种方法可以使抗微生物活性成分不局限于纤维表面，而是能均匀地分散在纤维内部，耐洗涤性也得到提到。它能抑制一般纤维和布由于漂白和染色而引起的抗微生物性的降低，同时加工成本也低于后加工方法。

环氧改性硅油也是一种比较重要的织物整理剂。在酸性催化剂和热的作用下，环氧基能与纤维素的羟基反应，可进行耐久性柔软回弹整理，或者不产生甲醛的整理。通过这种方法处理的织物具有耐久的柔软性。环氧改性硅油的另一个特征是不会降低白度，不会泛黄，尤其适用于外衣、浅色布和衬衫等白色织物的加工。

环氧改性有机硅与氨基改性有机硅混合作为合成纤维的柔软整理剂，可赋予毛绸或安哥拉山羊毛似的手感。环氧改性有机硅和含氨基的三乙氧基硅烷并用，使聚酯或聚丙烯纤维具有近似于羽毛的平滑性和柔软性。聚酯缝纫线用环氧改性有机硅处理，可以改性高速缝纫性和色泽牢度。

由于有机硅的高疏水性，用硅油处理过的天然纤维织物的吸水性会大大下降，而且还使织物容易带静电。把有机硅用亲水基团改性，可以解决这个问题。目前用的最多的是在聚二甲基硅氧烷分子中嵌段或接枝亲水性的聚醚基团，即聚醚改性硅油，而聚醚链段一般是聚环氧乙烷和聚环氧丙烷。

聚醚改性硅油不但能提高织物的柔软性，还能使其具有良好的吸水性和抗静电性。它不仅可应用于棉、毛、丝、麻等天然纤维织物，而且还可以用在聚酰胺、聚丙烯和聚酯类化纤织物上。如国内研制生产的 STE 硅乳有机硅抗静电剂就是阴离子型聚醚改性硅油乳液，它不仅具有抗静电性，还能赋予织物柔软、滑爽的手感，使织物具有优良耐久的吸湿性、防尘性。STE 硅乳的稳定性好，在 16000r/min 高速离心机上离心 20min 无漂油现象，乳液放置一年以上仍然稳定，无漂油。乳液颗粒小于 $3\mu m$，pH 为 5～6。织物经 STE 硅乳处理后，抗静电效果良好。坯布半衰期为 23s，处理后半衰期只有 1s，经 10 次水洗后，半衰期仍在 4s 以下。而且，处理后织物的耐磨性极好，还有手感柔软、弹性好等特点。

聚醚改性硅油处过的织物呈现出优良效果，但由于其分子中没有任何反应性基团，因此耐洗性较差。为了提高其耐久性，在聚醚改性硅油的分子里再引入其他基团，如氨基、环氧基等。迈图公司生产的 Magnasoft® HSSD 就是含氨基的聚醚改性硅油。

SF-8421 是道康宁公司生产的一种含有环氧基团的聚醚改性硅油。它是浅黄色透明黏液，环氧基含量是 0.7%，25℃的黏度 $4500mm^2/s$，相对密度 1.030，折射率 1.4408。它不用乳化剂就能分散在水中制成均匀的乳液。它可以单独使用或与其它树脂配合使用，能赋予织物柔软、滑爽、抗污和抗静电的性能。用于真丝绸织物的整理，除了具有上述优越的性能外，还能很好地保存真丝绸高吸水性的特点。

它能与织物或用于织物中的树脂的反应性基团发生交联反应，从而得到耐久的整理效果。

SM-8421 主要应用在织物的树脂整理上，它能与热固性树脂（例如三聚氰胺、脲醛、脲乙二醛、环氧树脂或醇酸树脂）混合使用，也可与热塑性树脂（例如聚酰胺、聚氨酯或丙烯酸树脂）混合使用。所用的催化剂，就是树脂整理的催化剂（通常是金属盐类）。使用的工艺与树脂整理的工艺相同。此外，它还可作为纱线的整理剂，例如与经纱浆料混合作为经纱上浆剂使用，能使纱线有更好的平滑性。作为合成纤维（短纤或长丝）的油剂组分。也有很好的效果。

参考文献

[1] Walter Noll，Chemie and Technologie der Silicone，2. neubearb. und erw. Aufl. ，Weinheim：Verlag Chemie GmbH，1968.

[2] Silicone Chemie and Technologie，Ed. ：G. Koerner, M. Schulze, J. Weis, Essen：Vulkan-Verlag，1989.

[3] 章基凯主编.精细化学品系列丛书：有机硅材料.北京：中国物资出版社，1999 年.

[4] Silicone Surfactants，Ed. ：Randal M. Hill, New York：Marcel Dekker, 1999.

[5] 冯圣玉，张洁，李美江，朱庆增编著.有机硅高分子及其应用.北京：化学工业出版社，2004 年.

[6] 黄文润编著.硅油及二次加工品.北京：化学工业出版社，2004 年.

[7] 赵陈超，章基凯编著.有机硅乳液及其应用.北京：化学工业出版社，2008 年.

[8] 来国桥，幸松民等编著.有机硅产品合成工艺及应用.第 2 版.北京：化学工业出版社，2010 年.

第6章 ◄◄◄

硅橡胶

▶▶▶▶▶▶▶▶

6.1 硅橡胶的简介、分类和基本性能

6.1.1 概述

硅橡胶（siliconerubber）是最重要的有机硅产品之一。制备硅橡胶的原料通常由线型聚硅氧烷［硅橡胶生胶（siliconegum），简称硅生胶］、补强填料、交联剂、催化剂、改性添加剂等组成。将所有的原料经过混炼（或混合）可加工成混炼胶。混炼胶在一定的条件下交联硫化，便可从黏性液态转变成高弹态——硫化胶（vulcanizate）。

硅生胶的化学结构和硅油相似，其通式如下：

$$\text{R'}-\underset{\underset{\text{R}}{|}}{\overset{\overset{\text{R}}{|}}{\text{Si}}}-\text{O}\left(\underset{\underset{\text{R}}{|}}{\overset{\overset{\text{R}}{|}}{\text{Si}}}-\text{O}\right)_n\underset{\underset{\text{R}}{|}}{\overset{\overset{\text{R}}{|}}{\text{Si}}}-\text{R'}$$

通式中，R′是烃基或羟基，R通常是甲基，但也可引入其它基团，如乙基、乙烯基、苯基、三氟丙基等，以改善和提高某些性能。例如，用苯基取代一部分甲基，可以改进硅橡胶低温时的柔曲性和耐辐射性；引入少量乙烯基可以改善硅橡胶的硫化性能和压缩永久变形；三氟丙基的存在可以使硅橡胶具有良好的耐油性能；含氰基的硅橡胶与氟硅橡胶一样，能耐非极性溶剂；在硅橡胶的硅氧烷主链中引入一定量的亚苯基后，可将机械强度从 110MPa 提高到 170～180MPa，并且耐热性

也有所提高。因此，根据硅原子上所连接的有机基团不同，硅橡胶可分为二甲基硅橡胶、甲基乙烯基硅橡胶、甲基苯基硅橡胶、氟硅橡胶、腈硅橡胶、乙基硅橡胶以及亚苯基硅橡胶等许多品种。

按照硫化方法和硫化条件的不同，硅橡胶一般可分为高温硫化（high temperaturevalcanising，HTV）硅橡胶和室温硫化（roomtemperaturevalcanising，RTV）硅橡胶两大类型。按照产品形态与混配方式不同，高温硫化硅橡胶又分为高黏度硅橡胶（high consistencyrubber，HCR）和液体硅橡胶（liquid siliconerubber，LR）。高温硫化硅生胶是高分子量的聚有机硅氧烷（分子量一般为40万～80万）；室温硫化硅生胶的分子量一般较低（分子量在3万～6万），在分子链的两端（有时中间也有）各带有一个或两个官能团，在一定条件下（空气中的水分、适当的交联剂和催化剂），这些官能团可发生反应，从而形成三维交联结构。室温硫化硅橡胶按其硫化机理可分为缩合型和加成型；按其包装方式又可分为双组分和单组分两种类型。高温硫化硅橡胶和室温硫化硅橡胶的典型性质分别见表6.1和表6.2。高黏度高温硫化硅橡胶约占全世界硅橡胶市场份额的80%，而液体硅橡胶和室温硫化硅橡胶则各占10%左右。而通过光照进行固化的硅橡胶是一类相对较新的硅橡胶产品，目前其市场份额还相对较小。

■表6.1 高温硫化硅橡胶的典型性能

性　　质	数　　值
相对密度	1.14～1.23
硬度(邵氏 A)	45～70
拉伸强度/MPa	77
伸长率/%	500～700
撕裂强度/MPa	20～30
压缩永久变形(25℃,22h)/%	4～5
硬化温度/℃	−70
最大工作温度范围/℃	−60～260
张力永久变形/%	5～15
介电常数(100Hz)	2.8
介电损耗角正切值(100Hz)	0.0008

■表6.2 室温硫化硅橡胶的典型性能

性　　质		数　　值
相对密度		1.12～1.50
硬度(邵氏 A)		30～60
拉伸强度/MPa		28～56
伸长率/%		100～400
撕裂强度/MPa		3～20
最大工作温度范围/℃		315
线形收缩率(25℃)/%	24h后	0～0.3
	7d后	0.1～0.6
导热率/[cal/(cm·s·℃)]		0.00052～0.00075
体积热膨胀系数/(1/℃)		0.000325～0.000750

注：1cal/(cm·s·℃)=418.68W/(m·K)。

6.1.2 硅橡胶的基本性能

硅橡胶具有天然橡胶及其它合成橡胶所不具备的优点，而这些特点是由构成硅橡胶主链的硅氧键的性质所决定的。硅橡胶中的最主要成分聚二甲基硅氧烷的基本物理和化学性质已在本书第4章中有了较详细的介绍。本节我们将重点介绍硅橡胶的各种基本性能。

硅橡胶具有很高的热稳定性和优异的低温性能，能在－60～260℃温度范围内保持柔软性、回弹性、表面硬度和机械性能。此外，它们还具有优良的电绝缘性、耐候性、耐臭氧和透气性，而且无毒无味。一些特殊结构的硅橡胶还有优异的耐油、耐溶剂、耐辐射等特性。表6.3是硅橡胶和其它有机橡胶的性能比较。

■表6.3　硅橡胶和其它有机橡胶的性能比较

橡胶	全自动生产	无废生产	化学稳定性	低温弹性 （<－40℃）	热稳定性 （>200℃）	染色性
热塑橡胶	极好	极好	好/差	差	差	好
乙丙橡胶	好	差	好/差	差	差	差
天然橡胶	差	差	差	差	差	差
聚氨酯橡胶	好	好	好	差	差	极好
硅橡胶	极好	极好	好	极好	极好	极好

6.1.2.1　耐高低温性能

硅橡胶最显著的特性是它们的高温稳定性，它可在180℃并有空气存在的环境中长期使用。若选择适当的填充剂和高温添加剂，其使用温度可高达375℃，并可耐瞬间数千度的高温。据估计，普通硅橡胶在120℃下使用寿命可达20年，在150℃下可达5年。

硅橡胶的热老化主要是通过侧链的氧化及主链硅氧烷键的断裂进行的。所以一方面来说，硅橡胶的耐热性取决于它的侧链。而另一方面，主链的断裂也可称之为密封耐热性，它同氧化老化有所不同，它和主链的柔软性、端基的存在有关，而且水、酸、碱等的存在对链的断裂有显著的促进作用。

硅橡胶在常温下的物理强度比其它有机橡胶差些，但在高温条件下，它的强度却是最优异。比如，硅橡胶在150℃下加压70h后的压缩永久变形仅为7%～10%。这种低的压缩永久变形是用作在高温下使用的O形圈、垫片和垫圈等密封件和辊筒的良好材料。此外，特种硅橡胶还可具有耐辐射性能，例如，苯基硅橡胶具有优良的耐高温辐射性能，在γ射线高达1×10^9R时仍能保持弹性。通用型硅橡胶的热性能同其它有机橡胶的比较见表6.4。

■表 6.4　各种合成橡胶的耐热和耐寒性能比较

橡胶种类	最高使用温度/℃	最低使用温度/℃	拉伸强度/MPa			伸长率/%		
			常温	121℃	205℃	常温	121℃	205℃
硅橡胶	250	−73	35~150	60	128	100~800	350	200
天然橡胶	116	−35	100~280	125	9	700	500	80
丁苯橡胶	94	−40	100~280	84	12	300~700	250	60
丁基橡胶	94	−52	150~200	70	25	500~700	250	80
氯丁橡胶	121	−40	100~280	100	13	60~700	350	0~100
聚硫橡胶	100	−40	40~90	50	>2	200~400	140	>25
氟橡胶	200	−40	140~200	21~56	11~21	400	100~350	50~350
丁腈橡胶	121	−15	40~300	50	9	400~600	120	20
聚氨酯橡胶	80	−20	300~500	150	14	400~750	300	140
丙烯酸酯橡胶	150~200	−23	150~335	90	16	100~400	400	150

在第 4 章中已经提到，由于主链的高柔软性，聚硅氧烷具有很低的玻璃态转变温度和脆化温度。硅橡胶的脆化点是所有橡胶中最低的（表 6.4），所以它具有内在的低温弹性。一般来说，通用型硅橡胶的脆化点位于−60~−50℃，特殊配方的硅橡胶脆化点可达到−100℃。

硅橡胶的耐寒性与低温弹性不是通过加入增塑剂来提高，而是靠改变聚硅氧烷的分子结构来实现的。在聚合物分子中引入一小部分苯基可改进硅橡胶的低温弹性。低苯基硅橡胶的玻璃态转变温度为−120℃，其硫化胶在−100~−70℃的低温下仍具有较好的弹性。

由于硅橡胶卓越的耐高温性能，所以它被广泛用于飞机引擎、燃气轮机、高压釜、阴极射线管、蒸汽和电气机车、烘炉等的密封片和垫片。在各种工业过程中，硅橡胶可用于制造各种耐热辊筒和输送带。此外，硅橡胶涂覆的玻璃纤维和石棉纤维布在飞机的传热系统中被用于输送热气体。

由于高耐寒性能，硅橡胶材料在宇航工业中意义十分重大。它主要用作宇航器的密封圈、垫片、转换开关罩、弹性导管和发动机支架。

硅橡胶还是理想的减震材料，它在−54~150℃的范围内在传递性或共震频率方面的变化很小，而且其动态吸附特性也不随硅橡胶的老化而变化。这一优异的性质与其易被加工成各种形状的特点相结合，使硅橡胶成为能在很宽温度范围内使用的控制噪音和震动的理想材料。

6.1.2.2　电性能

硅橡胶具有卓越的电性能。其突出的优点是介电强度、功率因数和绝缘性能受温度和频率变化很小。在一个很宽的温度范围内，介电强度基本保持不变；在很大的频率范围内，介电常数和介电损耗正切值也几乎不变。硅橡胶的耐电晕性和耐电弧性也非常好，它的耐电晕寿命约是聚四氟乙烯的一千倍；而耐电弧寿命约是氟橡胶的 20 倍。硅橡胶不易燃烧，就是万一发生燃烧，生成的二氧化硅也是绝缘性的。

因此，它被用作安全可靠的电线、电缆的蒙皮材料。

硅橡胶的耐电弧性能比普通橡胶要好得多，一般认为其原因在于它的含碳量比一般有机橡胶低，故由于电弧而析出的导电性的碳的量很少，而取而代之的是绝缘性的二氧化硅。硅橡胶的电性能见表 6.5。而聚硅氧烷中侧基的极性也会影响相对介电常数和体积电阻率（表 6.6）。

■表 6.5　硅橡胶的电性能

测　试　项　目	结　　果
电气强度(1/4in 电极，以 500V/s 的速度快速提压，样品厚度 1/16in)/(V/mil)	$450\sim600$
相对介电常数	$2.9\sim3.6$
介质损耗因数	$0.0005\sim0.2$
体积电阻率/$\Omega\cdot cm$	$8\times10^{13}\sim2\times10^{15}$
绝缘电阻/Ω	$1\times10^{12}\sim1\times10^{13}$

注：$1in=0.0254m$；$1mil=25.4\times10^{-6}m$。

■表 6.6　聚硅氧烷 $[Me_3SiO(MeRSiO)_nSiMe_3]$ 中侧基 R 的极性对相对介电常数和体积电阻率的影响

R	相对介电常数(100Hz)	体积电阻率/$\Omega\cdot cm$
$n\text{-}C_8H_{17}\text{—}$	2.38	1.5×10^{15}
$n\text{-}C_4H_9\text{—}$	2.54	1.1×10^{14}
$Me\text{—}$	2.76	1.0×10^{15}
$Ph\text{—}$	3.03	5.0×10^{13}
$H\text{—}$	3.18	2.9×10^{14}
$CF_3(CH_2)_2\text{—}$	6.84	7.2×10^{12}
$p\text{-}NO_2C_6H_4\text{—}$	19.28	—

6.1.2.3　耐化学和耐候性能

一般说来，硅橡胶具有良好的耐化学物质、耐溶剂及油类的性能。溶剂对硅橡胶的作用主要是膨胀和软化，而一旦溶剂挥发后硅橡胶的大多数原始性能又会得到恢复。硅橡胶有较好的耐乙醇、丙酮等极性溶剂和食用油类等的性能，它们一般只引起很小的膨胀，而机械性能基本不变。

硅橡胶对低浓度的酸、碱、盐的作用的承受能力也较好，如在 10％的硫酸中常温浸渍 7d，其体积和重量变化都小于 1％，而机械性能基本不变。但它不耐浓硫酸、浓碱和四氯化碳、甲苯等非极性溶剂。为了提高硅橡胶的耐溶剂性能，可以把硅原子上的部分甲基用三氟丙基或者氰乙基取代。

硅橡胶具有优良的耐氧、耐臭氧和耐紫外线照射等性能，因此，长期在室外使用不会发生龟裂现象。一般认为硅橡胶在室外使用可达 20 年以上。表 6.7 是各种橡胶在常温、150×10^{-6} 臭氧和张力下的寿命比较。

■表 6.7 各种橡胶在常温、150×10⁻⁶臭氧和张力下的寿命比较

橡胶种类	耐用寿命
丁苯橡胶	立即破坏
丁腈橡胶	1h
丙烯酸酯橡胶	1h
聚硫橡胶	8h
聚氨酯橡胶	8h
氯丁橡胶	24h
丁基橡胶	7d
氯磺化聚乙烯橡胶	超过两周
氟橡胶	超过两周
硅橡胶	数月

水蒸气也能使硅橡胶的性能降低，其本质是主链的断裂反应。水解断裂反应会因温度的升高和离子性试剂的存在而变得明显，而填充剂的纯度和催化剂残渣量对其影响也很大。为了提高硅橡胶的耐蒸汽性，可采用使填充剂疏水化和提高交联密度等方法，但应尽量避免在 2MPa 以上的高压水蒸气下使用硅橡胶。

硅橡胶的吸水性也较大。随着空气中相对湿度的提高，硅生胶中含水量呈线性增加的趋势（图 6.1）。当水太多时，硅橡胶分子吸附的水分就会析出，硅橡胶就由透明变为不透明。混炼胶中的水分还会对挤出制品的质量产生不良的影响，比如产生表面起泡等。

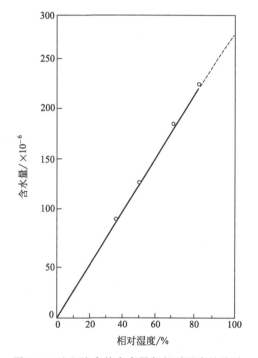

图 6.1 硅生胶中的含水量与相对湿度的关系

6.1.2.4 透气性

聚二甲基硅氧烷的螺旋结构、自由空间大以及它对气体的良好溶解性，使得硅橡胶具有极好的透气性。在室温下它对空气、氮、氧、二氧化碳等气体的透气率比天然橡胶高 30～50 倍。各种聚合物的氧气渗透率见表 6.8。特别值得提出的是硅橡胶的气体选择性透过。表 6.9 是不同气体通过硅橡胶薄膜的渗透率。根据硅橡胶的这些特性，它可制成水中呼吸的人工鳃，也可用它来浓缩或分离气体，而且还可用于农副产品的保鲜等。当然，由于高透气性，它不能被用作惰性气体的导管。

■表6.8　各种聚合物薄膜的氧气渗透率　　　　　　　单位：$\times 10^{-9}$cm^3·cm/（s·cm^2·cmHg）

聚　合　物	氧气渗透率
二甲基硅橡胶	60.0
氟硅橡胶	11.0
腈硅橡胶	8.5
天然橡胶	2.4
聚乙烯（低密度）	0.8
丁基橡胶	0.14
聚苯乙烯	0.12
聚乙烯（高密度）	0.10
聚氯乙烯	0.014
尼龙-6	0.004
聚对苯二甲酸乙二酯	0.0019
聚四氟乙烯	0.0004

注：1cmHg=1333.32Pa。

■表6.9　含33%二氧化硅的甲基硅橡胶膜的透气性　　　　单位：$\times 10^{-9}$cm^3·cm/（s·cm^2·cmHg）

气体	透气性	气体	透气性	气体	透气性
H_2	65	N_2O	435	n-C_6H_{14}	940
He	35	NO_2	760	n-C_8H_{18}	860
NH_3	590	SO_2	1500	n-$C_{10}H_{22}$	430
H_2O	3600	CS_2	9000	HCHO	1110
CO	34	CH_4	95	CH_3OH	1390
N_2	28	C_2H_6	250	$COCl_2$	1500
NO	60	C_2H_4	135	丙酮	586
O_2	60	C_2H_2	2640	吡啶	1910
H_2S	1000	C_3H_8	410	苯	1080
Ar	60	n-C_4H_{10}	900	苯酚	2100
CO_2	325	n-C_5H_{12}	2000	甲苯	913

注：1cmHg=1333.32Pa。

6.1.2.5　其它特性

经过充分硫化后的硅橡胶无臭无味无毒性，有很好的生物相容性。能用伽马射线和环氧乙烷消毒，埋入动物体内极少引起组织不良反应，所以它被大量用于食品及医疗卫生等方面。

硅橡胶的导热率通常为0.12～0.25[W/（m·K）]，相当于一般合成橡胶的2～3倍。通过大量填充导热型的填充剂，可制得导热率为0.4～2W/（m·K）的导热制品。另外，其体积膨胀系数也极大，约为$6～8\times10^{-4}$K^{-1}，相当于普通合成橡胶的2～2.5倍。

硅橡胶有优异的防火性能，其闪点在300℃以上，所以难以燃烧。特别是加成型硅橡胶，即使不加入卤化物和氧化锑之类的阻燃剂，而只添加一般的金属氧化物，便可配制成UL-94等级的阻燃级硅橡胶。所以，它不仅可用于电视机等家用电器中，而且也被用作原子能装置和各种建筑物的防火材料。

6.2 ▶▶▶▶▶▶▶ 高温硫化硅橡胶

高温硫化硅橡胶（以下简称高温胶）是有机硅材料的重要产品之一。而本节主要介绍高黏度高温胶。它是由高摩尔质量的线性聚硅氧烷，加入补强填料，各种添加剂和硫化剂后，经混炼均匀，在高温下硫化而成的弹性体。

高温胶产品的制造一般分为三个阶段：一是从有机硅中间体（例如环硅氧烷）出发合成高摩尔质量（40万～80万）的线性聚硅氧烷（生胶）；二是以生胶为骨架材料，加入填料、结构控制剂、各类添加剂及硫化剂等制成混炼胶；三是将混炼胶通过模压、挤出、注射成型等加工方法，在高温下硫化成弹性产品。

高温胶广泛应用于航天、航空、电子、电气、机械、汽车、日用密封、医疗卫生等国民经济和人们生活的各个领域，并在国防军工、高技术产业中发挥着重要作用。

6.2.1 高温硫化硅橡胶的主要品种及分类

6.2.1.1 硅生胶的种类

硅生胶是高温胶的骨架材料，对其性能起着决定性的作用。用于制造硅混炼胶的硅生胶主要有二甲基硅橡胶（简称甲基生胶），甲基乙烯基硅橡胶（简称乙烯基生胶），甲基苯基乙烯基硅橡胶（简称苯基生胶）及甲基三氟丙基硅橡胶（简称氟硅橡胶）。此外，还有腈硅橡胶，苯基硅橡胶，乙基硅橡胶等。

二甲基硅橡胶（methylsilicone，MQ）是硅氧烷主链的侧基全部由甲基组成的聚硅氧烷，其结构式如下：

$$H_3C-\underset{\underset{CH_3}{|}}{\overset{\overset{CH_3}{|}}{Si}}-O\left(\underset{\underset{CH_3}{|}}{\overset{\overset{CH_3}{|}}{Si}}-O\right)_n\underset{\underset{CH_3}{|}}{\overset{\overset{CH_3}{|}}{Si}}-CH_3$$

甲基硅橡胶是最早合成和使用的高温胶，它的硫化活性低，硫化胶的机械性能较差，高温永久压缩变形大。因此，已逐渐被乙烯基生胶所取代，而甲基硅橡胶只少量应用于某些膏状物载体或织物涂复。

甲基乙烯基生胶（vinylmethylsilicone，VMQ）是在甲基硅橡胶的基础上，在分子侧链或端基引进少量（0.05%～1%，摩尔分数）乙烯基而形成，其结构式如下：

甲基封端型：

$$H_3C-\underset{\underset{CH_3}{|}}{\overset{\overset{CH_3}{|}}{Si}}-O\left(\underset{\underset{CH_3}{|}}{\overset{\overset{CH_3}{|}}{Si}}-O\right)_n\left(\underset{\underset{CH=CH_2}{|}}{\overset{\overset{CH_3}{|}}{Si}}-O\right)_m\underset{\underset{CH_3}{|}}{\overset{\overset{CH_3}{|}}{Si}}-CH_3$$

乙烯基封端型：

$$\underset{CH_3}{\overset{CH_3}{H_2C=HC-Si-O}}\left(\underset{CH_3}{\overset{CH_3}{Si-O}}\right)_n\left(\underset{CH=CH_2}{\overset{CH_3}{Si-O}}\right)_m\underset{CH_3}{\overset{CH_3}{Si-CH=CH_2}}$$

乙烯基的引入，极大地提高了硅橡胶的硫化活性，改善了硫化胶的物理机械性能，提高了胶料的弹性，降低了压缩永久变形，因此极大地拓展了应用领域。端乙烯生胶的合成，使硫化胶微观分子中端基可产生交联，减少了不稳定的"悬挂链"，因而不但性能更好，而且更适用于人体材料的制造。由于甲基乙烯基硅橡胶性能优异、合成工艺成熟、而成本增加不多，因而成为目前产量最大、用量最广、最具有代表性的高温胶产品。

甲基苯基乙烯基硅橡胶（phenylvinylmethylsilicone，PVMQ）是在乙烯基硅橡胶的分子链中引入甲基苯基硅氧链节或二苯基硅氧链节而得的产品，其结构式为：

$$\underset{CH_3}{\overset{CH_3}{H_3C-Si-O}}\left(\underset{CH_3}{\overset{CH_3}{Si-O}}\right)_x\left(\underset{C_6H_5}{\overset{CH_3}{Si-O}}\right)_y\left(\underset{CH=CH_2}{\overset{CH_3}{Si-O}}\right)_z\underset{CH_3}{\overset{CH_3}{Si-CH_3}}$$

$$\underset{CH_3}{\overset{CH_3}{H_3C-Si-O}}\left(\underset{CH_3}{\overset{CH_3}{Si-O}}\right)_x\left(\underset{C_6H_5}{\overset{C_6H_5}{Si-O}}\right)_y\left(\underset{CH=CH_2}{\overset{CH_3}{Si-O}}\right)_z\underset{CH_3}{\overset{CH_3}{Si-CH_3}}$$

根据苯基含量的不同甲基苯基乙烯基硅橡胶可分为低苯基硅橡胶（苯基含量5％～10％，摩尔分数）、中苯基硅橡胶（苯基含量20％～40％，摩尔分数）和高苯基硅橡胶（苯基含量40％～50％，摩尔分数）三种。

由于在聚硅氧烷的侧基上引入苯基，破坏了聚二甲基硅氧烷链结构的规整性，从而大大降低了聚合物的结晶温度，因此，苯基硅橡胶除了具有乙烯基硅橡胶一系列特性外，还具有卓越的耐低温、耐烧蚀和耐辐照等性能，是应用于某些特定环境的重要材料。但苯基硅橡胶生产中对原材料要求高，生产工艺较复杂，成本比乙烯基硅橡胶高得多，因而发展受到了限制。

氟硅橡胶（fluorovinylmethylsilicone，FVMQ）是指乙烯基硅橡胶的分子链中含三氟丙基甲基硅氧烷链节一种硅橡胶产品，其结构式如下：

$$\underset{CH_3}{\overset{CH_3}{H_3C-Si-O}}\left(\underset{CH_3}{\overset{CH_3}{Si-O}}\right)_x\left(\underset{CH_2CH_2CF_3}{\overset{CH_3}{Si-O}}\right)_y\left(\underset{CH=CH_2}{\overset{CH_3}{Si-O}}\right)_z\underset{CH_3}{\overset{CH_3}{Si-CH_3}}$$

与通用型硅橡胶相比，氟硅橡胶具有优良的耐化学药品、耐溶剂和耐油性能，抗着火性也好，故在飞机、火箭、导弹、宇宙飞船及石油工业中有很广泛的应用价值。

6.2.1.2 硅混炼胶的品种及分类

硅混炼胶由于不同的混炼配方和工艺、性能和应用领域，而形成众多的品种和牌号。按产品硬度等级可分为从邵氏 A20～80 各种等级；按加工方法可分为模压型、挤出型、注射型和浸渍型等品种；而按不同的硫化机理可分为过氧化物硫化和加成型硫化两大类品种；按性能和应用领域可分为普通型、高强度型、高抗撕型、阻燃型、医用型、耐高温型、高绝缘型、抗静电型、耐辐照型等。

6.2.2 高温硫化硅橡胶的硫化机理

高温硫化硅橡胶按照硫化机理可分为过氧化物硫化和加成型硫化两大类，而目前过氧化物硫化橡胶占高温胶的大多数。过氧化物硫化具有价格便宜、可靠等特点，但缺点也不少，其中包括硫化后发黄、生产过程中有气味、橡胶中含有过氧化物残留、产品表面发黏和过氧化物分解产物进入大气等。加成型硫化则克服了上述所有缺点，所以医用产品大都是加成型。

过氧化物高温硫化硅橡胶的硫化反应是按自由基反应机理进行的。有机过氧化物在加热条件下分解产生自由基，后者则和聚硅氧烷分子中的有机基团如甲基、乙烯基等进行反应，并形成高分子自由基，高分子自由基互相耦合便产生交联：

$$R-O-O-R \xrightarrow{\triangle} 2R-O\cdot$$

(6.1)

高温硫化硅橡胶常用的过氧化合物有六种，它们的结构、性质和主要适用范围见表 6.10。不同有机过氧化合物的硫化条件和适用范围都不一样，用户可以按照需要选择适合的化合物。比如，低温分解过氧化合物如过氧化二（2,4-二氯苯甲酰）可提供较快硫化速度，而且它的分解化合物的蒸汽压很低，所以不需要外加压力来防止孔隙的形成。因此该化合物常用于热空气硫化挤出以及模压过程。但由于硫化速度较快，在浇铸较薄制品或传递模塑时容易产生烧焦现象，在这种情况下适用硫化速度较慢的过氧化合物，如过氧化苯甲酰。但此化合物在硫化过程中会产生气体，所以不能用热空气硫化，而常用蒸汽连续硫化。上述低温硫化剂还有个缺点，就是浇铸较薄制品时，它们的酸性分解产物会对制品的热稳定性产生负面的影响。

高温硫化剂如过氧化二异丙苯和二叔丁基过氧化物虽然只适用于高活性的甲基乙烯基生胶，但它们是厚制品最理想的硫化剂，而且还能用于含炭黑混炼胶。

高温硫化硅橡胶有时也会使用两种以上过氧化物组合，特别是当挤出或模塑过

■表 6.10 高温硫化硅橡胶硫化常用的有机过氧化合物

过氧化物及其代号	结构式	10h 半衰期（溶剂）/℃	硫化温度/℃	适用范围
过氧化苯甲酰（BPO）		70(苯)	110～135	通用型,模压,蒸汽连续硫化,黏合
过氧化二(2,4-二氯苯甲酰)（DCBP）		47(苯)	100～120	通用型,模压,蒸汽连续硫化,热空气硫化
过氧化苯甲酸叔丁酯（TBPB）	$(H_3C)_3C-O-O-C$	103(苯)	135～155	通用型,海绵,高温,溶液
二叔丁基过氧化物（DTBP）	$(H_3C)_3C-O-O-C(CH_3)_3$	125(苯)	160～180	乙烯基硅橡胶专用,模压,厚制品,含碳黑混炼胶
过氧化二异丙苯（DCP）		115(苯)	150～160	乙烯基硅橡胶专用,模压,厚制品,含碳黑混炼胶,蒸汽连续硫化,黏合
2,5-二甲基-2,5-二叔丁基过氧己烷(俗称双2,5,DBPMH)		120(苯)	160～170	乙烯基硅橡胶专用,模压,厚制品,含碳黑混炼胶

程中需要二段硫化的情况下。即先在较低温度下初步硫化，使胶料在处理过程中不再形变，而后在较高温度下继续硫化，使胶料彻底固化。

　　加成型高温硫化硅橡胶的硫化是通过硅氢加成反应来实现的。在加热条件下，含氢硅油中的硅氢基团和甲基乙烯基生胶中的乙烯基在氯铂酸催化下反应，从而产生交联：

$$\text{（6.2）}$$

　　加成型高温硫化硅橡胶可以分为单组分和双组分两种。单组分加成型高温硫化硅橡胶是目前发展非常迅速的一种硅橡胶产品。由于含有硫化抑制剂（如炔醇等），所以它的贮存稳定性可以从 2 个月到 12 个月不等。用于挤出的胶料一般可以稳定贮存 2 个月，而模塑胶料可以贮存 12 个月左右。双组分加成型高温硫化硅橡胶的存放期限比单组分的长得多。两个组分的混合比可以为 1∶1 或 100∶1.5。混合比为 1 : 1 的胶料 A 组分为基础胶、交联剂和硫化抑制剂，而 B 组分为基础胶和铂催化剂。而 100 : 1.5 胶料中大组分为基础胶、交联剂和抑制剂，而小组分为加催化剂的基础胶。

加成型高温硫化硅橡胶的一大优点就是在硫化过程中收缩率极小，这是由于硫化反应不产生副产物的缘故。但由于固化反应需要使用铂催化剂，所以在使用过程中不能接触会使其中毒的化合物，如含有氮、磷、硫等元素的化合物，含炔基的有机物和锡、铅、汞、铋等金属离子化合物。当然有时候产品中会加入这类化合物作为抑制剂，用来提高其贮存稳定性。

6.2.3 硅混炼胶的生产

6.2.3.1 硅混炼胶的组成及形态

硅混炼胶是用线性高摩尔质量聚硅氧烷（硅生胶）加入补强填料，各配合剂及添加剂，经开炼机或密炼机的剪切作用而制成的均匀固态混合体，它是制造各种硅橡胶制品的基础原料，可以用各种型号和规格的产品作为商品出售。由于黏度较高，所以它基本可以以各种不同形状出售，如条状、带状、管状、块状和颗粒状等。过氧化物高温硫化硅橡胶混炼胶的基本组成如下（质量份）：

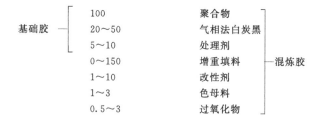

6.2.3.2 硅混炼胶的主要原料的性能和作用

为设计、制造出性能优异、符合各种用途的混炼胶必须首先了解各个组分的性能和作用。

（1）硅生胶 硅生胶是混炼胶的骨架材料，不同品种生胶制得的混炼胶性能有很大差异。不同品种的混炼胶对生胶的要求也不同。决定生胶基本性能的是摩尔质量、乙烯基含量和挥发分三个指标。一般说，摩尔质量越高，硫化胶物理机械性能越好，但加工性、流动性要下降，"吃粉"（填料混入生胶）速度变慢。在加工模压混炼胶时，一般选择高摩尔质量（>60 万）的生胶，而做挤出产品时，为了改善挤出流动性，摩尔质量要稍低。乙烯基含量的大小对混炼胶的综合性能有很大影响。乙烯基含量 0.1%～0.2% 的混炼胶的性能和适应性最好。在加工过程中，经常采用不同分子量和不同乙烯基含量的生胶按一定比例搭配使用。硬度越高的产品，要求生胶的乙烯基含量也越高。挥发分一般要求适中（1%～2%），挥发分太大，胶料易发黏，性能下降，而挥发分太小的胶料则"吃粉"困难。

（2）补强填料 聚二甲基硅氧烷分子间的作用力很小，所以纯硅生胶交联后的弹性体的机械性能强度很低，几乎没有使用价值。同其它有机橡胶相比，在硅橡胶中补强填料对其力学性能的提高更为重要。当加入补强填料后，硫化胶的拉伸强度可由 0.35MPa 提高到 14MPa，补强度高达 40 倍。硅橡胶的主要补强填料是白炭黑。

适应做硅橡胶补强填料的白炭黑分为气相法和沉淀法两大类。气相法（又称干法）白炭黑是以 $SiCl_4$ 为原料，在氢-氧气流中于高温（1000～1200℃）下，经燃烧而产生的颗粒极细的 SiO_2：

$$SiCl_4 + 2H_2 + O_2 \xrightarrow{1000 \sim 1200℃} SiO_2 + 4HCl \qquad (6.3)$$

而沉淀法（又称湿法）白炭黑一般是以水玻璃（硅酸钠水溶液）为原料，经与盐酸或硫酸反应生成 SiO_2 沉淀（式 6.4），然后经过过滤、干燥、研磨等工序而制得的。

$$Na_2SO_3 + 2HCl \longrightarrow SiO_2 + 2NaCl + H_2O \qquad (6.4)$$

经红外光谱研究表明，干法和湿法白炭黑表面均有大量硅羟基（分为双羟基、隔离羟基、邻羟基和内部羟基等几种，表 6.11），其结构为三维网状结构，构成无定型的硅氧链网络结构分子。

■表 6.11 红外光谱中二氧化硅表面各种硅羟基伸展吸收峰

吸收峰/cm^{-1}	硅 羟 基	图 示
3745±10	隔离羟基	Si—OH
	双羟基	Si(OH)(OH)
3715±5	弱作用邻羟基	H—O⋯H—O / Si⋯Si
3660±5	内部羟基	
3520±200	强作用邻羟基	⋯H—O⋯H—O⋯H—O⋯ / Si⋯Si⋯Si

气相法白炭黑平均粒径小，比表面积大（80～400m^2/g），其内部结构几乎是完全排列紧密的三维结构，几乎无颗粒内部羟基。因此，气相法白炭黑粒子吸湿性小，表面吸附性强，有很好的补强作用。用气相法白炭黑补强的胶料具有很好的透明度，机械性能、电性能和耐热性也相当好。但不足的是气相法白炭黑价格较贵，加工时易飞扬，并容易引起粉尘-静电爆炸，所以加工设备内须用惰性气体保护。沉淀法白炭黑由于受原料硅酸钠的分子化学结构影响，存在较多的二维结构，致使

结构疏松、颗粒密度低，而且存在着很多微孔结构，所以很容易吸湿，影响补强效果。由于含水量和硅羟基含量高，而且粒径大，因此硫化胶强度稍低，电性能和耐热性较差，挤出成型产品易产生气泡。但用沉淀法补强的硫化胶回弹性、压缩永久变形及加工性好，胶料不易结构化，特别是价格便宜（只有气相法的 1/10～1/3）。我国大多数混炼胶品牌采用沉淀法白炭黑作为补强填料。

各种进口和国产品牌的白炭黑的性能和价格有很大差异。在性能方面，比表面积、粒径大小、杂质含量和含水量都有很大差异，因而，制成混炼胶后，其胶料外观色泽、白度、杂质点、胶片透明度、物理机械性能、二次硫化黄变性、胶料混炼速度都有很大不同；同时不同品种的价格也相差好几倍。因此，如何选用白炭黑品种，是设计混炼胶配方的重要内容。

白炭黑对硅橡胶的补强机理一直了解得不十分透彻，白炭黑与硅橡胶分子主链的化学结构较为相似从而使它们之间有较强的作用力可能是其中重要的原因之一。由于聚硅氧链较易吸附在二氧化硅粒子的表面，并使部分链节有序排列，这样不仅使白炭黑成为物理交联点，而且还能产生结晶化的效果。白炭黑的粒径越小，其比表面积也越大，其对硅橡胶的补强效果也就越好。

此外，硅橡胶中还经常加入一些半补强填料和增重填料，如硅藻土、碳酸钙、石英粉、钛白粉、氢氧化铝、氧化镁等，用于进一步提高硫化胶硬度和降低生产成本。

（3）结构控制剂　生胶与亲水性白炭黑混炼而成的胶料，在存放过程中会慢慢变硬，逐步丧失加工性，这一现象被称为"结构化"。产生结构化的主要原因是由于白炭黑通过表面的 Si—OH 基团之间的氢键，形成三维网络结构。为了防止硅橡胶的结构化现象，需在胶料中加入结构控制剂。结构控制剂的作用是通过与白炭黑表面 Si—OH 基团的作用，从而抑制粒子间氢键的形成。

通常使用的结构控制剂有二苯基硅二醇、二甲基二甲氧基硅烷、低摩尔质量的羟基硅油、环硅氮烷、六甲基硅氮烷等。目前，应用最普通、效果较好、使用方便的是低黏度羟基硅油。羟基硅油的效果与聚合度和羟基含量有关，实验表明，当聚合度 $x=6～10$，羟基含量为 $6.5\%～8\%$ 时，能较好地控制胶料结构。结构控制剂的加入量因填料的品种、加入量、加工工艺和气候变化不同而有所差异，要根据实际生产情况进行调整。

（4）交联剂　为了调整胶料的乙烯基含量，可适当加入高乙烯含量的多乙烯基硅油（俗称 C 胶）。比如制作邵氏 A70～80 的高硬度胶，单靠增加填料是不够的，必须增加乙烯基含量。一般随着乙烯基硅油量的增加，胶料硬度也随之提高。不加 C 胶的硅橡胶的交联点分散，并均匀分配（图 6.2），由于拉链效应，其抗撕裂能力较差。硫化制品一旦撕破口，就会一裂到底。而加入 C 胶后，则产生不匀称的集中交联，这样使应力分散，从而大大提高了硅橡胶制品的撕裂强度。

含氢硅油可用作加成型高温硫化硅橡胶的交联剂。另外，含氢硅油分子中具有

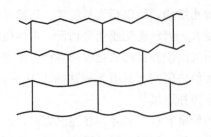 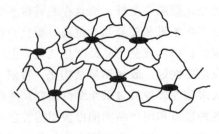

(a) 不加C胶时的分散交联　　　　　　　(b) 加C胶时的集中交联

图 6.2　硅橡胶交联示意图

能起还原作用活泼氢，可以有效阻止胶料中的杂质氧化而变黄，所以被称为抗黄剂。

（5）其他添加剂和加工助剂

① 内脱模剂　内脱模剂中含脂肪酸盐或其它表面活性剂，加入胶料中可改善胶料的脱模性。

② 着色剂　用于硅橡胶的着色剂有二氧化钛（白色）、三氧化二铁（红色）、隔黄（黄色）、群青（蓝色）、热裂炭黑（黑色）等，也可以使用一些有机颜料。

③ 耐热添加剂　常用的硅橡胶耐热添加剂有三氧化二铁、氢氧化铁、草酸铁、烷氧基铁、有机硅二茂铁、二氧化钛、碳酸锌、氧化铈等。

④ 阻燃剂　与普通有机橡胶相比，有机硅橡胶有相当不错的阻燃性能。加入阻燃剂可进一步提高这种性能。可以使用的阻燃剂包括铂化合物、二氧化钛、碳酸锰、碳酸锌、碱式碳酸锌、氢氧化铝、十溴联苯醚等。

此外，还有硫化促进剂、增白剂等。

有机硅混炼胶的配方设计和调整是硅橡胶制造程序中的重要一环，其设计原则与普通橡胶配方设计相同。即要对品种性能要求、使用条件有充分正确的认识，贯彻"质量第一"的原则；既要从产品整体着眼，对品牌、型号进行系统设计，又要兼顾特殊要求，满足使用的特殊性；要贯彻节约原材料降低成本的要求，以提高产品的竞争力；要注意市场优先的原则，根据市场变化，及时调整配方和品种，以占领尽可能多的市场份额。表 6.12 是一类常用加成型高温硫化模压硅橡胶配方，根据白炭黑加入量不同，产品硬度范围可以是邵氏 A50～80。

■表 6.12　常用加成型高温硫化模压硅橡胶配方

硅橡胶组分	配比（质量份）
生胶（110）	100
白炭黑（沉淀法）	40～75
羟基硅油	2.5～6.5
含氢硅油	0.5～1.0
多乙烯基硅油（C胶）	0.5～2.0
内脱模剂	0.2～0.4

6.2.3.3 硅混炼胶生产工艺及设备

硅橡胶的混炼可采用双辊筒开炼机炼制或采用真空捏合机密炼。采用开炼机时，物料按配方称量好，先将生胶包辊，然后逐步加入白炭黑和辅料，辊筒要保持一定的温度，以增加"吃粉"速度。通过"一车一车"的方式将物料混炼好，停放24h后再进行返炼，最后成为可供加工制品的硅混炼胶。采用开炼工艺，劳动强度大，生产效率低，环境污染较严重。

采用密炼工艺制造混炼胶时，先按配方单称量好各组分物料，在普通捏合机中进行配料操作，生胶一次性加入，填料和辅料按工艺配方要求分多次加入，然后开机捏合，达到初步混炼的目的，物料呈润湿性团块后可出料。然后采用真空捏合机进行密炼。捏合机种两只 Z 型搅拌叶通过相互反方向旋转对胶料进行剪切作用，逐步混炼均匀。真空捏合时，物料逐步升温至170~180℃，系统内真空度可控制在−0.05~−0.08MPa 范围之内。抽真空的目的是抽出物料中的水分和低分子化合物，使胶料性能提高和稳定。真空捏合时的升温速度、真空度、捏合时间和出料温度都是重要的工艺参数，要严格掌握和合理调整，以保障混炼胶产品的高质量。采用真空密炼制造混炼胶，生产效率高，粉尘飞扬少，产品质量稳定，是目前生产混炼胶的主要方法。

经真空捏合的胶料，需再经冷却、停放，然后在开炼机上进行返炼和薄道，使胶料更加均匀一致，无气泡、无毛边，经滤胶机采用200~300目不锈钢网过滤，滤去各种杂质，才能成为混炼胶成品，包装入库。

6.2.3.4 影响硅混炼胶性能的因素

(1) 脱模性 脱模性好坏是硅混炼胶在模压加工中的重要性能，如脱模性差，容易造成废品，降低劳动生产率，污染模具，提高成本。胶料黏模或吸模的原因之一是胶料中的羟基与模具金属表面的羟基在高温下发生化学反应；另一原因是胶料中低分子较多，反应基因较多，而内部又未充分交联。改善脱模性的措施除了添加内脱模剂等配合剂外，还需注意控制羟基硅油的加入量，改善生胶的质量，减少生胶中羟基和低聚物的含量，同时注意加强真空密炼，适当延长密炼时间，减少混炼胶中低分子含量。

(2) 黄变性 胶料在制作透明或半透明产品时，有时会出现黄变。特别是二次硫化以后，黄变现象更明显。产生黄变的原因之一是白炭黑可能含有杂质，在高温下经氧化而黄变；二是生胶中残存的三甲胺氧化成带色基因；三是过氧化物分解也可能产生黄色物质。为了克服黄变，要注意选择不易黄变的白炭黑品种，在混炼胶配方加入含氢硅油等抗黄剂，同时要注意改进生胶的质量，脱出的低分子不宜反复使用。最后还可以使用抗黄硫化剂来起到抗黄作用。

(3) 加工性和贮存稳定性 混炼胶作为商品出售，其贮存稳定性十分重要。超过这个期限就会出现结构化现象，使加工性能变差。如前文所述，产生结构化的主要原因是胶料中的白炭黑表面羟基所致。因此，研究结构控制剂的结构和加入量是改进混炼胶贮存期的重要内容；同时，加强密炼工艺、延长真空密炼时间、提高返炼效果都是改进贮存稳定性的主要措施。

（4）气泡问题 挤管胶是混炼胶中的一个重要品牌。但如果把握不好，在挤管加工过程中产品中会产生气泡。产生气泡的主要原因之一是采用沉淀法白炭黑为补强填料，其本身含水量高（5%～8%），在生产中不易除净，而且制成混炼胶后又容易吸水；二是胶料在返炼过程中带入潮湿空气；三是胶料在挤出过程中带入的空气未及时排出。解决挤管胶的气泡问题（特别是冬天易出现），需采取多种措施，如采用一些特种结构控制剂，使其能更好地与白炭黑中的羟基发生反应；同时加强密炼工艺，尽量从胶料中抽走水分和低分子物；适当提高胶料的塑性值，使它在加工时能更好地排出气泡。

6.2.4 高温硅橡胶的硫化成型和应用

6.2.4.1 高温硅橡胶的硫化成型

高温硅橡胶的硫化工艺一般分为两个阶段，即一段硫化和二段硫化。一段硫化又称为定型硫化，其硫化方式、温度与时间根据采取的成型工序、混炼胶的类型、硫化制品的厚度而定。模压制品一般在平板硫化机上成型，硫化温度与时间分别为150～180℃与10～30min。挤出、压延、涂胶、黏合的硅橡胶预制品可采用硫化道或硫化罐，蒸汽和热空气加热硫化，即成型与交联分开进行。二段硫化又称后硫化，其目的是为了除去残留在制品中的易挥发物或有害挥发物，完善交联，使硫化胶的物理机械性能得以稳定。经二段硫化后的硅橡胶制品具有良好的压缩永久变形、介电性能以及稳定的物理机械性能。二段硫化在鼓风高温恒温箱内进行，温度为180～200℃，时间为2～8h。

使用不同的成型方法硅橡胶混炼胶可以做成各种模压制品（如各种胶板、垫圈、垫片等）、挤出制品（各种胶管、胶绳、胶条、电线包皮等）、胶布制品（如自黏布、隔离布等）。

模压成型法是橡胶制品生产中沿用较久的定型和硫化同时完成的一种方法。首先根据制品的形状、大小、性能、使用等要求，设计制作所需模具，将适量的混炼胶坯料放入模腔中，在平板硫化机上进行加压加热成型。压力的设定应根据混炼硅橡胶的可塑度、模具的结构、制品的投影面积等而定，一般为3～10MPa。模压制品的质量好坏在很大程度上与模具设计制品的精度有关。使用不同的模具便可模压成各种各样的硅橡胶制品，如衬垫、垫圈、O形圈、硅橡胶按键等。

挤出成型法也称压出成型法。混炼硅橡胶在挤出机螺杆旋转产生的压力作用下通过一定形状的口模挤出，连续成型为硅橡胶预制品。采用挤出成型工艺，可制取形状连续的电缆、胶管、胶绳、自黏性胶带和异型胶条等硅橡胶制品。不同形状的挤出制品可通过更换挤出机的口模来实现。

硅橡胶混炼胶的压延成型借助压延机进行。可以将硅橡胶混炼胶压延成硅橡胶薄膜，也可以与玻璃纤维或合成纤维布衬垫复合压延成玻璃纤维胶布或合成纤维胶布等。

硅橡胶混炼胶可溶于有机溶剂（如汽油、甲苯、二甲苯、乙酸丁酯等）中制成胶浆作涂料进行涂胶用。如制作具有耐热、防潮、介电性能好等性能的涂胶玻璃布等。

表面经处理后的许多基材（如金属、塑料、橡胶、陶瓷、玻璃等）均能与硅橡胶黏合，形成在基材表面黏合上硅橡胶的制品。在这种情况下，基材表面的处理多使用硅烷偶联剂。

6.2.4.2 高温硅橡胶的应用

高温硫化硅橡胶具有普通橡胶所不具备的许多独特而优异的性能，作为一类特种合成橡胶，它已在航空航天、国际军工、电子电气、机械制造、建筑建材、石油化工、医疗卫生、日常生活等国民经济各个领域得到了广泛的应用。高温硫化硅橡胶的应用制品主要包括模压制品（如各种胶板、垫圈、垫片、薄膜、胶辊、电子电器的按键，用于特种场合的各种模具橡胶制品等），挤出制品（如各种胶管、胶绳、型材、电线电缆包皮、胶条等），胶布制品（如密封垫、膜片、自黏布、隔离布等）。

高温硫化硅橡胶在航空航天领域的应用如运载火箭、航天飞机、宇宙飞船、卫星等，它们在恶劣、复杂、条件十分苛刻的空间环境中运行，因此要求所用材料必须能长期耐超高低温（-75～200℃）、耐臭氧、耐辐射、耐老化、阻燃等。所以只有硅橡胶才能胜任。在该领域中具体所用到的硅橡胶制品有各种胶管、密封垫圈、垫片、皮碗、活门、防震件、热空气导管、开关护套、氧气面罩、防火隔板、仪器仪表的软管、缓冲垫、电线、电缆、插头、插座、开关按钮等。

高温硫化硅橡胶是电线电缆工业中理想的绝缘材料。高温硫化硅橡胶耐高温、耐臭氧、耐候、电气性能优异；当其燃烧分解时生成的二氧化硅残渣仍起绝缘作用；它还有良好的导热性，能快速排除由电流负载所产生的热量；它的耐电弧性能十分优异，在电晕放电情况下可连续使用1000h，而一般有机橡胶绝缘电缆只能使用30min。因此，高温硫化硅橡胶所应用的电线电缆主要有电力电缆、船舶电缆、加热电缆、点火电缆、原子能装置电缆、航空电线等。在高压绝缘线路应用的硅橡胶中，加入氢氧化铝填料可提高硅橡胶的耐漏电起痕、耐电蚀损、耐电弧等性能。

高温硫化硅橡胶耐高低温，电气特性优异，而且在很大的温度区间和电频率范围内，其性能基本保持不变。所以它是电子工业中的首选橡胶材料。应用高温硫化硅橡胶制品，可以保证电子电器的性能稳定、安全可靠。应用产品有电缆绝缘层、电器插接件、电器密封减震件、耐高温电位器密封圈等。加入导电填料（如炭黑、金属粉末等）的导电高温硫化硅橡胶可作为导电连接件（电子计算机、遥控系统、电动玩具和电话机等的按钮、电子手表的导电连接片等），性能稳定，显示数字准确；导电硅橡胶制品还广泛应用于微波烘炉、传真机、无引线集成线路。电视机上也使用了很多硅橡胶制品，电视机的高压帽就是由硅橡胶做成的。

汽车在发动机、变速器附近的衬套、软垫、皮带、保护罩、盖帽、密封圈等橡胶制品需要耐 175℃ 的温度，而有些地方更需要耐 300℃ 以上的高温。在这样的场合，一般的有机橡胶已不适用，需要用硅橡胶。硅橡胶在密封高温炉、低温冷藏箱结构部件、金属加工的热制品输送带、热胶辊等方面也被采用。

高温硫化硅橡胶无毒、生物相容性好，而且具有较好的物理机械性能，高温消毒而不受损，所以它在医疗卫生领域得到越来越广泛的应用。如输血管、各种插管、胸腔引流管、整容与修复材料、人造皮肤、埋植介入材料、药物缓释体系、生物传感器等。也可以做各种人体器官，如人工喉、人工肺、视网膜植入物、人工心脏球形二尖瓣、食道、气管、人工关节、假肢等，放在人体内，能够发挥器官的功能。如切除喉头的患者用上人工喉头中，能迅速恢复说话、饮食和呼吸等功能，无异常现象发生。硅橡胶在医疗卫生领域的应用可归纳为以下几类：长期留置于人体内的器官或组织代用品；短期留置与人体内的医疗器械；整容医疗器械；药物缓释体系；体外用品。

用高温硫化硅橡胶做成的硅橡胶薄膜的透气性很好，其透气性是一般高聚物薄膜（如聚乙烯、聚氯乙烯、聚四氟乙烯等）的几十倍，甚至几百倍。同时硅橡胶薄膜又具有很好的选择透气性，如 CO_2 的扩散系数是 O_2 的 6～7 倍。借此可以制成各种规格硅橡胶薄膜调气窗，用于蔬菜、水果、食品的保鲜袋或储藏室，制造混合气体分离装置等。硅橡胶在制造印刷复印机胶辊、高压锅垫圈等出访用具的密封件及垫圈、垫片等方面也有应用。

>>>>>>>>>

6.3 液体硅橡胶

液体硅橡胶是相对混炼型半固态高黏度硅橡胶和常见室温硫化单组分硅胶而言的一类黏度较小的有机硅橡胶。图 6.3 比较了液体硅橡胶和高黏度硅橡胶的剪切黏度。在剪切速率低于 $0.1\ s^{-1}$ 以下，高黏度硅橡胶表现为牛顿液体。而剪切速率对液体硅橡胶黏度的影响却很大。并且在低剪切速率下，液体硅橡胶的黏度受温度影响较小，说明这时填料之间的作用力占主导。对于高黏度硅橡胶而言，由于其本身的黏度就很大，所以填料之间的作用力对它黏度的影响更大，在储存过程中会出现结构化现象。

所有的液体硅橡胶都是加成硫化型。这类胶不仅流动性好，而且还具有硫化快等特点。液态硅橡胶可以常温固化，也可以高温固化，其高温固化可以在数秒钟内完成。液体硅橡胶一般用于浇注成型、注射成型和织物涂层等领域。

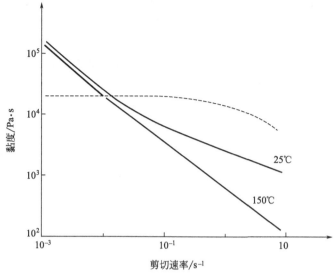

图 6.3 液体硅橡胶（实线）和高黏度硅橡胶
（虚线）的黏度和剪切速率的关系

6.3.1 液体硅橡胶的组成和硫化

液体硅橡胶的生胶通常为乙烯基封端的聚二甲基硅氧烷，其分子结构如下：

$$H_2C=HC-\underset{CH_3}{\overset{CH_3}{Si}}-O-\underset{CH_3}{\overset{CH_3}{Si}}-O-\underset{CH_3}{\overset{CH_3}{Si}}-CH=CH_2$$

n 为聚合度，一般为 150～2000。它是通过 D_4 和 1,3-二乙烯基-1,1,3,3-四甲基二硅氧烷通过催化平衡聚合得到的。

液体硅橡胶的硫化是通过甲基乙烯基生胶和含至少三个硅氢基以上的含氢硅油（交联剂）的催化硅氢加成来实现。为了达到最好的固化效果，硅氢基团对乙烯基的摩尔比一般是 1.5～2。液体硅橡胶是混合比为 1∶1 的双组分橡胶。A 组分为硅生胶、填料、催化剂和抑制剂，而 B 组分则含有硅生胶、填料、交联剂和抑制剂。

液体硅橡胶很多使用较为高效的铂络合物 Pt(0)·1.5[CH$_2$＝CH(CH$_3$)$_2$Si]$_2$O（Karsted 催化剂）和 Pt(0)·1.5[CH$_2$＝CH(CH$_3$)SiO]$_4$（Oshby-Karsted 催化剂）为催化剂，铂的含量在 (5～10)×10^{-6} 之间。为了确保液体硅橡胶有一定的贮存稳定期和控制其硫化时间，抑制剂是一种不可缺少的组成物。很多不饱和有机化合物可以用来作为液体硅橡胶的硫化抑制剂，比如马来酸酯、富马酸酯、炔类化合物如丁炔二酸酯、3-甲基-1-丁炔-3-醇、1-乙炔基环己醇、3-苯基-1-丁炔-3-醇、3，5-丙基-1-辛炔-3-醇等，还有含氮、含磷和含硫化合物如偶氮二羰基和三唑啉二酮衍生物、氧化胺、膦、亚磷酸酯、亚砜等。

以前一直认为，抑制剂是通过络合金属来抑制硅氢反应，而在硫化条件下又能释放出有效催化剂。最近的研究表明，所有目前使用的抑制剂不是通过络合金属来抑制硫化反应，而是造成相分离，并形成微液滴把催化剂和底物隔开。

对于液体硅橡胶来说，催化剂加在 A 组分中，而 A 和 B 组分中都含有抑制剂。重要的是，催化剂和抑制剂的含量应该使液体硅橡胶在常温下几乎无硫化反应，而在高温下的硫化速度却很快。图 6.4 和图 6.5 中显示的是一种典型液体硅橡胶在不同温度下的硫化特性。可以看到，当 A 和 B 两组分在室温混合后，要过 70～100h 后才能有明显的硫化度。在 -20℃ 时，可以认为无任何硫化反应迹象。而 180℃ 时，硫化反应可在几十秒钟内完成。

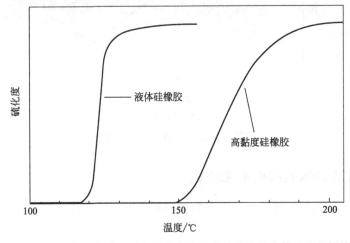

图 6.4　加成型液体硅橡胶和过氧化物型高黏度硅橡胶的非等温硫化性能比较

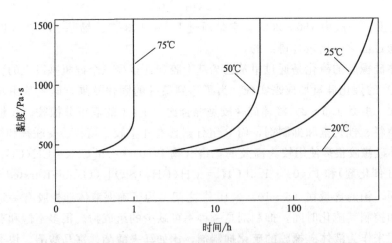

图 6.5　一种液体硅橡胶的黏度在不同温度下和硫化时间的关系

如果作为补强填料的白炭黑的表面硅羟基都被三烷基硅氧基取代，那它对有机硅生胶的增稠效应会大大减弱，所以液体硅橡胶可以用这种白炭黑来进行补强。另外，白炭黑的表面改性基团中可以加入乙烯基，如使用 1,3-二乙烯基-1,1,3,3-四甲基二硅氮烷来改性。含乙烯基的白炭黑通过参与交联反应，可以进一步提高其补强效果。另外，在液体硅橡胶中还常使用 MQ 硅树脂来补强。MQ 硅树脂是由单官能度 M 链节（$R_3SiO_{0.5}$）与四官能度 Q 链节（$SiO_{4\times0.5}$）构成的有机硅树脂，其分子的内层为笼状的无机 SiO_2 结构，而外层则被有机基团所包围。MQ 硅树脂的分子量可以通过 M 和 Q 的链节的摩尔比来调节。Q 链节越多，其分子量也就越大，但它在有机溶剂或硅生胶中的溶解度也就越差。用该树脂作为加成型液体硅橡胶的补强填料不仅有很好的补强效果，而且还能使胶料具有很好的流动性及极佳的透明度，特别适合用于配制灌封材料等。加成型液体硅橡胶所用的 MQ 硅树脂有含乙烯基的，也有含 Si—H 键的。这些功能基团一般占所有有机基团总量的 2.5%～10%（摩尔分数）。

MQ 硅树脂的制备方法分为水玻璃法和硅酸酯法两种。两种方法各有优缺点。水玻璃法是由单官能度硅氧链节组成的有机二硅氧烷与亚硅酸盐的水溶液（水玻璃）在醇酸介质中反应制取（式 6.5）。该方法工艺简单，成本较低，易于制取低 M/Q 比的树脂。

$$R_3SiOSiR_3 + 2Na_2SiO_3 + 4HCl \xrightarrow{C_2H_5OH} 2R_3SiO_{0.5} \cdot SiO_2 + 4NaCl + 2H_2O$$

(6.5)

而硅酸酯法是由有机二硅氧烷与四官能度的正硅酸酯在醇酸介质中平衡化反应制取（式 6.6）。这种方法具有 M/Q 比易控制和分子量分布较窄等特点。

$$R_3SiOSiR_3 + 2Si(OC_2H_5)_4 + 2H_2O \xrightarrow[H^+]{C_2H_5OH} 2R_3SiO_{0.5} \cdot SiO_2 + 4C_2H_5OH$$

(6.6)

6.3.2 液体硅橡胶的硫化成型

液体硅橡胶大都用于浇注成型、注射成型和织物涂层等领域。液体硅橡胶黏度很低，其注射速度比高黏度高温胶快得多，而且流动路径长，适合生产复杂形状的制件。液体硅橡胶的固化速度快，所以每个注射周期可得到的制件数目也较多（目前每次注射最多能得到 256 个成品）。但所有这些对模具设计要求都非常高，比如使空气能很容易被排出是设计模具时应当特别注意的一点。液体硅橡胶不能用普通的用于高黏度硅橡胶的注塑机来加工，而是需要液体注射成型（liquid injection-moulding，LIM）注塑机。图 6.6 显示的是一种注射成型注塑机，它包括进料和注塑两部分。进料系统中除了 A 和 B 两组分的送料泵外，因为部分制品为有色设计，所以还配有颜料泵组及计量部分。液体硅橡胶的 A 和 B 两组分（1:1 的比例）和其它添加剂在混合机中充分混合后，进入包括冷流道和热模具的注塑系统中。液体硅橡胶每个组分的黏度都不太低，但在剪切作用下，黏度急剧下降。当注射入冷流道喷嘴时，硅橡胶呈糖浆状液体，所以可以用锁模力较小（80～100t）的注塑机。

但在生产表面积大的大型制件时，有时候也会需要 400t 的锁模力。

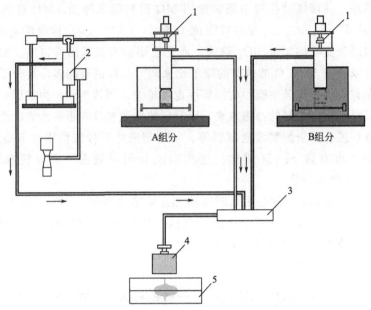

图 6.6　液体硅橡胶的注射成型注塑机

1—A 和 B 组分的配量装置；2—其它组分如颜料的配量装置；

3—混合装置；4—冷流道；5—热模具

在进入热模具之前，胶料应一直保持较低温度。冷流道可以看作是分配器，利用它把胶料通过冷喷嘴注射到热母模具中。在模具温度 170~220℃ 下，硅橡胶发生固化反应。特别值得注意的是流道要足够冷，而且为了避免漏胶，热母模具的喷嘴口可以安装个针阀。当射胶完毕后，针阀可以立即封闭喷嘴。

6.3.3　液体硅橡胶的品种和应用

液体硅橡胶进入市场已经超过 40 年，它的产量还在以每年 10% 左右的速度递增。由于其硫化速度快、生产自动化程度高和无废料生产等众多优点，它在很多领域有取代高黏度高温硫化硅橡胶和室温硫化硅橡胶的趋势。在最近 20 年的时间里，液体硅橡胶的主要创新方向是加快其硫化速度和增加产品品种。比较新的品种包括高撕裂强度、无后处理、耐热、抗冷却剂、自润滑、耐油、自黏、导电（抗静电）和阻燃等液体硅橡胶。

6.4 室温硫化硅橡胶

室温硫化硅橡胶，简称室温胶，是 20 世纪 60 年代问世的一种有机硅弹性体。这种橡胶最显著的特点是在室温下无须加热、加压即可固化，使用极其方便，因此一问世就得到迅速发展。和高温胶一样，室温硫化硅橡胶也是由基础胶、补强填料、交联剂、催化剂和其它添加剂组成。作为基础胶的聚合物的分子量大大低于用以制造高温胶的聚合物的分子量。根据配方的不同，室温胶硫化可以通过活性基团的缩合/分解或加成反应来进行。按硫化反应机理室温胶可分为缩合型和加成型两种，而按包装贮存形式又可分为单组分和双组分两种。单组分室温硫化硅橡胶是缩合型的，而双组分室温胶有缩合型和加成型两种。

6.4.1 单组分室温硫化硅橡胶

单组分室温硫化硅橡胶是以低分子量的羟基封端聚有机硅氧烷为基础胶，并配以填料（和高温胶一样有白炭黑、碳酸钙、钛白粉等）、交联剂、催化剂和其它添加剂。在无水条件下把所有成分混合均匀，然后包装在密闭容器中，使用时取出，借助空气中的水分发生缩合反应，从而形成交联弹性体。这种缩合硫化体系的特点包括恒温反应、释放出可挥发低分子化合物、在水分不够时硫化会受到抑制等。根据交联体系的不同，单组分室温胶分为脱羧酸型、脱肟型、脱醇型、脱酰胺型、脱胺型、脱丙酮型和脱羟胺型等型号。不同的型号的室温胶有不同的性能特征和用途。

6.4.1.1 基础胶

单组分室温硫化硅橡胶中的基础胶的分子结构为：

$$\text{HO}\!-\!\underset{\underset{\text{CH}_3}{|}}{\overset{\overset{\text{CH}_3}{|}}{\text{Si}}}\!-\!\text{O}\!\!\left(\!\!-\!\underset{\underset{\text{CH}_3}{|}}{\overset{\overset{\text{CH}_3}{|}}{\text{Si}}}\!-\!\text{O}\!-\!\!\right)_{\!n}\!\!\left(\!\!-\!\underset{\underset{\text{R}}{|}}{\overset{\overset{\text{CH}_3}{|}}{\text{Si}}}\!-\!\text{O}\!-\!\!\right)_{\!m}\!\!-\!\underset{\underset{\text{CH}_3}{|}}{\overset{\overset{\text{CH}_3}{|}}{\text{Si}}}\!-\!\text{OH}$$

式中 $R=CH_3$、C_2H_5、$CF_3CH_2CH_2$、C_6H_5 等。最常见的基础胶为羟基封端聚二甲基硅氧烷（$R=CH_3$），它在国内通常被称为 107 胶。

室温胶的基础胶可以通过二甲基二氯硅烷的水解物缩合得到，而更常见的则是采用有机环硅氧烷在催化剂存在下开环平衡聚合来制备。开环聚合反应可采用酸性催化剂（硫酸、盐酸、磷酸和路易斯酸等），也可以用碱性催化剂（KOH、四甲基氢氧化铵等）。采用酸作为催化剂时，在反应结束后除酸过程操作烦琐，且不易把酸除尽，所以用之配制的产品稳定性较差。为了克服这个缺点，可使用固体酸催化剂，如酸性白土法、大孔强酸型阳离子交换树脂、磺化聚乙烯、硫酸处理的炭黑等。从而在反应完成后，通过过滤就可除去催化剂，工艺简单，操作方便。而在工业中使用更多的是碱性催化剂。反应后，KOH 需要中和，而四甲基氢氧化铵可在150~180℃下加热 0.5h 后即可被除去。

在聚合反应过程后，聚合物的分子量可通过加入水的量来调节。而所得产物中会含有 12%~18%的环硅氧烷，其可通过减压蒸发除去。

107 胶的分子量和分子量分布可以用凝胶色谱法来测量。它的数均分子量 M_n

也可以通过测量其端羟基含量来获得，主要方法是通过金属钠和硅羟基反应产生氢气，然后通过气相色谱分析法得到。

6.4.1.2 交联剂和硫化机理

缩合型单组分室温硫化硅橡胶的交联剂是含多个易水解基团的硅烷化合物，通式为 $R_{4-n}SiY_n$，其中 R 为烷基，Y 为易水解基团，而 $n=3$ 或 4。不同的 Y 基团形成不同的交联体系（表 6.13）。最常用的交联剂中的 R 为甲基，$n=3$，这种交联剂的结晶温度比四官能度交联剂的低，而且易于与基础胶共混。

■表 6.13　缩合型单组分室温硫化硅橡胶的种类

缩合型单组分室温胶种类	交联剂	缩合副产物
脱羧酸型	$R_{4-n}Si(OCOR^1)_n$	R^1COOH
脱肟型	$R_{4-n}Si[ON=C(R^1R^2)_2]_n$	$(R^1R^2)_2C=NOH$
脱醇型	$R_{4-n}Si(OR^1)_n$	R^1OH
脱酰胺型	$R_{4-n}Si(NR^1COR^2)_n$	R^2CONR^1H
脱胺型	$R_{4-n}Si(NR^1R^2)_n$	R^2R^1NH
脱羟胺型	$R_{4-n}Si(ONR^1R^2)_n$	R^2R^1NOH
脱丙酮型	$R_{4-n}Si[OC(CH_3)=CH_2]_n$	CH_3COCH_3

脱羧酸型室温胶最常用的交联剂是 $CH_3Si(OCOCH_3)_3$，它的合成已在第 3 章中有过介绍。脱肟型室温胶最常用的交联剂是 $CH_3Si[ON=C(CH_3)_2]_3$，它是由甲基三氯硅烷与丙酮肟反应制得。而脱醇型室温胶通常用 $CH_3Si(OCH_3)_3$ 或 $CH_3Si(OC_2H_5)_3$ 来交联。

脱酰胺型室温胶最常用的交联剂是 $CH_3Si[N(CH_3)COCH_3]_3$。它的制备方法较为特殊，是先将金属钠和 N-甲基乙酰胺反应，生成 N-甲基乙酰胺钠，然后再让它和甲基三氯硅烷反应得到。脱胺型室温胶较为常用的交联剂是 $CH_3Si(HNC_6H_{11})_3$，它由甲基三氯硅烷和环己胺反应制取。脱羟胺型的典型交联剂 $CH_3Si[ON(C_2H_5)_2]_3$ 则是通过甲基三氯硅烷和二乙基羟胺反应得到。脱丙酮型室温胶的常用交联剂是 $CH_3Si[OC(CH_3)=CH_2]_3$，它是由丙酮和甲基三氯硅烷在氯化锌和三乙基胺存在的条件下反应得到。

在单组分室温硫化硅橡胶中，首先是让羟基封端聚二甲基硅氧烷和过量交联剂反应，形成交联剂封端聚二甲基硅氧烷（式 6.7）。这个化合物在密闭条件下很稳定，能较长期保存。而当其接触大气中的水分后，可水解官能团则迅速水解，生成硅醇基团（式 6.8）。然后硅醇和可水解基团或硅醇和硅醇之间发生缩合反应（式 6.9），从而使硅橡胶固化交联，形成三维网状结构。

$$\underset{CH_3}{\overset{CH_3}{HO-Si-O}}\left(\underset{CH_3}{\overset{CH_3}{Si-O}}\right)_n\underset{CH_3}{\overset{CH_3}{Si-OH}} + 2CH_3Si(OCOCH_3)_3 \xrightarrow{-2CH_3COOH} \underset{OCOCH_3}{\overset{CH_3}{H_3COCO-Si-O}}\left(\underset{CH_3}{\overset{CH_3}{Si-O}}\right)_{n+2}\underset{OCOCH_3}{\overset{CH_3}{Si-OCOCH_3}}$$

$$(6.7)$$

$$\text{~~Si} \begin{matrix} \text{CH}_3 \\ | \\ -\text{OCOCH}_3 \\ | \\ \text{OCOCH}_3 \end{matrix} \xrightarrow[-\text{CH}_3\text{COOH}]{\text{H}_2\text{O}} \text{~~Si} \begin{matrix} \text{CH}_3 \\ | \\ -\text{OH} \\ | \\ \text{OCOCH}_3 \end{matrix} \qquad (6.8)$$

$$(6.9)$$

单组分室温硫化硅橡胶的固化速度与交联剂的水解反应活性有很大关系。各种交联剂的反应活性顺序大致如下：脱丙酮型＞脱酰胺型＞脱醇型＞脱肟型＞脱醇型。

表 6.14 中列出了几种常用交联剂的水解活性。

■表 6.14　单组分室温硫化硅橡胶常用交联剂的水解活性

交联剂结构式	水解反应常数 $k/(℃/s)$
$\text{CH}_3\text{Si}(\text{OCOCH}_3)_3$	1.14
$\text{CH}_2\!=\!\text{CHSi}(\text{OCOCH}_3)_3$	1.43
$\text{CH}_3\text{Si}[\text{ON}\!=\!\text{C}(\text{CH}_3)\text{C}_2\text{H}_5]_3$	0.16
$\text{CH}_2\!=\!\text{CHSi}[\text{ON}\!=\!\text{C}(\text{CH}_3)\text{C}_2\text{H}_5]_3$	0.55
$\text{CH}_3\text{Si}(\text{OCH}_3)_3$	0.013
$\text{CH}_2\!=\!\text{CHSi}(\text{OCH}_3)_3$	0.013
$\text{CH}_3\text{Si}[\text{OC}(\text{CH}_3)\!=\!\text{CH}_2]_3$	4.44
$\text{CH}_2\!=\!\text{CHSi}[\text{OC}(\text{CH}_3)\!=\!\text{CH}_2]_3$	5.55

交联剂的水解反应活性与配制的室温硫化硅橡胶的表干时间有关，而表干时间往往是室温胶产品的一个重要指标。

除此之外，单组分室温硫化硅橡胶只有接触水分才会产生固化交联，所以硫化时间也取决于温度、湿度和硅橡胶层的厚度。提高环境的温度和湿度，都能使硫化过程加快。单组分室温硫化硅橡胶的硫化反应是从表面逐渐往胶层内部进行的，胶层越厚，固化也就越慢。当内部也需要快速固化时，可采用分层浇灌逐步硫化法，每次可加一些胶料，等硫化后再加料，这样可以减少总的硫化时间。添加氧化镁可加速深层胶的硫化。

6.4.1.3　各种单组分室温硫化硅橡胶的配方和特点

基础胶和交联剂是单组分室温胶中最主要的成分。交联剂和羟基封端聚硅氧烷的比例很重要，它影响到橡胶的交联程度和各种性能。一般来讲，交联剂的可水解官能团度与聚硅氧烷中的硅醇基的量的比在 5～8 的范围内，所以体系中多余的活性基团多，与很多基材黏结性好，单组分室温胶常被作为黏结剂或密封胶。除此基础胶和交联剂之外，单组分室温胶还含有补强填料（一般为白炭黑）、催化剂和其它添加剂如颜料、耐热添加剂、增塑剂、除水剂、防霉剂等。

单组分室温硫化硅橡胶的配制通常需先将基础胶、填料、颜料和其他添加剂在炼胶机或三辊机上混合成膏状物或黏稠液体，并进行干燥处理。然后在完全隔绝空气中湿气的条件下冷却，加入交联体系（交联剂或交联剂和催化剂），充分混匀，通常还会使混合物以薄层形式经过真空室用来排出产品中的气体，然后封装入一个密闭的容器中贮存。使用时从容器中取出，接触空气中水汽，室温下即可固化。单组分室温硫化硅橡胶的包装普遍采用金属软管、塑料封筒和金属封筒。

上面的过程根据企业的条件及产品种类生产量的大小可由不同设备组来完成，目前生产上普遍采用的有行星式搅拌器生产线、双螺杆挤出机生产线和静态混合器生产线等。

表 6.15 中是几种较为常见的单组分室温硫化硅橡胶的优缺点比较。脱酸型是历史最悠久、也是目前价格最低廉的一种单组分室温硫化硅橡胶。它使用广泛，最主要的缺点是其固化过程的副产物醋酸有刺激性气味，并对金属有腐蚀性，而且不适合水泥制件的黏结（因醋酸与硅酸盐的作用，橡胶与混凝土之间形成一层白垩土层而失去粘接力）。脱酸型室温胶，可以不加催化剂，但为了更快的固化，常加有机锡化合物。脱肟型从各方面来看是综合性能最好的制品，所以现在使用最多。但因为既有独特的臭味，又对铜有腐蚀性，因而其应用受到一定的限制。脱肟型室温胶中通常要加入少量催化剂，比如有机锡化合物（二月桂酸二丁基锡、辛酸亚锡等）等。这种硅橡胶粘接性一般，因此配方中须加入硅烷偶联剂 $(RO)_3 SiC_3 H_6 X$（X 可以是$-NH_2$、$-NHCH_2 CH_2 NH_2$，$-OCH_2 CH-CH_2$ 等）作为增黏剂。

$$-OCH_2CH\underset{\displaystyle O}{-}CH_2$$

■表 6.15　各种单组分室温硫化硅橡胶的性能比较

单组分室温胶种类	优　点	缺　点
脱羧酸型	强度高，粘接性优良，透明性高，硫化快	副产品醋酸有刺激性气味，并对金属有腐蚀性
脱肟型	几乎无臭味，粘接性一般	副产品肟会腐蚀铜类金属，同时还侵蚀部分塑料
脱醇型	无臭味，也无腐蚀性	硫化速度慢，难保存
脱胺型	不侵蚀碱性材料	有独特的胺的臭味，腐蚀铜
脱丙酮型	无臭，无腐蚀性，硫化快	合成工艺复杂，成本高
脱酰胺型	硫化快，粘接性良好，硫化弹性体模量低，相对伸长率高	强度低
脱羟胺型	硫化快，粘接性良好，硫化弹性体模量低	强度低

脱醇型室温胶主要用于电气绝缘方面，但与其它类型相比，其硫化速度太慢。加入适量的催化剂可解决固化速度慢得问题，常用的有有机锡化合物、钛酸酯及其螯合物、胺类化合物（如二乙胺和 N-甲基咪唑）和亚砜类化合物（如二甲亚砜）。脱醇型室温胶的贮存稳定性差主要是由于交联剂活性较低，使体系中有硅醇基团的存在，造成体系交联，所以除去硅醇基可提高胶料的贮存稳定性。常用的硅醇清除

剂为六甲基二硅氮烷。

脱丙酮型室温胶的硫化速度快，最适于作电气绝缘之用。其硫化也须用催化剂，如钛酸酯、含胩基硅烷等。脱胺型和脱羟胺型室温胶主要可用作建筑密封胶，而脱酰胺型硫化弹性体模量低，大多用于移动范围大的接缝密封。这几类室温胶固化速度快，一般不用催化剂。

各种交联剂也可以混合使用，可以达到集各种型号的特点为一体的目的，从而开拓了单组分室温硫化硅橡胶新品种，扩大了应用范围。

在这里我们举几个单组分室温硫化硅橡胶的配方例子。

（1）高模量的脱乙酸型单组分室温硫化硅橡胶配方 高模量胶用于不产生运动，要求黏结牢固的地方。

组成	用量/%
107胶	80～85
气相法白炭黑	6～10
三乙酰氧基硅烷（交联剂）	5～7
有机锡催化剂	0.05～0.1

该配方室温胶的典型性能如下：

结皮时间/min	5～7
指触干燥时间/min	10～20
硬度（邵氏A）	25～35
拉伸强度/MPa	1.2～2.0
伸长率/%	200～400
100%伸长时的模量/MPa	0.5～0.86
撕裂强度/(kN/m)	6～12

（2）中模量的脱肟型单组分室温硫化硅橡胶配方。

组成	用量/%
107胶	60～80
有机硅增塑剂	5～20
气相法白炭黑	2～6
碳酸钙	20～30
三酮肟基硅烷（交联剂）	5～7
有机锡催化剂	0.05～0.1

该配方室温胶的典型性能如下：

结皮时间/min	20～30
指触干燥时间/min	30～60
硬度（邵氏A）	20～30
拉伸强度/MPa	0.86～1.4
伸长率/%	400～700

（3）低模量脱酰胺型单组分室温硫化硅橡胶配方，该配方可作为嵌缝用密封胶。

组成	用量/%
107胶	46.0
碳酸钙	50.3
三羟氨基硅烷（交联剂）	0.7
二甲基二-N-甲基乙酰氧基硅烷（链增长剂）	3.0

该配方室温胶的性能如下：

结皮时间/min	50～60
指触干燥时间/min	10～15
硬度（邵氏A）	15
拉伸强度/MPa	0.6～0.8
伸长率/%	＞1000
100%伸长时的模量/MPa	0.14～0.17
撕裂强度/(kN/m)	3.5～4.4

6.4.2 缩合型双组分室温硫化硅橡胶

缩合型双组分室温硫化硅橡胶的生胶通常也是羟基封端的聚硅氧烷，但其硫化反应不是靠空气中的水分，而是靠催化剂来进行引发。胶料分为两部分包装储存，其分装形式有三种（表6.16），最主要是把催化剂和交链剂分开包装。无论采用何种包装方式，只有当两种组分完全混合一起时才开始发生固化。

■表6.16 缩合型双组分室温硫化硅橡胶的分装形式

分装形式	A组分	B组分
1	硅生胶、填料、交链剂	催化剂
2	硅生胶、填料	交链剂、催化剂
3	硅生胶、填料、交链剂	硅生胶、填料、催化剂

第1种是商品的主要包装形式，它可以通过改变催化剂的用量来控制固化速度，缺点是因催化剂用量少，使用时易造成用量误差。第2种也是常用配方，由于其B组分含有交联剂，量要比第一种方法大得多，使用时混配误差小。第3种包装形式主要是为了分成等质量的两个组分，以方便使用，适于无条件精细称量的施工现场，如建筑工地。

双组分室温胶具有单组分橡胶所没有的特点，如生胶与交联剂不仅有多种配比，而且可简单添加多种添加剂，所以富于变化，一个品种可以得到多种牌号的制品。因为它的硫化不需要空气中的水分，所以能深度固化，而不受胶层厚度的限制。缩合型双组分室温胶用的交联剂量较小，体系中多余的活性基团不多，所以固化后对异种材料具有极好的脱模性。而且硫化胶强度较高，可将其用于制模和制造模型制品。

目前，按照交联剂的不同，缩合型双组分室温硫化硅橡胶分为脱醇型、脱羟胺型、脱氢型和脱水型四种。

脱醇缩合型双组分室温胶最常用的交联剂是正硅酸乙酯 $[Si(OC_2H_5)_4]$ 或其部分水解聚合产物－聚正硅酸乙酯（一般为 TES40，40 指的是二氧化硅含量）。硫化反应主要是硅醇基和乙氧基的缩合，生成硅氧键，并释放出乙醇（式 6.10）。硫化催化剂是有机锡化合物，以前用的较多的是中等毒性级别的二月桂酸二丁基锡，而现在则逐渐被低毒的辛基亚锡所代替。但如果直接使用辛基亚锡会引起铜、镁合金等金属腐蚀。如果将正硅酸乙酯与辛基亚锡按 3：1（质量比）混合，并在 160～166℃下回流 2h 可得到棕褐色透明液体。这种回流液简称 3# 硫化剂。

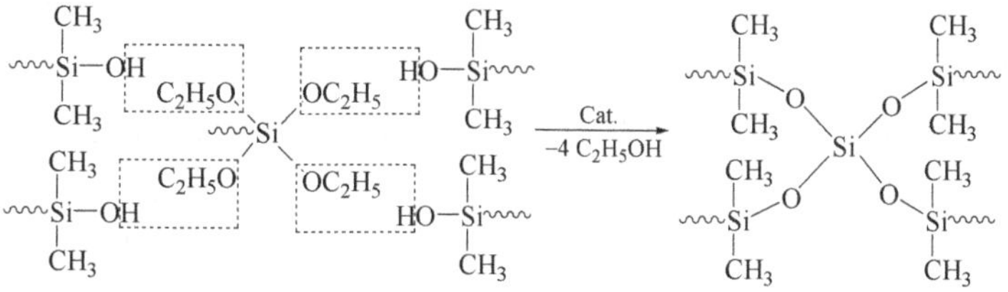

$$(6.10)$$

以下为脱醇缩合型双组分室温胶的一般配方：

A 组分	质量份
107 胶（$3.5 \times 10^{-3} m^2/s$）	100
气相法白炭黑	20

B 组分	
正硅酸乙酯	4
二月桂酸二丁基锡	1

脱羟胺型的交联剂通常为含胺氧基团的环聚硅氧烷或线型低聚硅氧烷，其分子结构如下：

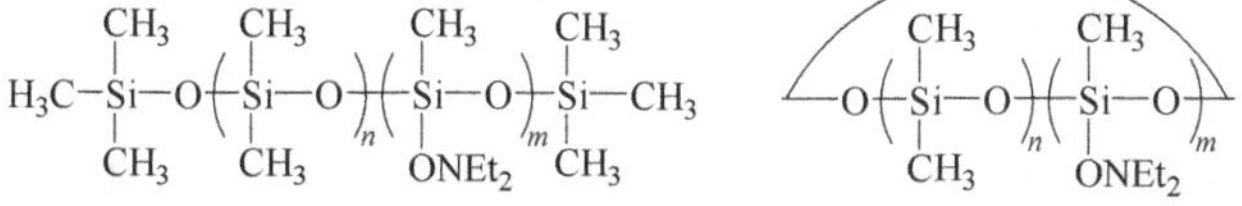

硫化反应为硅醇基和胺氧基团的缩合并脱除羟胺化合物，这个反应可以不使用催化剂。这种硅橡胶主要是为了适应建筑行业对低模量密封剂的需求而开发的。为了起到降低模量的作用，在配料中还可加入二官能的二胺氧基硅烷、环硅氧烷等作为链增长剂。

脱氢缩合型双组分室温胶的交联剂则是含氢硅油，其分子结构可以表示如下：

$$H_3C-\underset{\underset{CH_3}{|}}{\overset{\overset{CH_3}{|}}{Si}}-O\left(\underset{\underset{CH_3}{|}}{\overset{\overset{CH_3}{|}}{Si}}-O\right)_n\left(\underset{\underset{H}{|}}{\overset{\overset{CH_3}{|}}{Si}}-O\right)_m\underset{\underset{CH_3}{|}}{\overset{\overset{CH_3}{|}}{Si}}-CH_3 \qquad H-\underset{\underset{CH_3}{|}}{\overset{\overset{CH_3}{|}}{Si}}-O\left(\underset{\underset{CH_3}{|}}{\overset{\overset{CH_3}{|}}{Si}}-O\right)_m\underset{\underset{CH_3}{|}}{\overset{\overset{CH_3}{|}}{Si}}-H$$

硅氢和硅醇基的脱氢缩合为硫化时的主要反应，常用有机锡或者铂络合物作催化剂。由于这种橡胶硫化过程中放出氢气，因此可用于制造性能优良的低密度室温硫化泡沫硅橡胶。

脱水缩合型双组分室温胶的交联剂为多羟基的硅树脂，它是由 $(CH_3)_3SiCl$、$SiCl_4$、$(CH_3)_2SiCl_2$ 等共水解缩合得到。这种交联剂和生胶相容性好，还能起到补强填料作用，所以生成的橡胶自补强、透明度高。但缩合产物水的挥发慢，并使胶料电性能变差。它现已逐渐被加成型室温硫化硅橡胶所取代。

6.4.3 加成型室温硫化硅橡胶

在上几章中我们介绍了高黏度和液体加成型高温硫化硅橡胶，而加成型室温硫化硅橡胶的固化原理和它们一样，也是通过催化硅氢加成反应来进行的，而且它们的组成也相似。室温硫化硅橡胶所用生胶和液体硅橡胶一样，是黏度较小的乙烯基封端聚硅氧烷液体，而固化也使用高效的铂络合物 $Pt(0) \cdot 1.5[CH_2\!=\!CH(CH_3)_2Si]_2O$ (Karsted 催化剂) 和 $Pt(0) \cdot 1.5[CH_2\!=\!CH(CH_3)SiO]_4$ (Oshby-Karsted 催化剂) 等为催化剂。为了确保加成型室温胶贮存期和必须的施工时间，抑制剂也是一种不可缺少的组成物。和高温胶一样，室温硫化硅橡胶的补强填料有白炭黑、碳酸钙、钛白粉等，黏度一般比液体硅橡胶大。一般来说，胶料黏度越大，其包括撕裂强度、抗拉强度在内的力学性能就越好。但总的来说，室温胶的力学强度要比高温胶的低得多。

加成型室温硫化硅橡胶的包装形式通常为双组分，可参看加成型高温硫化硅橡胶和液体硅橡胶，而 A 组分和 B 组分的比为 $1:1$、$1:9$ 或 $100:1$。

加成型室温硫化硅橡胶有弹性硅凝胶和硅橡胶之分，前者力学强度较低，而后者强度较高。有机硅凝胶中一般不含或含很少量的填料，所以其透明度相当高。而且这种凝胶可在 $-65\sim200{}^\circ\!C$ 温度范围内长期保持弹性，它具有优良的电气性能和化学稳定性能、耐水、耐臭氧、耐气候老化、憎水、防潮、防震、无腐蚀，且具有生理惰性、无毒、无味、易于灌注、能深部硫化、线收缩率低、操作简单等优点。所以，硅凝胶在医疗保健、电子工业、汽车工业等领域有广泛的应用。

有机硅凝胶在电子工业中广泛用作电子元器件的防潮、防震、绝缘的涂覆及灌封材料，对电子元件及组合件起防尘、防潮、防震及绝缘的作用。而且由于透明度高，可以很容易用探针检测出元件的故障，进行更换，而损坏了的硅凝胶可再灌封修补。有机硅凝胶由于纯度高，使用方便，又有一定的弹性，因此是一种理想的晶体管及集成电路的内涂覆材料，可提高半导体器件的合格率及可靠性；有机硅凝胶也可用作光学仪器的弹性粘接剂。在体育制品中有机硅凝胶被用作阻尼材料。而在医疗领域有机硅凝胶可以用来制作植入人体内部的器官如人工乳房等，以及用来修补损坏的器官。

高强度的加成型室温硫化硅橡胶由于线收缩率低、硫化时不放出低分子，因此是制模的优良材料。在机械工业上已广泛用来制造环氧树脂、聚酯树脂、聚氨酯、聚苯乙烯、乙烯基塑料、石蜡、低熔点合金、混凝土等的模具。加成型室温硫化硅橡胶的高仿真性、无腐蚀、成型工艺简单、易脱模等特点，使它适用于文物复制和美术工艺品的复制。

>>>>>>>>>

6.5 光固化硅橡胶

光固化是指单体、低聚体或聚合体基质在光诱导下的固化过程，一般用于成膜过程。光固化技术是一项高效节能和清洁环保型技术，它节约能源——能耗仅为热固化的1/5。硅橡胶是一类新型的有机硅产品，它有三种类型：丙烯酸酯型、环氧型和硅氢加成型。

丙烯酸酯型是历史最悠久、使用最为广泛的光固化硅橡胶。光固化硅橡胶所用的基础胶是丙烯酸酯封端或含丙烯酸酯侧链的聚有机硅氧烷。它们可以由含氢聚有机硅氧烷和丙烯酸丙烯酯通过催化硅氢加成反应得到（式6.11），也可以通过含环氧基聚有机硅氧烷和丙烯酸反应来合成（式6.12）。

$$H-\underset{\underset{CH_3}{|}}{\overset{\overset{CH_3}{|}}{Si}}-O\left(\underset{\underset{CH_3}{|}}{\overset{\overset{CH_3}{|}}{Si}}-O\right)_n\underset{\underset{CH_3}{|}}{\overset{\overset{CH_3}{|}}{Si}}-H \quad + CH_2=CHCOOCH_2CH=CH_2 \xrightarrow{\text{Pt-Cat.}}$$

$$(6.11)$$

$$H_2C=HCCOO(H_2C)_3-\underset{\underset{CH_3}{|}}{\overset{\overset{CH_3}{|}}{Si}}-O\left(\underset{\underset{CH_3}{|}}{\overset{\overset{CH_3}{|}}{Si}}-O\right)_n\underset{\underset{CH_3}{|}}{\overset{\overset{CH_3}{|}}{Si}}-(CH_2)_3OOCCH=CH_2$$

$$H_3C-\underset{\underset{CH_3}{|}}{\overset{\overset{CH_3}{|}}{Si}}-O\left(\underset{\underset{CH_3}{|}}{\overset{\overset{CH_3}{|}}{Si}}-O\right)_n\left(\underset{\underset{(CH_2)_3OCH-CH_2}{|}}{\overset{\overset{CH_3}{|}}{Si}}-O\right)_m\underset{\underset{CH_3}{|}}{\overset{\overset{CH_3}{|}}{Si}}-CH_3 + CH_2=CHCOOH \longrightarrow$$

$$(6.12)$$

$$H_3C-\underset{\underset{CH_3}{|}}{\overset{\overset{CH_3}{|}}{Si}}-O\left(\underset{\underset{CH_3}{|}}{\overset{\overset{CH_3}{|}}{Si}}-O\right)_n\left(\underset{\underset{(CH_2)_3OCH_2CH_2OOCCH=CH_2}{|}{OH}}{\overset{\overset{CH_3}{|}}{Si}}-O\right)_m\underset{\underset{CH_3}{|}}{\overset{\overset{CH_3}{|}}{Si}}-CH_3$$

丙烯酸酯型光固化硅橡胶的固化机理是光引发剂在光照下产生自由基，然后由自由基引发丙烯酸酯的聚合。常用的自由基光引发剂有2-羟基-2-甲基-1-苯基丙酮、2,4,6-三甲基苯甲酰基-二苯基氧化膦等。自由基聚合速度快，但空气中的氧气可以使自由基淬灭，是阻聚剂，所以固化反应最好在氮气保护条件下进行。

环氧型光固化硅橡胶的基础胶为含环氧环已烷基团的聚有机硅氧烷，其合成方法见式（6.13），即通过含氢硅油和 3-甲基-7-氧杂二环［4.1.0］庚烷的催化硅氢加成反应来制取。

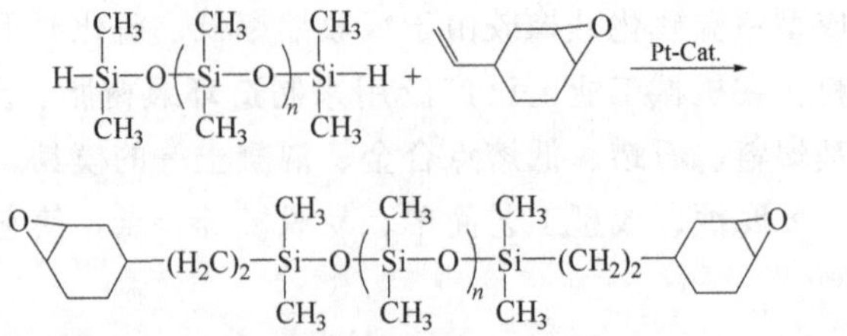

$$(6.13)$$

环氧型光固化硅橡胶的固化用的是阳离子聚合光引发剂。这种引发剂在光照下产生质子酸，再由质子酸引发环氧环己烷基团的阳离子聚合（式 6.14）。环氧环己烷比普通环氧基团要活泼得多。阳离子聚合光引发剂包括二芳基碘鎓盐（图 6.7）、三芳基碘鎓盐、烷基碘鎓盐、异丙苯茂铁六氟磷酸盐等。阳离子光固化时体积收缩小，固化过程不被氧气阻聚，反应不易终止，"后固化"能力强，适于厚膜的光固化，但主要缺点是固化速度慢。

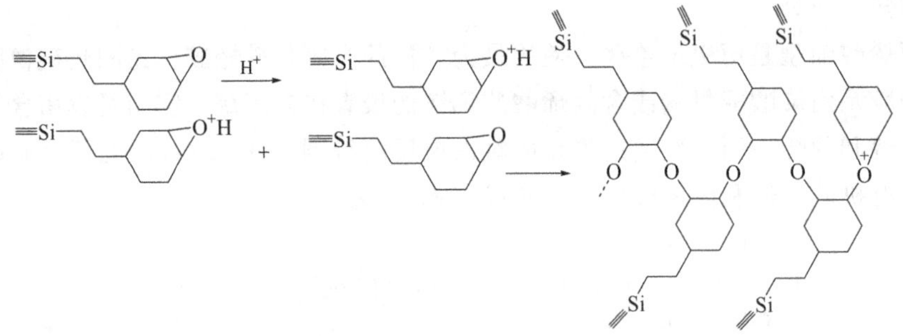

$$(6.14)$$

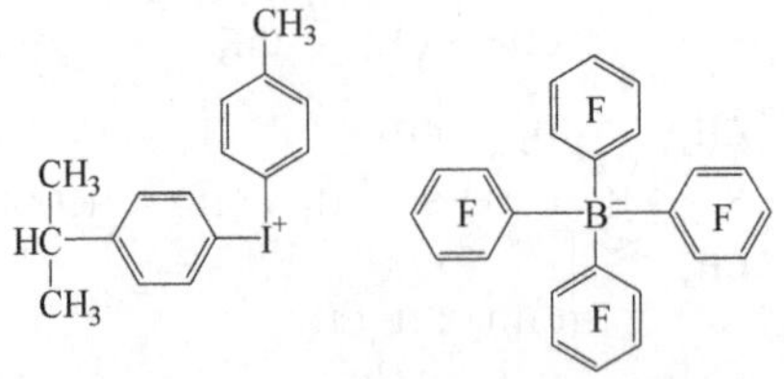

$$(6.15)$$

图 6.7　一种典型的二芳基碘鎓盐阳离子聚合光引发剂

硅氢加成型是这几年刚开发出来的一种新型光固化硅橡胶，它采用光敏铂催化剂，这种化合物在光照下条件下能释放出催化硅氢加成的铂催化剂。除了催化剂以外，它的配方和室温硫化硅橡胶相似。

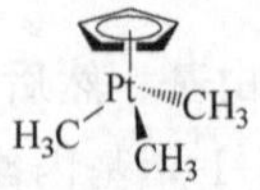

图 6.8　茂三甲基铂（CpPtMe$_3$）

茂三甲基铂（图 6.8）（一种光敏铂催化剂）在紫外光下分解，产生 10nm 左右的金属铂粒子，而这些粒子则是硅氢加成的催化剂。

光固化硅橡胶的用途很广泛，在很多方面可以取代室温硫化硅橡胶，甚至部分高温胶。目前光固化硅橡胶最主要的用途是密封、黏结和涂层，其中包括电子元器件与组合件的包封和灌封，光纤的预涂层涂料，纸张和塑料的隔离涂层等。而硅氢加成型光固化硅橡胶还能通过挤出法生产医用硅胶软管。

参考文献

[1] Walter Noll，Chemie und Technologie der Silicone，2. neubearb. und erw. Aufl. ，Weinheim：Verlag Chemie GmbH，1968.

[2] Wilfred Lynch，Handbook of Silicone Rubber Fabrication，New York：Van Nostrand Reinhold Company，1978.

[3] Silicone Chemie und Technologie，Ed. ：G. Koerner, M. Schulze, J. Weis，Essen：Vulkan-Verlag，1989.

[4] 章基凯主编. 精细化学品系列丛书：有机硅材料. 北京：中国物资出版社，1999 年.

[5] 冯圣玉，张洁，李美江，朱庆增编著. 有机硅高分子及其应用. 北京：化学工业出版社，2004 年.

[6] 来国桥，幸松民等编著. 有机硅产品合成工艺及应用. 第 2 版. 北京：化学工业出版社，2010 年.

[7] D. A. De Vekki，Hydrosilylation on Photoactivated Catalysts，Russian Journal of General Chemistry，2011，81，1480-1492.

[8] Q. S. Lien, S. T. Nakos，Dual Curing Silicone，Method of Preparing Same and Dielectric Soft-Gel Compositions Thereof，US 4528081.

[9] S. Q. S. Lin, S. T. Nakos，UV Curable Silicone Rubber Compositions，US 4675346.

[10] A. Koellnberger，Hydrosilylation Reactions Activated Through Radiation，US 20100292361 A1.

第**7**章 ‹‹‹

硅树脂

7.1 硅树脂的简介、分类和基本性能

7.1.1 硅树脂的简介

前两章讨论的硅油和硅橡胶的结构主体为由二官能度硅氧烷组成的聚二烷基硅氧烷链，而硅树脂（siliconeresin）则是含有二官能度、三官能度以及四官能度硅氧结构单元的高度交联的热固性聚合物，其结构如下：

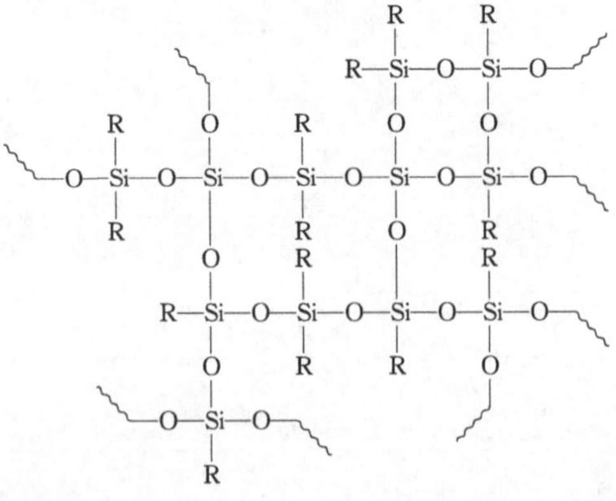

R 可以是甲基、苯基等有机基团，也可以为羟基、烷氧基等由于未完全缩合而剩余的活性基团。

硅树脂是有机硅材料中问世较早的一类。但与硅油和硅橡胶相比，硅树脂的品

种相对较少，市场份额也较小。但由于许多独特的性能，硅树脂在很多应用领域是其它材料所不能替代的。

构成硅树脂的四种结构单元如表 7.1 所示。在这些单元中，能形成立体 3 维结构的 T 单元或 Q 单元是必须具备的成分，它们通过和 D 单元和 M 单元的组合，即可制得各种硅树脂。与玻璃结构类似，硅树脂的骨架也是由硅氧烷键（SiOSi）构成的无定形 3 维结构。但是，玻璃中的硅全是 Q 单元，是全无机结构，所以加工温度相当高。而硅树脂中的的部分或全部硅原子上都结合了甲基、苯基等有机基团，结构较为松散，从而使其加工性能和对有机材料的亲和性大大提高，易加热流动，易溶于有机溶剂，使用很方便。

■表 7.1 硅树脂结构单元

单体	官能度	聚合物中结构		R/Si 值	标记
SiX_4	4	$\begin{matrix} & O & \\ O-&Si&-O \\ & O & \end{matrix}$	SiO_2	0	Q
$RSiX_3$	3	$\begin{matrix} & R & \\ O-&Si&-O \\ & O & \end{matrix}$	$RSiO_{3/2}$	1	T
R_2SiX_2	2	$\begin{matrix} & R & \\ O-&Si&-O \\ & R & \end{matrix}$	R_2SiO	2	D
R_3SiX	1	$\begin{matrix} & R & \\ R-&Si&-O \\ & R & \end{matrix}$	$R_3SiO_{1/2}$	3	M

注：R 通常为甲基和苯基，也可以是乙基、丙基、乙烯基、氢基等；X 为可水解基团，通常为氯和烷氧基。

硅树脂的硅原子上的有机取代基主要为甲基，引入苯基可提高热弹性及粘接性，并改善与有机聚合物及颜料等配伍性；引入乙基、丙基或长链烷基可提高对有机物的亲和性，并提高憎水性；而引入乙烯基及氢基，可实现铂催化加成反应及过氧化物引发交联反应；引入碳官能基，可与更多的有机化合物反应，并改善对基材的粘接性。基于此，硅树脂也已形成了一个产品群。

7.1.2 硅树脂的分类

硅树脂可以通过它的结构基元组成来分类。硅树脂的四个结构单元 MDTQ 有15 种可能的组合方式（表 7.2），其中 DM、DD、和 MM 不能形成支化和交联结构，所以不能用来制取硅树脂。而彻底缩合的 QQ 则是二氧化硅。含 Q 的组合除

MQ（参看 6.3 节）以外，其它一般都比较少见。而其它所有组合 TD、TM、TDM 和 TT 在工业中都已得到应用。硅树脂还可以通过硅原子上所连接的有机取代基种类分类，如甲基硅树脂、苯基硅树脂、甲基苯基硅树脂等。为了提高某些性能，扩大应用范围，硅树脂还可以用有机树脂来改性。常见的有机树脂改性硅树脂包括有机硅聚酯漆、有机硅醇酸树脂漆、有机硅丙烯酸树脂漆、有机硅聚氨酯漆等。而引入碳官能团的硅树脂也被认为是改性硅树脂的一种。

硅树脂一般都是通过表 7.2 中所列单体的共水解或醇解和部分缩合来合成预聚物，然后在使用时通过不同化学反应来最终固化。按照交联固化方式的不同，硅树脂分为缩合型、过氧化物型和加成型（表 7.3）。

■表 7.2　硅树脂的结构单元 MDTQ 的组合

种类	组合	种类	组合
1	QT	8	QTM
2	QD	9	QDM
3	QM	10	TDM
4	TD	11	QTDM
5	TM	12	TT
6	DM	13	DD
7	QTD	14	MM
		15	QQ

■表 7.3　硅树脂按照固化反应机理分类

类型	固化反应机理	优点	缺点	应用
缩合型	$\equiv SiOH + \equiv SiOH \rightarrow \equiv SiOSi\equiv$ $\equiv SiOH + \equiv SiOR \rightarrow \equiv SiOSi\equiv$ $\equiv SiOH + \equiv SiH \rightarrow \equiv SiOSi\equiv$	耐热性好，强度大，粘接性强，成本低	发泡，控制官能团量较难	涂料，线圈浸渍，层压板，憎水剂，黏合剂
过氧化物型	$\equiv SiCH = CH_2 + \equiv SiCH_3 \rightarrow$ $\equiv Si(CH_2)_3Si\equiv$ $\equiv SiCH_3 + \equiv SiCH_3 \rightarrow$ $\equiv SiCH_2CH_2Si\equiv$	无溶剂，低温固化，贮存寿命长	空气妨碍表面固化，耐热性较差	线圈浸渍，黏合剂，层压板
加成型	$\equiv SiCH = CH_2 + \equiv SiH \rightarrow$ $\equiv SiCH_2CH_2Si\equiv$	不发泡，固化形变小，反应容易控制	催化剂易中毒，耐热性较差	线圈浸渍，黏合剂，层压板

缩合反应是最早而且又是最普遍被利用的硅树脂固化反应机理。即使现在，大多数硅树脂品种还都使用脱水反应或脱乙醇反应，特殊的还使用脱氢反应来固化。虽然缩合反应形成的新硅氧烷键最能发挥硅树脂本身的耐热性，但是，由于固化时副产品低分子气体放出时会使树脂层形成气泡和孔隙，因此这类反应大多在表面涂料中使用。

以过氧化物为引发剂的硅树脂固化反应为自由基反应，由所使用的过氧化物的分解温度决定固化反应的开始。由于在室温度下几乎不起反应，因此单组分过氧化物型硅树脂的贮藏稳定性好。但必须注意的是，由于氧气分子是自由基反应的抑制剂，所以空气会妨碍该类硅树脂的表面固化。

　　加成型硅树脂的固化机理是以铂化合物作催化剂的硅氢加成反应。由于固化过程中不释放小分子化合物，所以没有缩合反应时产生气泡和收缩率大等缺点，因而可得到尺寸精确的优质固化产物。同时，由于很容易控制反应官能团的数量，因此能有效调节产品性能，从而能获得从硬到软一系列的产物。但如前文所述，铂催化剂容易中毒，微量含有氮、磷、砷、硫等元素的化合物就会严重妨碍固化。而且，因为固化反应结果产生与过氧化物固化相同的碳硅烷键（$\equiv SiCH_2CH_2Si\equiv$），所以耐热性稍差。

　　根据发生固化反应的条件，硅树脂还可分为表 7.4 中所示的四种类型，即加热固化型、常温干燥型、常温固化型和光固化型。利用加热使硅树脂开始固化是最普通的方法，脱水缩合反应要在 100℃ 左右才开始缓慢地进行。为了达到实用的速度，必须以铅、锡、锌、铁等有机金属盐或胺类化合物作固化催化剂，并加热到 150℃ 以上。加热可降低未固化树脂的熔融黏度，灌封基材表面的微细空隙，提高同基材的黏合力，清除会引起热软化和电气特性下降的低分子挥发物质等，制得性能稳定的固化树脂。但是，部分涂布基材不堪高温加热处理，因此现在正在寻求在常温到 100℃ 左右的低温固化型。常温干燥型主要用于电子元器件的防潮涂层或建筑材料的防水处理等。这种类型只是挥发涂层表面的溶剂，而形成不剥落的涂膜。由于没有进行真正的固化反应，因此如果将涂膜加热，或使其与溶剂接触，或将其浸泡于沸水中，它们就会溶解或剥落，失去其原来的作用。

■表 7.4　硅树脂按照固化反应条件分类

分类	优点	缺点	应用
加热固化	同基材的粘接性好，电气特性出色	需要增加设备费用在精细的电子元器件上使用有困难	耐热涂料、层压板、黏合剂、套管、线圈浸渍
常温干燥	不需要加热设备，适用于电子元器件	只是使涂层不剥落，并非真正固化	电气电子元器件涂料，设备用涂料
常温固化 光固化	不需要加热设备进行固化 迅速固化，无溶剂	需严格密闭保存 粘接性差	电气电子元器件涂料 电子元器件和精密仪器的封装

　　常温固化型硅树脂有两种类型，一种所谓双组分类型，即在使用前加入固化剂，使之在常温下缓慢地进行固化反应；另一种单组分类型是内含固化促进剂，利用空气中的水分和氧，以及二氧化碳使之进行固化反应。前者可用胺类或异氢酸酯化合物和引入环氧基的硅树脂常温固化。而后者则可采用和单组分室温硫化硅橡胶相似的固化方法。如在分子结构中引入易水解的官能团，如 OCH_3、OC_2H_5 等烷氧基，乙酰氧基，酮肟基等，并添加有机锡化合物作为催化剂。从而使它们遇到水分就会分别引发脱醇、脱醋酸、脱肟等缩合反应，生成新的硅氧烷键。此外，硅树脂还可利用不饱和醇酸树脂改性型的氧化聚合反应，以及用碱性硅醇盐和二氧化碳的脱碳酸盐反应等。总之，同加热固化反应相比，虽然速率较慢，但不需要加热设备；而同常温干燥型相比，其优点是可以得到优良的涂膜。但是它们要绝对防潮，

必须严格密闭保存。

光固化型硅树脂是用紫外线或电子束照射而固化的，其光固化反应和光固化硅橡胶（6.5节）的类似。光固化最大的优点是固化快。在用电子束辐射固化时，由于必须在真空或惰性气体条件下固化，因此所需的设备费用较高，达到实用化的极少。而用紫外线照射已在电子元器件的涂层或封装方面达到了实用化。由于光固化速度很快，如果涂膜过硬，则会产生固化变形，以致造成粘接不良和开裂，因此光固化涂膜一般应该比较柔软。

按照产品的形态分类，硅树脂还可分为溶剂型、无溶剂型、水溶液型、水乳液型等。溶剂型硅树脂是最主要的产品形态，它是将硅树脂预聚物溶于甲苯和二甲苯等溶剂中构成，有时为了提高贮存寿命可以加入一些极性较大的溶剂，如正丁醇、环己酮等。硅树脂溶液黏度很低，在一般涂复及浸渍等时，作业性良好。使用稀释时可以自由调节其浓度和黏度，也可较容易地混合和分散填充剂和颜料等粉末，它们是涂料基料的最普通的形态。但是，如果树脂层太厚，就会发泡、污染作业环境以及有着火爆炸的危险，因此操作者必须充分注意作业场地的通风。

在无溶剂硅树脂中，在常温下为固态的预聚物被称为固态树脂，而液态的则称为无溶剂漆。固态树脂是软化点为 $60\sim80℃$ 左右的透明的脆性固体，一般被用作成型材料及粉末涂料的基料。当硅树脂预聚物的分子量较低、交联度也较低时，它可为液态，如甲氧或乙氧基封端低聚硅氧烷的 $R/Si=1$，聚合度为 $3\sim10$ 时就为液体。但如果低分子量树脂单独固化，其物理机械性能会较低，所以这时可使用高分子硅氧烷交联剂，或使用有机树脂中间体。低分子硅氧烷中官能团少，并且含有部分可挥发物质，如果这些物质残存于固化树脂中，在使用中它们会缓慢蒸发，而附着于周围的电气接点上，引起所谓绝缘故障，这是必须注意的。无溶剂涂料虽然不会污染作业环境，也没有发泡问题，但由于其黏度约为溶液型涂料的 10 倍，因此其作业条件受到一定的限制，现被用作壳体涂料和电气零件端部的封闭剂。

因劳动保健和大气污染等问题，用水来代替有机溶剂作为介质是目前的一个趋势。有些硅树脂已经可以分散在水中使用。常温憎水剂用的碱性硅醇盐的水溶液就是一个例子。和硅油一样，硅树脂在乳化剂和剪切作用下也能在水中被乳化，但只有液体硅树脂才能在无有机溶剂的条件下形成水乳液，而固体硅树脂必须配成溶液后才能在水中被乳化。

另外，硅树脂按其主要用途大致可分为有机硅绝缘漆、有机硅涂料、有机硅塑料和有机硅黏合剂等几大类。

7.1.3　硅树脂的基本性能

由于特殊的化学结构，硅树脂兼有有机树脂和无机材料的特点。硅树脂最终加工制品的性能取决于其结构中有机和无机部分之比，即 R/Si 的值。一般有实用价值的硅树脂，其分子组成中 R 与 Si 的比值在 1.0～1.6 之间。一般规律是，R/Si

值越小，所得到的硅树脂就越能在较低温度下固化；而 R/Si 的值越大，所得到的硅树脂要使它完全固化需要在 200～250℃ 的高温下长时间烘烤，所得的漆膜硬度差，但热弹性要比前者好得多。R/Si 值对硅树脂性能的影响及各类硅树脂产品的 R/Si 值范围可参看表 7.5。

此外，有机基团中甲基与苯基基团的比例对硅树脂性能也有很大的影响（表 7.6）。有机基团中苯基含量越低，生成的漆膜越软，缩合越快；而苯基含量越高，生成的漆膜越硬，越具有热塑性。苯基含量在 20%～60% 之间，漆膜的抗弯曲性和耐热性最好。此外，引入苯基还可以改进硅树脂与其他有机硅树脂及有机颜料的配伍性，并且可提高硅树脂对各种基材的黏附力。

■表 7.5　R/Si 值对硅树脂性能的影响及各类硅树脂产品的 R/Si 值范围

项目	R/Si 值								
	1.0	1.1	1.2	1.3	1.4	1.5	1.6	1.7	1.8
性能									
干燥性	快 →→→→→→→→→→→→→→→→→→ 慢								
硬度	高 →→→→→→→→→→→→→→→→→→ 低								
柔软性	差 →→→→→→→→→→→→→→→→→→ 良								
热开裂性	差 →→→→→→→→→ 良 →→→→→→→→→ 稍差								
热失重	少 →→→→→→→→→→→→→→→→→→ 多								
产品									
层压板用	←———————→								
云母粘接用	←———————————————→								
线圈浸渍用	←———————————→								
漆布用	←————————→								

■表 7.6　有机取代基中苯基的含量对硅树脂性能的影响

性能	有机取代基中苯基的含量/%					
	0	20	40	60	80	100
缩合速度	快 ←———————————————→ 慢					
漆膜硬度	软 ←———————————→ 硬					
固化性能	热固型 ←———————————————→ 热塑型					
优良耐热性	←———————→					

因此，在制造各种不同用途和性能的硅树脂时，首先必须考虑选择何种单体以及决定它们的配合比。各种不同单体对漆膜的影响见表 7.7。

■表 7.7　不同硅烷单体对硅树脂性能的影响

性能	CH_3SiCl_3	$C_6H_5SiCl_3$	$(CH_3)_2SiCl_2$	$(C_6H_5)_2SiCl_2$	$CH_3(C_6H_5)SiCl_2$
硬度	增加	增加	下降	下降	下降
脆性	增加	大大增加	下降	下降	下降
刚性	增加	增加	下降	下降	下降
韧性	增加	增加	下降	下降	下降
固化速度	更快	略快	较慢	更慢	较慢
粘性	下降	略下降	增加	增加	增加

硅树脂是一种热固性塑料，它最突出的性能之一是优异的热氧化稳定性，其耐热性远优于普通有机树脂。硅树脂具有很高的热分解温度，在 200～250℃ 下能长期使用而不分解，而且短时间还能耐 350～500℃ 高温。加入耐热填料后则能耐更高温度。改性硅树脂的耐热性要比纯硅树脂差，但比有机树脂好，一般介于硅树脂与相应的有机树脂之间。

硅树脂另一突出的特点是优异的电绝缘性能，而且它能在很宽的温度和频率范围内保持这种性能。一般硅树脂的电击穿强度为 50kV/mm，体积电阻率为 10^{13}～$10^{15}\,\Omega\cdot cm$，介电常数约为 3，介电损耗角正切值在 10^{-3} 左右。

此外，硅树脂还具有卓越的耐潮、防水、防锈、耐寒、耐臭氧和耐候性能，对绝大多数含水的化学试剂如稀矿物酸的耐腐蚀性能良好，但耐溶剂的性能较差。

鉴于上述特性，有机硅树脂主要作为绝缘漆（包括清漆、瓷漆、色漆、浸渍漆等）来浸渍 H 级电机及变压器线圈，以及用来浸渍玻璃布、玻布丝及石棉布后制成电机套管、电器绝缘绕组等。用有机硅绝缘漆黏结云母可制得大面积云母片绝缘材料，用作高压电机的主绝缘。此外，硅树脂还可用作耐热、耐候的防腐涂料，金属保护涂料，建筑工程防水防潮涂料，脱模剂，黏合剂以及二次加工成有机硅塑料，用于电子、电气和国防工业上，作为半导体封装材料和电子、电器零部件的绝缘材料等。硅树脂同一般有机树脂的优缺点对比可见表 7.8。

■表 7.8　硅树脂同一般有机树脂的性能对比

性能	硅树脂	一般有机树脂
耐热性	由于以硅氧烷键(Si—O—Si)为骨架，因此热分解温度高。通常在 250℃ 以下都稳定	由于以含碳键(C—C 或 C—O—C 等)为骨架，因此在高温下易氧化分解
电气特性	由于耐热性高，因此在高温下其电气性能降低很少，而且随频率变化也极小	在高温下易热分解，所以电气性能大大降低。但是，在常温和常态下，具有与硅树脂相同的电气性能
耐水性	高憎水性，因此其涂膜的吸水性小。另外，即使吸收了水分也会迅速挥发而恢复到原来的状态	浸水后电气特性大大降低。吸收的水分难以除掉，电气特性恢复较慢
耐候性	由于不会产生由紫外线引起的自由基反应，也不易被氧化，因此耐候性极佳	除丙烯酸类树脂外，耐候性好的有机树脂不多
机械强度	由于分子间引力小，有效交联密度低，因此机械强度(弯曲、拉伸、冲击、耐擦伤性等)较弱	分子间引力大，易定向。有效交联密度大，机械强度高。但在 200℃ 以上强度急剧下降
耐溶剂性	与机械强度同理，耐各种有机溶剂的能力差	通常比硅树脂优良
粘接性	对金属和塑料等基材的粘接性差	以环氧树脂为代表，对基材的粘接性好
相容性	通常与其它有机树脂的相容性有限	即使与不同种类的树脂也大都能相容，可以混合使用

>>>>>>>>
7.2 硅树脂的制备

7.2.1 硅树脂的单体和预聚

表 7.9 所列出的是制备硅树脂的主要原料及其沸点，它们的合成已在本书的第 3 章中作了较为详细的介绍。硅树脂一般属于特种化学品，所以它们可以用间歇法来制备。

■表 7.9 制备硅树脂的主要硅烷单体及其沸点

硅烷单体	沸点/℃	硅烷单体	沸点/℃
$(CH_3)_3SiCl$	57	$Si(OC_2H_5)_4$	168
$(CH_3)_2SiCl_2$	70	$CH_3Si(OCOCH_3)_3$	95(9mmHg)
CH_3SiCl_3	66	$(C_6H_5)_2SiCl_2$	305
$Si(OCH_3)_4$	122	$C_6H_5SiCl_3$	201
$(CH_3)_2Si(OCH_3)_2$	82	$CH_3(C_6H_5)SiCl_2$	205
$(CH_3)_2Si(OC_2H_5)_2$	113	$CH_2{=}CHSiCl_3$	90
$CH_3Si(OCH_3)_3$	103	$CH_2{=}CH(CH_3)SiCl_2$	92
$CH_3Si(OC_2H_5)_3$	143	$CH_2{=}CHSi(OC_2H_5)_3$	160

硅树脂都是通过硅烷单体的水解或醇解和部分缩合来合成可继续加工的预聚物，然后在一定条件下固化而成。成品硅树脂的结构和性能不仅取决于原料硅烷混合物的组成，而且也依赖于预聚和固化工艺。硅树脂预聚物的通式如下：

$$\left(\begin{array}{c} R_a{-}Si{-}(OR^1)_b \\ | \\ O_{(4-a-b)/2} \end{array} \right)_n$$

式中，R 为有机基团；R^1 为氢基或烷基；$a=R/Si$；$b{\leqslant}1$；$n{\leqslant}20$。硅树脂预聚物的平均分子量一般不超过 2000（$n{\leqslant}20$），它的分子量分布也很重要，特别是当硅树脂用有机树脂改性时。如果预聚物中有大分子存在，固化后的有机树脂中就会形成大的有机硅凝胶颗粒。

硅树脂的合成可以有两种方法。第一种是直接水解，即把硅烷单体混合物加到水解介质中；第二种是逆水解，就是把水解介质加到硅烷单体混合物中去。逆水解一般比较难控制，特别是在水解含不同氯硅烷的单体混合物时。所以现在硅树脂一般都用直接水解法合成。

硅树脂的结构可以通过改变以下反应条件来加以控制：单体浓度、溶剂性质、催化剂、温度、水的加入、产物的溶解度等。为了得到可溶可熔的硅树脂，在硅烷的水解过程中需要通过调节反应条件来控制分子内和分子间反应之比。一般而言，提高反应温度会使硅羟基含量下降，但不会影响分子内成环，而降低 pH 值既能使硅羟基含量下降，又能提高分子内成环的概率。加入惰性溶剂如甲苯等一般不对硅羟基含量产生影响，但会提高分子内成环的概率，使产品分子量降低。醇类化合物能均化反应体系，降低硅羟基含量，并能提高分子内成环的概率。

氯硅烷和水不互溶，而且不同的氯硅烷水解速度途径也不一样，直接水解很容易成凝胶，所以这个反应一般在水和溶剂的混合物中进行。溶剂包括惰性溶剂如甲苯、二甲苯、溶剂油 Solvesso 100 等和非惰性溶剂如甲醇、乙醇等。其中，醇类化合物不光起到稀释的作用，还能和氯硅烷产生反应，生成反应活性较低的烷氧基硅烷。

为了使氯硅烷，特别是不同氯硅烷的单体混合物的水解得到较好的控制，水应该通过结合水分子的形式加入，比如让氯硅烷和叔丁醇反应。

硅树脂预聚物在催化剂（通常为金属化合物）的作用下通过缩合反应进行增稠（bodying），分子量进一步提高，但分子量分布也变得很宽。为了得到结构均一的产物，这时硅树脂需要在酸催化下进行分子量分布平衡（类似硅氧烷的平衡聚合反应）。在这个过程中，硅氧键进行了重排，但硅醇基团的含量不变。图 7.1 所示的是硅树脂预聚物在增稠和平衡反应后的分子量和分子量分布的变化。

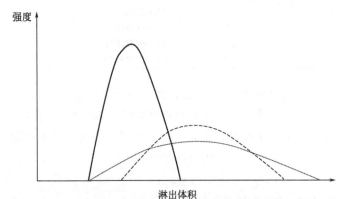

图 7.1　硅树脂预聚物（实线）和其在增稠（点线）和
平衡（虚线）反应后的凝胶色谱曲线示意图

7.2.2　缩合型硅树脂的制备

缩合硅树脂一般分为三类，即甲基硅树脂、苯基硅树脂和甲基苯基硅树脂。

甲基硅树脂是由 $CH_3SiO_{3/2}$、$(CH_3)_2SiO$、$(CH_3)_3SiO_{1/2}$ 及 SiO_2 链节组合构成主链的聚硅氧烷产品，是碳含量最低的硅树脂。它长时间耐热温度为 $180\sim200℃$，在高温下主要是甲基被氧化。以 $CH_3Si(OR)_3$ 为原料制得的高交联度甲基硅树脂具有坚硬透明、高温失重少和发烟量少等优点，故广泛用作增硬涂层、耐高温云母粘接剂及电阻涂料等。同时，甲基硅树脂还具有良好的拒水性。甲基硅树脂的热弹性及与有机材料的配伍性不如下面将要介绍的甲基苯基硅树脂，因此应用受到一定限制。

最简单的甲基硅树脂可由 CH_3SiX_3（X 为 Cl、OCH_3、OC_2H_5 等）水解缩合而成（式 7.1），其中 CH_3SiCl_3 为最便宜的单体。由于氯硅烷和水反应非常剧烈，故较难控制，产品的质量也不稳定。比如，CH_3SiCl_3 在不同的水解反应条件下能生成分子量为 2000～3000 的可溶性甲基硅树脂、高反应活性的难溶甲基硅树脂、规整的可结晶的笼状倍半硅氧烷、梯状聚甲基倍半硅氧烷以及不溶不熔的甲基硅凝胶。

$$CH_3SiX_3 + H_2O \longrightarrow CH_3Si(OH)_3 \xrightarrow{-H_2O} \quad\quad\quad (7.1)$$

甲基三氯硅烷可以通过直接水解缩合制备甲基硅树脂。但为了得到可溶可熔性的产品，甲基三氯硅烷需要在低温下（约 0℃）和过量水反应，并快速搅拌。但这种方法生产效率低，产品贮存期短，质量不稳定。所以工业生产中，甲基三氯硅烷多在有机溶剂（如甲苯、二甲苯、异丙醇、正丁醇、甲乙酮、丙酮、甲基异丁酮、二氧六环、醋酸乙酯、醋酸丁酯等）存在下进行水解缩合反应，以获得凝胶含量低及可溶可熔的甲基硅树脂。例如将 600 份（质量份，下同）甲基三氯硅烷慢慢加入内盛 540 份甲苯、118 份水及 27 份气相白炭黑的反应釜中，水解完成后，过滤、中和得到 135 份黏度（25℃）为 600mPa·s 的甲基硅树脂。该产品在室温下放置 3h，即固化成不溶不熔的产物。若采用低温贮存或配制成溶液，其贮存期则可延长至 6～12 个月。

如果用适当比例的甲基三氯硅烷和二甲基二氯硅烷共水解，则可以得到贮存稳定性好、易溶于有机溶剂的甲基硅树脂黏稠液体。

通过甲基烷氧基硅烷来合成甲基硅树脂是一条环保而且较容易控制的途径。SiOR 键的水解速度比 Si—Cl 键慢得多，以致需要借助催化剂才能顺利水解。此法较易获得预定性能及含有 SiOH 及 SiOR 的预聚物。固化后透明度高，耐磨性好，适用于透明塑料增硬涂层及防水剂等。例如甲基三乙氧基硅烷在过量水及微量盐酸催化下水解时，起始反应物为两相体系，随着反应的进行及副产物乙醇量的增加，即转化为均相物。最终得到含有 $SiOC_2H_5$ 基并溶于乙醇的无色透明甲基硅树脂。具体工艺过程如下：将工业级甲基三乙氧基硅烷及饱和 Na_2CO_3 水溶液按体积比为 100：（1～2）加入塔釜内加热蒸馏精制，塔顶除去低沸物后，收集沸程为 140～145℃的馏分（HCl 含量低于 $2\mu L/L$）即为精制的甲基三乙氧基硅烷。取出 180 份（质量份，下同），加入带搅拌的搪瓷反应釜中，再加入 60 份含 HCl 为 $153\mu L/L$ 的稀盐酸，在 80℃下回馏反应 3h，而后加入 0.025 份六甲基二硅氮烷以中和 HCl，升温至 90℃蒸出大部分乙醇及水，并在 0.5h 内升温至 110℃完成硅树脂预熟化过程，降温后加 110 份无水乙醇，过滤得到 200 份浓度约为 40%（质量分数）的甲基硅树脂乙醇溶液。

还有一类在工业中有广泛应用的甲基硅树脂是 MQ 树脂，它的合成已经在 6.3 节中有过介绍。

纯苯基硅树脂系脆性热塑性固体，实际应用价值不大。在工业上有广泛应用的是甲基苯基硅树脂。甲基苯基硅树脂是既有甲基硅氧结构单元，又有苯基硅氧结构单元的硅树脂，如 $CH_3SiO_{3/2}$、$(CH_3)_2SiO$、$(CH_3)_3SiO_{1/2}$、$(C_6H_5)_2SiO$、$C_6H_5SiO_{3/2}$、$CH_3C_6H_5SiO$ 及 SiO_2 等链节。下面列举 3 种甲基苯基硅树脂的制备方法。

（1）玻璃布层压材料用硅树脂　将 4.5kg 甲基三氯硅烷、14.8kg 苯基三氯硅烷及 10L 甲苯在混合器中混匀后压入高位槽。同时将 10L 甲苯、20L 醋酸丁酯、8L 异丙醇及 49.5L 水加入水解釜中，在搅拌并维持 18～20℃下将单体溶液慢慢加入釜内进行水解反应。加完后停搅拌，使其分层，排出酸水，水解物用水洗至中性，然后蒸除溶剂，并进一步缩聚，得到适用于浸渍玻璃布的硅树脂甲苯溶液。

（2）耐热冲击的甲基苯基硅树脂　为了提高硅树脂的耐热冲击性能，可先将 R_2SiCl_2 水解缩聚成 $HO(R_2SiO)_nH$，进而与 $RSiCl_3$ 共水解缩合形成嵌段共聚物；也可由有机氯硅烷直接与 $HO(R_2SiO)_nH$ 共水解缩聚而得。例如，将 344 份（质量份，下同）甲基三氯硅烷、491 份苯基三氯硅烷及 43 份二甲基二氯硅烷配成的混合物，在室温下加入快速搅拌下内盛 3000 份水，900 份丙酮，900 份甲苯及 122 份 $HO[(CH_3)_2SiO]_nH$ 的反应釜中，反应物温度可升至 73℃。加料完毕后，继续搅拌 25min，静置分层，除去酸水，有机层每次加入 300 份水洗至中性，再经陶土过滤，除去微量酸。滤液先常压、而后减压蒸至 145℃/1.73kPa，并趁热放出硅树脂产物，冷至室温，捣碎成白色粉末，产品羟基含量为 5.75%（质量分数），200℃下的凝胶化时间为 17min。产物具有良好的贮存稳定性及耐热冲击性。

（3）电绝缘浸渍漆　将 700 份（质量份，下同）水及 70 份二甲苯加入带有搅拌器、温度计、加料口及冷凝器的搪瓷水解釜内，搅拌并保持体系温度在 30℃以下。将苯基三氯硅烷、二甲基二氯硅烷、二苯基二氯硅烷、甲基三氯硅烷及二甲苯按质量分数比 95∶55∶16∶7∶290 混匀，并于 4h 内加入水解釜中反应，继续搅拌 0.5h，静置，去酸水层，水解物用水反复洗至中性，而后移入缩聚釜中，在 80℃及减压下浓缩至含固量为 50%～60%（质量分数）。降温加入环烷酸锌（锌用量为纯水解物的 0.03%），并在 135℃左右及减压下进一步缩聚至凝胶化时间（200℃下）为 20～60s。降温加入树脂质量 2%的亚麻子油及少量催化剂，并用二甲苯稀释至含固量为 50%，过滤后得到热冲击性能及电绝缘性良好的甲基苯基硅树脂浸渍漆。

7.2.3 过氧化物型和加成型硅树脂的制备

过氧化物型硅树脂一般是指含有乙烯基的硅树脂，其结构如下：

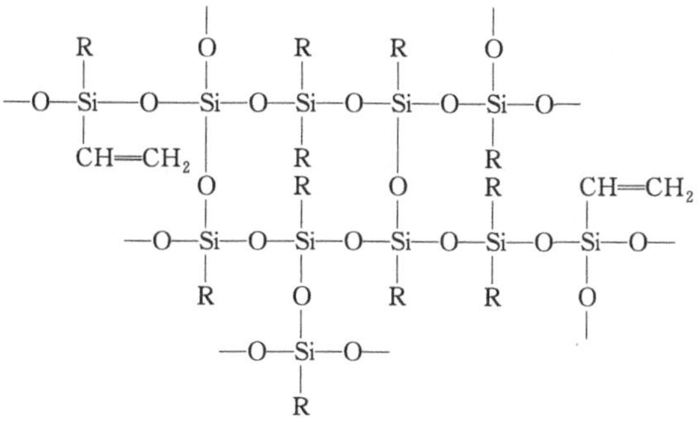

R 为甲基或苯基。

乙烯基硅树脂的制造工艺与缩合型相同，也是采用不同比例的氯硅烷或烷氧基硅烷单体共水解缩合的方法，在单体中加入适量含乙烯基硅烷单体，如甲基乙烯基二氯硅烷、二甲基乙烯基氯硅烷、乙烯基三氯硅烷、乙烯基三甲氧基硅烷等。

加成型硅树脂通常有四个组成部分：基础树脂、活性稀释剂、交联剂及催化剂。加成型硅树脂的基础树脂就是乙烯基硅树脂。活性稀释剂是含乙烯基的低黏度硅油，主要用来调节硅树脂产品的黏度。交联剂为低聚合度的线型或环状含氢甲基硅氧烷：

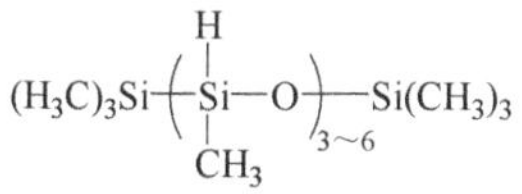

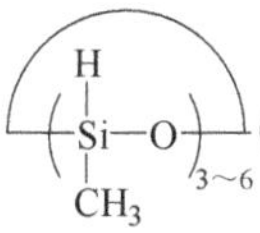

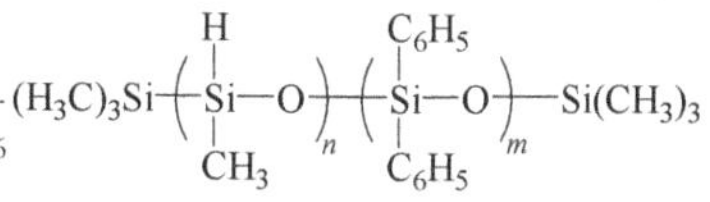

乙烯基硅树脂与含氢硅油的相容性较差。为了提高它们的相容性，可在含氢硅油的硅原子上引入适量的有机基团，如通过含氢硅油与少量 α-甲基苯乙烯的硅氢架成反应，可以合成与乙烯基硅树脂相容性较好的含 2-苯丙基的含氢硅油。

加成型硅树脂的固化催化剂主要是氯铂酸，当然其它含铂催化剂也能使用。

加成型硅树脂通常为无溶剂 1∶1 两组分包装，如 A 组分为部分基础树脂、稀释剂、和催化剂，而 B 组分则为另一部分基础树脂和交联剂。也可以采用其它分装形式，重要的是含乙烯基配料（基础树脂和活性稀释剂）、交联剂和催化剂不能在同一组分中。使用时将两组分充分混匀，在 150℃或更高温度下即可固化。

7.2.4 改性硅树脂的制备

为了克服硅树脂的黏附力差、耐溶剂性能差和成本高等缺点，可用有机树脂对其加以改性。而有机树脂也可以利用有机硅改性，从而提高其憎水性和抗黄性。树脂改性有两种制造方法，一种是直接混合法，即将有机硅树脂与其他有机树脂按一定比例加以混合；另一种是用硅树脂与其它有机树脂之间的化学反应进行共缩聚，以达到化学结合而生成新型树脂。

用于混合法的有机树脂有三聚氰胺、环氧树脂、尿素、醇酸树脂、酚醛树脂、聚酯树脂、聚甲基丙烯酸酯等。在大多数情况下，由于硅树脂与有机树脂的不相容性，因此把硅树脂与有机树脂用物理的方法掺合在一起不能达到良好的效果。在绝大多数情况下，是采用两种组分进行化学反应（包括共聚合、共缩合和共加成反应）的方法。通过化学改性，使这些共聚产物兼具硅树脂和有机树脂的良好性质，改善了硅树脂的烘干条件，缩短干燥时间，提高漆膜的表面硬度、黏合力、耐溶剂性以及与颜料和有机树脂的配伍性，使之在某些应用领域胜过纯有机硅树脂。而用有机硅改性的有机树脂与纯有机树脂比较，其热稳定性、耐候性、防水性以及耐黄性都得到了改进。

硅树脂和有机树脂之间最主要的化学反应为硅醇或硅烷氧基与碳羟基的缩合（式7.2和式7.3）。

$$\equiv\!Si\!-\!OH \ + \ HO\!-\!C\!\equiv \ \xrightarrow{-H_2O} \ \equiv\!Si\!-\!O\!-\!C\!\equiv \tag{7.2}$$

$$\equiv\!Si\!-\!OR \ + \ HO\!-\!C\!\equiv \ \xrightarrow{-ROH} \ \equiv\!Si\!-\!O\!-\!C\!\equiv \tag{7.3}$$

聚酯树脂、环氧树脂、酚醛树脂、醇酸树脂、丙烯酸树脂是工业中较为重要的含碳羟基树脂，它们也常用于硅树脂的改性，或用有机硅对它们进行改性。

醇酸树脂是由甘油或季戊四醇、邻苯二甲酸酐、脂肪酸反应制备而成的主侧链结构中均含有酯基团的低分子量聚酯树脂，它是目前涂料工业中应用最广泛的有机树脂之一。醇酸硅树脂是用以大豆油、红花籽油或葵花籽油为原料的中油度（含40%～60%油）或长油度的醇酸树脂中间体和含硅羟基苯基烷基硅树脂在160～180℃下缩合而成。醇酸树脂的羟基含量必须比硅树脂的高，醇酸树脂和硅树脂的比例大约为70:30。为了得到透明度高的产品，这两种树脂的溶解度参数应该相差不大。醇酸硅树脂主要用作建筑涂料、船用涂料和双组分木器漆。

聚酯树脂是由二元醇和二元酸或多元醇和多元酸缩聚而成的，分为饱和聚酯树脂和不饱和聚酯树脂两类，两者均可用于硅树脂的改性。聚酯改性硅树脂是先将二甲基二氯硅烷、苯基三氯硅烷在二甲苯、正丁醇溶剂存在下水解制得含硅醇预聚物，再用对苯二甲酸二甲酯、三羟基甲基丙烷、乙二醇在醋酸锌催化剂作用下进行酯交换和缩聚反应制得多羟基聚酯，然后将硅树脂预聚物与聚酯中间体进行共缩聚制得。硅树脂中，R/Si=1.44～1.5之间，苯基在有机基团中的含量在33%～40%之间。聚酯改性有机硅漆除了具有较高的耐热性（180～190℃）和良好的绝缘防潮性能外，还具有固化温度低、干性好、浸渍时气泡少等特点。它适用于浸渍H级电机、电器及变压器线圈等。

环氧树脂是分子中带有两个或两个以上环氧基的低分子量物质及其交联固化产

物的总称，其最重要的一类是双酚A型环氧树脂。环氧树脂是一种常见的合成有机树脂，固化后的环氧树脂具有良好的物理、化学性能，它对金属和非金属材料的表面具有优异的粘接强度，介电性能良好，热膨胀系数小，硬度高，柔韧性较好，对碱及大部分有机溶剂稳定等特点，因而被广泛应用于国民经济的各个领域，如浇注、浸渍、层压料、粘接剂、涂料等用途。而环氧硅树脂兼有硅树脂和环氧树脂的优点。环氧硅树脂的分子量在缩合改性反应后有很大的提高，并成为高黏度而且具有出色的物理干燥性能。它们不仅能加热固化，也能通过多元胺在室温下固化。不过这里交联剂的选择性有限，因为有些多元胺会降低产品的耐候性。含氨基硅烷是最好的选择，因为它们除了能和环氧基结合，也能在有水汽的条件下水解并和硅树脂中的硅烷氧基缩合。这类环氧硅树脂中有机硅含量为30％～60％，它们有优良的耐高温性和耐黄性，最主要的应用是作为高温防锈涂层。

环氧硅树脂另一种可能的制备方法是使用含有环氧基团的硅树脂，在这里含氨基硅烷也可以作为交联剂。

酚醛硅树脂和丙烯酸硅树脂也可以用类似方法合成。

丙烯酸硅树脂还可以通过含碳碳双键的有机硅预聚体和丙烯酸酯单体在自由基引发剂的作用下进行共聚制得。或者先在聚丙烯酸酯上通过和 γ-甲基丙烯酰氧丙基三甲氧基硅烷共聚结上硅烷氧基，然后和硅树脂预聚体共缩合也能制备丙烯酸硅树脂。

经有机硅改性的丙烯酸树脂俗称硅丙涂料，近年来发展迅速。硅丙涂料的耐候性远优于纯丙烯酸涂料或聚氨酯涂料。硅丙涂料对不同的基质如砂浆板、混凝土板、陶瓷、玻璃、铝材、甚至聚四氟乙烯塑料等均具有良好的黏结性。固化后涂膜光泽好、耐磨、耐候、耐水、耐溶剂，尤其适用于建筑行业。

硅树脂也可以用其它元素进行无机改性。比如含硼的硅树脂是将 $B(OH)_3$ 与 $CH_3C_6H_5Si(OC_2H_5)_2$ 预先反应，再与含羟基的硅树脂共缩聚制得。由于聚硼有机硅氧烷主键上有 $\equiv Si—O—B\equiv$ ，所以耐热性更高。可用于高温环境下工作的机电零部件的粘接，以及用于高温玻璃钢和石棉制品的制造和粘接。

>>>>>>>>

7.3 硅树脂的主要产品

硅树脂最主要的产品有涂料、黏结剂、模塑料等。硅树脂也可通过它们的应用温度范围来分类。第一类是400℃以上。在如此高温度下，硅树脂的有机基团会被空气中的氧气氧化，还会产生可挥发成分，并最终生成二氧化硅，它能和其它耐热物质烧结，生成耐更高温的复合材料。第二类是300℃以下。在此温度下，硅树脂即使长时间使用也能保持它的化学结构基本不变。300～400℃是个比较困难的温度范围，因为在此温度下，有机基团会被氧化，但对烧结过程而言温度又太低。第三类是在室温条件下。在此温度下，硅树脂的润湿和疏水性能就显得非常重要。

7.3.1 硅树脂涂料

7.3.1.1 有机硅绝缘涂料

耐高温绝缘涂料是硅树脂最重要的应用之一。电机及电器设备上需要各种各样的电绝缘材料，而这些通常是涂绝缘涂料的有机或有机材料。所以电气设备的技术水平与绝缘涂料的质量密切相关。电绝缘材料分为七个级别，不同的级别有不同的最高允许使用温度（表7.10）。

■表7.10 电绝缘材料的级别及其相应的最高允许使用温度

级别	Y	A	E	B	F	H	C
最高使用温度/℃	90	105	120	130	155	180	>180

通用的有机绝缘涂料只能在130℃下长期工作，一些耐热好的有机树脂也只能在150℃下使用。而有机硅绝缘涂料的使用温度为180~200℃，在某些情况下，甚至可提高到250~300℃。涂有机硅绝缘涂料的材料能作为H级电绝缘材料使用。

电机及电器设备的重量、体积、价格及其使用寿命首先取决于绝缘涂料的性能。电绝缘材料的耐热性越高、电绝缘性能越强，在同等功率条件下，电气设备的体积就可以做得越小，质量越轻，使用寿命却越长。有机硅绝缘材料是性能优良的耐高温绝缘材料，从而使同样功率的电机重量减轻35%~40%，并且降低了铜和硅钢片的消耗量。

有机硅绝缘涂料的主要应用形式之一是H级电机及变压器的线圈浸渍涂料，其主要成分为甲基苯基硅树脂，加入甲苯或二甲苯稀释配成50%~60%溶液即为成品。浸漆的使用方法大致如下：准备处理的线圈在浸漆前先于100~110℃进行干燥以除去所含水分及挥发性物质，然后冷却到50℃左右进行浸漆，到不发生气泡为止取出，处理后悬挂数小时进行风干。风干后的产品先于100℃下加热使溶剂蒸发除去并使初期聚合，最后在200~250℃下加热数小时以完成最后固化，前后共需加热10~15h。

为了减少污染，改善操作条件，国外在20世纪60年代末研制成无溶剂H级绝缘有机硅浸渍涂料，其中包括过氧化物型和加成型硅树脂。

云母是一种非常好的天然电绝缘介质，它在500~600℃高温下仍能保持其绝缘性能不变。但是天然云母往往受到尺寸的限制而不能直接作为电机及其它电气设备的绝缘材料，为此采用了耐热的有机硅绝缘涂料来粘接云母碎片。根据选用的有机硅绝缘涂料的类型和云母的结构，可以得到硬质和柔软的云母薄片、板和管子，可以用作高压电机的主绝缘和电气、电子器件的绝缘材料。粘接云母用的有机硅绝缘涂料也是一种甲基苯基硅树脂，作为粘接用的涂料要求比浸渍涂料的干燥速度更快（较低R/Si值）。

甲基苯基硅树脂也可以用作玻璃布（石棉布等）用浸渍涂料。作为漆布用涂料，主要用于浸刷或涂刷玻璃纤维布制成漆布，要求其干燥和温度与处理时的时间大体上与浸渍情况相同中，皮膜要耐热并且要有较高的热弹性。该种涂料是硅漆漆膜中最软的一种。

制作玻璃布层压板主要使用低 R/Si 值甲基苯基硅树脂，其制造过程如下：将玻璃布浸渍于涂料中，提出后在 100℃ 左右的温度下蒸除溶剂，制成浸过涂料的坯布。然后按要求厚度将数张层叠在一起，开始从 170℃ 逐渐升温到 200℃ 的温度下，以 20～70MPa 的压力加压成型。然后取出放在加热炉中由 100℃ 逐渐升温至 250℃，使之完全熟化聚合。

7.3.1.2　有机硅玻璃树脂涂料

有机硅透明树脂是以甲基三乙氧基硅烷为主要原料，经水解、缩合制得甲基硅树脂预聚体。因其固化后透明度高，外观像玻璃，故又称为玻璃树脂。

由于玻璃树脂中 R/Si 的值较小（等于或稍大于 1），官能度很大，因此该树脂具有低温快速固化的特点，成膜性好。如果加入少量的催干剂，在 50～60℃ 几分钟内树脂就可固化成膜；即使不加催干剂，在 100℃ 左右烘数小时，或在室温下放置数日亦也可固化膜。

玻璃树脂可溶于乙醇、丁醇、乙酸乙酯、苯、二甲苯以及酮类等，最常用的溶剂为乙醇。玻璃树脂的使用方法有喷涂、浸涂、辊涂、刷涂、真空喷涂等。在使用前，涂覆的基材表面要进行清洗，以除去杂质和油污，清洗的方法有酸洗、碱洗、水洗、丙酮洗等。对于某些高分子材料，如有机玻璃、聚碳酸酯等，需进行特定的表面处理。

有机硅玻璃树脂的主要特点是坚硬透明，成膜后的薄膜绝缘性能好，并且有耐磨、耐热、耐老化、耐辐射、低温不脆化、疏水、防潮、无毒、透光率强等优点，可作为玻璃、有机玻璃、聚碳酸酯、丙烯酸系塑料、镜头、飞机和汽车上的挡风玻璃板、仿金工艺品、金属化塑料、扑克牌、高级画报等的透明保护涂层。此外，由于玻璃树脂涂层的折射率比任何透明塑料都低，因此可通过降低界面反射来提高透光率，改善光学性能。

玻璃树脂还可用作电子电器元件的绝缘和防潮涂层。经玻璃树脂处理过的非标电阻、碳膜电阻、陶瓷骨架电阻、酚醛树脂骨架电感线圈和聚苯乙烯骨架电感线圈等均有防潮、绝缘效果，电性能参数稳定、高频性能尤其突出，符合技术要求；而且外观光亮平滑、清洁美观。此外，用玻璃树脂代替环氧清漆和普通有机硅绝缘涂料浸渍小型变压器线圈，可避免因使用上述两种绝缘涂料时，苯类溶剂的中毒和空气污染问题。

7.3.1.3　耐热耐候的防腐涂料

人们通常使用涂料涂覆在金属制件及其它材料表面以防止其腐蚀，但有机清漆和瓷漆不耐热，有机树脂在温度大于150℃时大部分会碳化，而当温度低于-70～-50℃时又变脆，致使涂层从材料表面脱落。有机硅树脂具有优良的耐高温和耐候性能，使其成为高温涂料的理想材料。另外，硅树脂在高温下被氧化成二氧化硅后和绝热材料烧结，形成耐更高温度的复合材料。有机硅涂料除了耐热外，还具有耐候、耐水、耐各种气体和蒸汽、耐臭氧和紫外线等特性。因此，目前已广泛用作烟道气、锅炉、电炉、各种加热器、水泥焙烧炉、石油裂解炉等的耐热防腐涂料，以及用作飞机、导弹、宇航器等的绝热保护涂料。

耐热有机硅防腐涂料通常分为两大类：260℃以下使用的和260～650℃范围内使用的涂料。前者通常以改性有机硅树脂（有机硅含量约25%～30%）为基料，后者有机硅含量较高。一般来说，使用温度越高，需要的有机硅含量也越高。

在配制有机硅耐热涂料时，除了能成膜的硅树脂溶液外，还需要添加填料（如云母粉、滑石粉、玻璃粉等）和颜料（通常使用热稳定的无机颜料，如铝粉、锌粉、炭黑等）。填料的种类对所配制涂料的耐热性有很大的影响。如含铝粉的有机硅涂料能在540℃下长期使用。在有机硅隔热涂料中加入硅烷偶联剂，可以改善填料的分散性和涂料的黏度，提高涂层的防腐和耐水性，增加底材的附着力和层间附着力，降低涂料的固化温度，提高涂层的物理机械性能。为加速漆膜的固化速度，可使用各种不同的催化剂。催化剂一般为锌、钴、镁和铁的辛酸盐或环烷酸盐，其中辛酸锌的效果最好。

7.3.1.4 耐候涂料

有机改性硅树脂涂料能经受室外长期暴晒，无失光、粉化、变色等现象，耐候性能非常卓越，而且价格较便宜，能够室外干燥，施工简便。现在主要品种有有机硅改性醇酸树脂、聚酯树脂、丙烯酸树脂、聚氨酯树脂等，分自干型及烘干型两大类，就耐候性能来讲，烘干型优于自干型。自干型醇酸硅树脂耐候涂料，能常温固化，而且价格低廉，使用寿命可达8～10年。它多用作维护性涂料，适用于永久性建筑及设备，例如高压输电线路的铁塔、铁路桥梁、货车、石油钻探设备、动力站、农业机械、海洋船舶的水上部分等涂饰保护。有机硅改性聚酯涂料是一种烘干型耐候涂料，主要用于金属板材，建筑用预涂装金属板及铝质屋面板，经户外耐候试验7年，仍不需重涂。有机硅改性丙烯酸酯涂料更具有卓越的耐候性能，保光、保色性能也很好，大量用于金属板材的预涂装、预制建筑及机器设备等涂装使用，其户外耐候使用期限可达15年。

7.3.1.5 脱模涂料

硅树脂的防粘和脱模性能与硅油类似，其主要差别是：硅树脂脱模剂能够在模具上形成一层半永久性的薄膜，可连续使用几十至几百次不需要更换，而硅油脱模剂则需要经常更换。因此，硅树脂脱模剂比较清洁和耐腐蚀，可以解决硅油脱模剂对制品的沾污问题。

用作脱模的硅树脂涂料，通常是低 R/Si 值的硅树脂溶于芳烃或脂肪烃与芳烃混合溶剂的稀溶液，浓度一般为 15%～30%。通常还含有少量的硅油，以防止硅树脂薄膜发生热开裂。硅树脂脱模涂料可用喷涂、刷涂或者浸渍的方法使用，最后必须在 200～230℃下固化 2h 左右，这样可获得一层平滑、无色的半永久性涂膜。为了达到最佳的脱模效果和确保涂膜附着牢固，必须对金属模具表面用喷砂进行清洁和去脂处理。

硅树脂脱模涂料业已用作烤面包托盘、油炒锅、不粘炊具、塑料橡胶模压制品的模具以及防粘隔离纸带等的脱模剂，由于它具有长使用寿命和其它一些优点，因此目前已取代传统的脱模材料如油脂、矿物油和脂肪酸等。

通常使用的有机硅脱模剂有纯硅油、硅油乳液和硅树脂，在使用选择上主要取决于经济性、使用寿命和应用的难易程度。例如，在生产橡胶、塑料模制品时，一般可每隔几模轻轻地喷上硅油乳液脱模剂；但在烤面包的情况下，烤盘的脱模剂要求使用寿命长，为此通常选用硅树脂作为脱模涂料。通过喷涂或浸渍的方式，将硅树脂作用于烤面包托盘及其它不粘炊具上，把托盘进行烧烤，使树脂固化。如此制作的烤面包托盘脱模 200～500 次而不需加脂，当烤面包托盘失去脱模功效时，可按上述方法重新处理。

7.3.1.6 建筑防水涂料

硅树脂憎水性强，所以可作为防水防潮涂料，它广泛用于建筑物防水。有机硅建筑防水涂料具有卓越的防水、防风化、防剥落和耐化学腐蚀等性能。

有机硅建筑防水剂的防水原理与通用的防水材料如有机涂料、沥青等不同。有机涂料、沥青是通过堵塞砖石和混凝土结构材料的孔眼来达到防水效果的；而有机硅建筑防水剂则是通过与结构材料起化学反应，在基材表面上生成极薄的不溶性疏水树脂薄膜。由于有机硅建筑防水剂不堵塞建筑材料的孔隙，因此不但具有拒水性，而且还能保持建筑物的正常透气，这是它最大的优点。经过有机硅建筑防水剂处理过的建筑物，可保持清洁、不粘尘埃，提高建筑物的隔热、隔声性能，并防止建筑物表面开裂，使建筑物不易风化，从而延长其使用寿命。

有机硅建筑防水涂料可分为水溶液型、溶剂型和乳液型三种类型。

水溶性有机硅建筑防水剂的主要成分是甲基硅酸钠溶液。它是用甲基三氯硅烷在大量水中水解，然后将所得沉淀物过滤并用大量水洗涤，得到甲基硅酸后，再与氢氧化钠的水溶液混合，并在 90～95℃下加热 2h，然后加水、过滤即制得甲基硅酸钠溶液。其结构如下：

$$HO \left[\begin{matrix} CH_3 \\ Si-O \\ ONa \end{matrix} \right]_{3\sim5} H$$

甲基硅酸钠遇到空气中的水和二氧化碳时，便水解生成甲基硅酸，在基材表面很快聚合，形成一层极薄的具有憎水性的交联聚甲基硅氧烷膜。而且混凝土和砖石实质上也是硅酸盐材料，所以甲基硅酸能和其表面硅羟基缩合，形成较为牢固的 $\equiv$Si—O—Si$\equiv$ 键。

甲基硅酸钠建筑防水剂一般是以 30% 的浓度出售，最终使用时的溶液浓度视应用情况而定，一般可用水稀释成 3% 的溶液。

甲基硅酸钠建筑防水剂的优点是价格便宜，使用方便。缺点是与二氧化碳反应速度较慢，需 24h 才能固化。由于施用的防水剂在一定时间内仍然是水溶性的，因此易被雨水冲刷掉。此外，甲基硅酸钠对于含有铁盐的石灰石、大理石会产生黄色的铁锈斑点，因此不能用于处理这些材料，而且也不能对已具有拒水性的材料作进一步的处理。在这些情况下，只能使用溶剂型的有机硅建筑防水剂。

溶剂型的有机硅建筑防水剂目前有两种类型产品。第一种是聚甲基三乙氧基硅烷溶剂型建筑防水剂；另一种是丙烯酸酯改性的有机硅建筑防水剂。

聚甲基三乙氧基硅烷树脂是甲基三乙氧基硅烷的水解缩合产物，呈中性，使用时必须加入醇类作溶剂。当施涂于基材表面时，溶剂很快挥发，于是在砖石的毛细孔上沉积上一层极薄的薄膜，这层薄膜无色透明、无光泽、也没有黏性。这种有机硅建筑防水剂受外界的影响比甲基硅酸钠小得多，因而适用的范围更广，防水效果也更好。丙烯酸酯改性的有机硅建筑防水剂是以丙烯酸酯为主链，而侧链带硅烷氧基或硅羟基的大分子。这种涂料集丙烯酸涂料和有机硅涂料之优点，具有超耐候性、涂层附着力好、耐水性优异、漆膜饱满等特性，而且能常温固化。

乳液型建筑防水剂也有两种类型，一类是纯硅树脂，另一类是丙烯酸改性硅树脂。乳液型防水剂由于不用或用较少量有机溶剂，所以比溶剂型环保。

7.3.1.7 有色涂料

有机硅有色涂料是以纯有机硅树脂或改性硅树脂作为基料，加入颜料调制而成的涂料。在建筑上，硅树脂可以作为水性颜料的载体，它几乎能着任何颜色。和普通分散和硅酸盐涂料相比，这种有色涂层防水，能呼吸，并具备硅树脂的所有特性。而有机硅示温涂料则是加入感温变色颜料、耐热及其它填料的纯硅树脂。根据变色颜料的变色温度范围不同，可以制得不同报警温度的示温涂料。它可用于各种高温设备的预警。

7.3.2 硅树脂胶黏剂

有机硅胶黏剂可分为以硅树脂为主要成分和以硅橡胶为主要成分两类。由于硅树脂，特别是含苯基硅树脂拥有特别优良的耐热性，它们可用作高温胶黏剂的主要成分。纯硅树脂为基料的有机硅胶黏剂以硅树脂为基料，加入某些无机填料和有机溶剂混合而成，用以粘接金属、玻璃钢等。固化时需加热和加压。

以 KH-505 高温胶黏剂为例，它是以聚甲基苯基硅树脂为基料（甲基/苯基值为 1.0），加入氧化钛、氧化锌、石棉及云母粉等无机填料配制而成。其中石棉可以防止胶层因收缩而产生龟裂；云母可增加胶层对被粘物的浸润性；氧化钛可增加强度和改善抗氧化性；氧化锌可中和微量的酸性，以防止对被粘物的腐蚀作用。固化条件：270℃/3h，压力5MPa；去除压力后再固化425℃/3h，粘接强度有较大提高。KH-505硅树脂胶黏剂的最突出性能是耐高温，它能长期在400℃下使用而不被破坏。它可用于高温下非结构部件如金属、陶瓷的粘接及密封，螺钉的固定以及云母层压片的粘接。缺点是强度较低、韧性小，不能做结构胶黏剂。

以改性硅树脂为基料的有机硅胶黏剂通常是以环氧、聚酯、酚醛等有机树脂来改性的硅树脂。这类胶黏剂能利用有机树脂的固化剂进行固化，从而降低固化温度，并保持较高的粘接强度。环氧树脂是已知有机树脂中粘接性最好的几种之一。这是由于环氧树脂分子链中固有的极性羟基和醚键的存在，使其对各种物质具有很高的黏结力。而且环氧树脂固化时的收缩性低，产生的内应力小，这也有助于黏附强度的提高。以环氧树脂改性有机硅树脂为主要成分制得的高温胶黏剂，经200℃下10h耐热测试后，测得常温抗剪强度最高可达93MPa（铝-铝粘接，搭接面积2cm²左右）。环氧改性的硅树脂胶黏剂在使用时，由于有较大数目的环氧基团存在，必须加入适量的固化剂，如顺丁烯二酸酐等，用以降低固化温度，提高树脂交联程度和耐热性，并使其保持较高的粘接强度。

国产JG-2胶黏剂是一种含有固化剂的315聚酯（由甘油、乙二醇、对苯二甲酸制备的）来改性947聚甲基苯基硅树脂。固化剂为正硅酸乙酯、硼酸正丁酯、二丁基二月桂酸锡等，固化条件为室温至120℃/1.5h，120～200℃/1h，压力为1～2MPa。聚酯改性硅树脂胶黏剂在常温时强度不高，但能在200℃长期使用，有良好的热稳定性。

国产J-08硅树脂胶黏剂是由甲基酚醛树脂、聚乙烯醇缩丁糠醛以及聚有机硅氧烷三者组成。固化条件：100℃/1h，200℃/3h，压力5MPa。它能在300～350℃温度范围内使用。而国产J-08硅树脂胶黏剂由甲基酚醛树脂、聚乙烯醇缩丁糠醛以及聚有机硅氧烷三者组成。固化条件：100℃/1h＋200℃/3h，压力5MPa。能在300～350℃使用。国产J-09胶黏剂则是以聚硼有机硅氧烷为主体，再用酚醛树脂、丁腈橡胶、酸洗石棉、氧化锌配制而成的耐高温胶黏剂。由于聚硼有机硅氧烷主键上有硅氧硼键（≡Si—O—B≡），耐热性更高。这个产品可用于在高温环境下运行的机电零部件的粘接，以及用于高温玻璃钢和石棉制品的制造和粘接。固化条件为200℃/3h，压力为5MPa。

压敏胶黏剂（pressure sensitive adhesive，PSA）是一种只需施加指压就能与被粘物黏合牢固的胶黏剂，而在大多数情况下又需要轻轻一拉就能把它从黏着表面除去。它被广泛用于生产胶黏带、压敏型标签、卫生巾以及其他同类型产品。对于压敏胶黏剂中高分子材料的要求可以说是部分相互矛盾的，它们既须要能黏附到基质表面，并有较高的抗剪切、抗剥强度，而且还需要在脱黏后不留一点在基质上。有机硅压敏胶黏剂是由硅橡胶生胶与硅树脂，再加上硫化剂和其它添加剂相混合制成的。目前大量使用的仍然是溶剂型有机硅压敏胶，典型的溶剂是甲苯、二甲苯、二氯甲苯、石油醚以及其混合物。硅橡胶是有机硅压敏胶黏剂的基本组分，为了使有机硅压敏胶具有良好的粘接性能，需要硅橡胶有较高的分子量（分子量达几十万），只有这样才能保证胶黏剂具有良好的柔韧性、内聚强度和低迁移率。而硅树脂（一般为 MQ 树脂，参看 6.3 节）作为增黏剂并起到调节压敏胶黏剂物理性质的作用，M/Q 比一般在 0.6～0.9 之间。硅树脂与硅橡胶生胶的比例为(45～75)：(25～55)（质量比）。有机硅压敏胶黏剂的性能随两者的比例变化而改变：硅树脂含量高的压敏胶黏剂，在室温下是干涸的（没有黏性），使用时通过升温、加压即变黏；而硅生胶含量高的压敏胶黏剂，在室温下黏性特别好。

有机硅压敏胶是一种新型的具有广阔发展前景的胶粘剂。它不仅具有良好的黏结强度和初黏性，还有许多独特的性能。

① 对不同表面能的材料表面具有良好的黏附性，因此它对未处理的难黏附材料，如聚四氟乙烯、聚酰亚胺、聚碳酸酯等都有较好的粘结性能；

② 具有突出的耐高低温性能，可在 −73～300℃ 之间长期使用，且在高温和低温下仍然保持其粘接强度和柔韧性；

③ 具有良好的化学惰性，使用寿命长，同时具有突出的耐湿性和电性能，因此可用来制作电机绝缘胶带；

④ 具有良好的生物惰性和一定的液体可渗透性，可用于药物与人皮肤之间的粘接。

7.3.3 有机硅塑料

热固性有机硅塑料是以硅树脂为基本成分，加以云母粉、石棉、玻璃丝纤维或玻璃布等填料，经压塑或层压而制成。它们有较高的耐热性，优良的电绝缘性和耐电弧性以及防水、防潮等性能。有机硅塑料按其成型方法不同，主要可分为层压塑料、模压塑料和泡沫塑料三种类型。

7.3.3.1 有机硅层压塑料

目前使用最多的是由硅树脂和玻璃布制得的层压塑料，它具有突出的耐热性和电绝缘性能，可在 250℃ 长期使用，且吸水率低，耐电弧性和耐火焰性好，介电损耗小。也可采用石棉布或石棉纸代替玻璃布制取层压塑料，它们虽然价格便宜，但机械强度较差。硅树脂一般都是聚甲基苯基硅氧烷在甲苯中的溶液，但树脂中甲基与苯基的含量各不相同。

有机硅层压塑料可采用高压和低压两种成型方法来制取，也可采用真空袋模法。

高压成型法的使用压力约为 70MPa，而低压成型法的使用压力只有 2MPa。两者的主要区别在于使用的固化催化剂和聚合度不同：高压法层压塑料通常是用三乙醇胺用催化剂;而低压法层压塑料一般使用高活性的专用催化剂,如二丁基双醋酸锡和2-乙基己酸铅的混合物。高压成型层压塑料吸水率低,具有更卓越的电气性能。

有机硅玻璃布层压塑料可用作 H 级电机的槽楔绝缘、高温继电器外壳、高速飞机的雷达天线罩、接线板、印刷电路板、线圈架、各种开关装置、变压器套管等,还可用作飞机的耐火墙以及各种耐热输送管等。

7.3.3.2 有机硅模压塑料

有机硅模压塑料是由有机硅树脂、填料、催化剂、染色剂、脱模剂以及固化剂经过混炼而成的一种热固型塑料。通常所用的填料有:玻璃纤维、石棉、石英粉、滑石粉、云母等;催化剂为氧化铅、三乙醇胺以及三乙醇胺与过氧化苯甲酰的混合物;常用的脱模剂是油酸钙。

硅树脂预缩物是端基含有羟基的线型聚甲基苯基硅氧烷,R/Si 为 $1.0\sim1.7$,苯基在有机基团中的比例为 $30\%\sim90\%$。把硅树脂预缩物与催化剂以及适当的填料如玻璃纤维、石棉或硅藻土混合,用泵抽去溶剂,然后把树脂、填料混合物在 $110℃$温度下固化 $10min$,冷却后进行破碎,即可制得模塑粉。

模塑粉的加工成型方法有两种:一种是采用压缩模塑;另一种是采用传递模塑。模塑的条件是:温度为 $175\sim200℃$、压力 $300\sim700MPa$、模塑固化时间为 $15\sim30min$。模塑零件乘热脱模,并递送至烘炉中在 $90℃$下进行固化,然后慢慢地把温度提高至 $250℃$,最后进行 $72h$ 的后固化以提高零件的性能。

根据用途不同,有机硅模压塑料可分为结构材料用和半导体封装用两种类型。结构材料用的有机硅模压塑料习惯上称之为有机硅塑料,它的特点是耐高温、抗潮、机械强度和电绝缘性能随温度变化很小。所以广泛用于火箭、宇航、飞机制造、无线电、电气和仪表工业中用来制作大功率直流电机的接触器、接线板、各种耐热的绝缘材料,以及能在 $200℃$以上长期使用的仪器壳体和电气装置的零部件,如刷架环、线圈架、电工零件、来弧罩、印刷线路盘、电阻与换向开关、配电盘等。用于封装电子元件、半导体晶体管、集成电路等的有机硅模压塑料具有耐燃、不燃、吸水率低、防潮性好和无腐蚀等特性,在很宽的温度、湿度和频率范围内仍能保持稳定的电绝缘及机械性能,从而使封装的半导体元件免潮气、尘埃、冲击、振动及温度等因素的影响。

7.3.3.3 有机硅泡沫塑料

有机硅泡沫塑料是一种低密度的具有泡孔结构的材料,它可经受 $360℃$的高温并且耐燃,是用作隔热、隔声和电绝缘的优良材料。

有机硅泡沫塑料可分为两类:一类是粉状的,它加热到 $160℃$左右即自行发泡;另一类是液态双组分的,室温下即可发泡。粉状泡沫塑料是由含有硅醇基的低熔点(熔点为 $60\sim70℃$)、低分子量的无溶剂硅树脂,加入填料(硅藻土、石英粉等）、发泡剂、催化剂混合熔融粉碎而成。使用时，将粉末塑料加热到160℃开始发泡，直至发泡完毕，然后把泡沫放在250℃的烘炉内热固化约70h。所用的发泡剂为 N,N'-二亚硝基五甲撑四胺或4,4'-氧化双苯磺酰肼等；催化剂用辛酸盐、环烷酸盐或胺类。双组分室温有机硅泡沫塑料是由含硅醇基和含硅氢基团的两种有机硅液体相混组成，以季胺碱（或铂的化合物）作催化剂，利用交联反应时放出氢气而发泡，发泡时间7～10min，15min后发泡完毕。开始时泡沫塑料为软质，10h后变硬，可以继续加工。

有机硅泡沫塑料可用作航天器、火箭等的轻质、耐高温、抗湿材料，也可作为推进器、机翼、机舱的填充材料以及火壁的绝缘等。

7.4 溶胶-凝胶技术

溶胶-凝胶（sol-gel）技术是通过低温湿化学法制备陶瓷和玻璃材料的一种方法。这种技术包括用无机或有机前体（precursor）如无机金属盐、金属醇盐等合成溶胶、溶胶的凝胶化、溶剂的挥发和高温煅烧等步骤。图7.2是溶胶-凝胶技术的一个大致小结。通过这种方法可以制备用传统技术难以合成的不同无机材料形态，如超细陶瓷粉末、陶瓷纤维、无机薄膜涂层、气溶胶等。

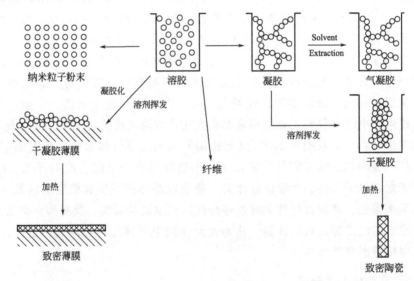

图7.2　溶胶-凝胶技术

7.4.1　硅溶胶

硅树脂可以被认为是溶胶-凝胶技术的一种，而二氧化硅（Q硅树脂）是最常见的一种溶胶-凝胶材料。二氧化硅水溶胶是二氧化硅的胶体微粒分散于水中的胶体溶液，简称硅溶胶。硅溶胶外观为乳白色半透明的胶体溶液，多呈稳定的碱性，少数呈酸性。硅溶胶中二氧化硅固含量一般为 $10\% \sim 35\%$，高时可达 50%。硅溶胶中粒子比表面积为 $50 \sim 400 m^2/g$；粒径范围一般为 $5 \sim 100 nm$。

硅溶胶的制备可以采用不同的工艺路线，而工业上最广泛采用的方法是通过无机水玻璃（硅酸钠的水溶液，参看 1.2 节）酸化得到，通常包括以下几个步骤：

① 通过离子交换或渗析除去硅酸钠中的钠离子，并得到低聚硅酸；

② 加入少量氢氧化钠，通过调节 Na_2O/SiO_2 之比来得到所需要的粒径；

③ 硅酸在一定条件下聚合；

④ 浓缩以达到所需含固量。

离子交换的具体过程如下。首先将水玻璃用蒸馏水稀释，按一定流速通过阳离子交换树脂层，使水玻璃中的钠离子与阳离子交换树脂上的氢离子进行离子交换，再把从阳离子交换树脂流出的聚硅酸溶液稀液通过阴离子树脂交换柱，去除液体中的阴离子（如氯离子）。这样就得到了高纯的弱酸性聚硅酸溶胶。

图 7.3 显示的是硅酸在不同 pH 条件下的缩合。当浓度低于 100×10^{-6}，硅酸在 25℃ 的水中能稳定较长时间。当浓度提高，硅酸就会缩合成多硅酸，继而生成二氧化硅纳米粒子。在碱性条件下，纳米粒子继续生长。而在酸性条件下，缩合反应速度较慢，容易形成线型、低支链度高分子结构，粒子一般小于 $3 \sim 4 nm$。由于它们表面电荷小，所以较易聚集，并生成三维凝胶结构。

硅溶胶的稳定性非常重要，它取决于很多因素，包括二氧化硅的粒径和浓度、pH、温度等。由于奥氏熟化（ostwald ripening）的缘故，较小的粒子由于表面能较大，所以会不断溶解并沉积到较大的粒子上去，从而降低体系总表面积。而较大的粒子则相对比较稳定。一般来说，浓度越大，二氧化硅粒子聚集的可能性也就越大，而硅溶胶的稳定性也就越差。所以粒径越小，硅溶胶可以达到的浓度越越小。硅溶胶的贮存温度为 5～30℃。如果温度低于水的冰点，二氧化硅粒子就会析出，而较高的温度则会促进微生物的生长，并有可能降低硅溶胶的储存稳定性。

水的 pH 是影响硅溶胶稳定性的一个非常重要的因素。图 7.4 中显示的是 pH和盐的存在对硅溶胶稳定性的影响。由于二氧化硅粒子表面有大量硅醇基团，所以呈弱酸性。一般的硅溶胶会通过加入少量氢氧化钠或氨水，使其 pH 在 9～11 范围之内。在此条件下，硅醇基团会产生电离，使二氧化硅粒子带负电荷。由于负电荷之间的静电排斥作用，硅溶胶在此 pH 范围内很稳定。而在溶液中盐离子能屏蔽电荷之间的相互作用，从而降低硅溶胶的稳定性。在更高的 pH 下，二氧化硅会分解，并生成可溶性硅酸盐。

$$\equiv Si—OH + OH^- \longrightarrow \equiv Si—O^- + H_2O \qquad (7.4)$$

从图 7.4 中我们也能看到一个奇怪的现象。硅溶胶最不稳定的 pH 不是在其等电点（二氧化硅粒子的等电点为 pH 2～3），而是在 pH 5 左右。在 pH＝2～3 时，

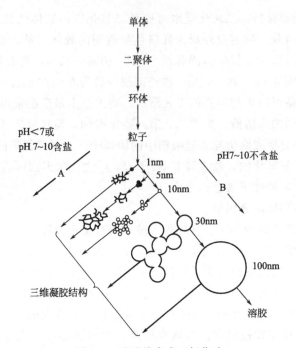

图 7.3　硅酸缩合成二氧化硅

A——在酸性或含盐条件下二氧化硅粒子聚集，

生成三维凝胶结构；B——而碱性条件下有利于二氧化硅粒子增长

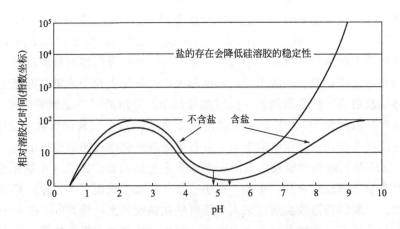

图 7.4　pH 和盐的存在对硅溶胶稳定性的影响

硅溶胶的稳定性还相当不错。这是用以上理论（关于胶体稳定的 DLVO 理论）无法解释的。这可能是在此 pH 条件下粒子表面形成较致密水合层的缘故。

　　为了减小 pH 对硅溶胶稳定性的影响，二氧化硅粒子的表面可以用铝酸钠进行改性。铝原子半径和硅原子的相近，所以用它可以取代部分表面硅原子。由于铝原子为三价，而硅原子为四价，所以通过这种取代，即使在较低 pH 下，也能在二氧化硅表面形成负电荷 [图 7.5 (a)]。因此，表面铝化的硅溶胶在 pH3～10 之间都稳定。

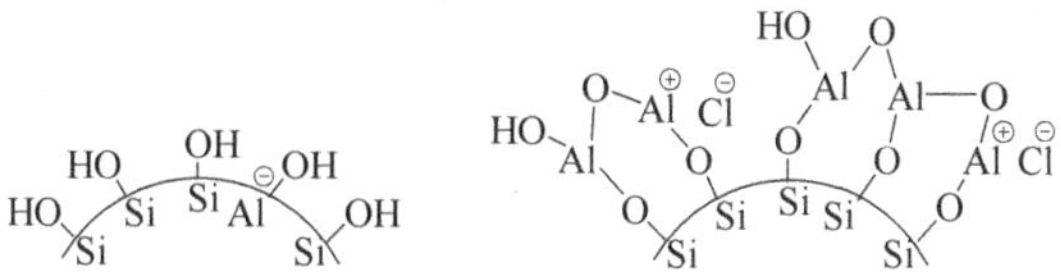

(a) 二氧化硅表面的硅原子被　(b) 二氧化硅表面用氧化铝覆盖
　　铝原子部分取代

图 7.5　二氧化硅粒子表面改性

如果二氧化硅表面用氧化铝来覆盖，则能生成表面带正电荷的粒子 [图 7.5 (b)]。一般是将硅溶胶的 pH 调到 7～8，然后在高剪切分散乳化机作用下加到碱性铝盐溶液中去。硅溶胶的 pH 越接近 7，就越不容易产生沉淀，但 pH 不能低于 7。

硅溶胶中二氧化硅粒子是亲水性的。但它的表面性能可以通过其表面硅醇基来进行改性。常用的改性剂为有机基团取代的烷氧基硅烷（图 7.5）。这种改性可以提高二氧化硅粒子对有机材料的亲和性。

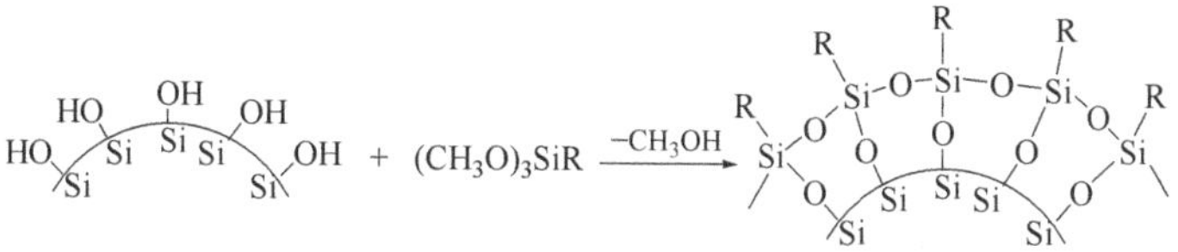

$$(7.5)$$

四乙氧基硅烷（tetraethoxysilane，TEOS）也是溶胶-凝胶技术中常用的二氧化硅前体之一。由于它在水中的溶解度较小，一般需要通过在醇中和水反应，从而得到二氧化硅在乙醇和水混合溶剂中的溶胶体系。

四乙氧基硅烷和水的反应和缩合型硅树脂中的反应相似，也包括水解（式 7.6）和缩合（式 7.7 和式 7.8）反应。

$$\equiv Si-OR + H_2O \xrightarrow{-ROH} \equiv Si-OH \qquad (7.6)$$

$$\equiv Si-OH + HO-Si \equiv \xrightarrow{-H_2O} \equiv Si-O-Si \equiv \qquad (7.7)$$

$$\equiv Si-OR + HO-Si \equiv \xrightarrow{-ROH} \equiv Si-O-Si \equiv \qquad (7.8)$$

pH、水的用量和溶剂对这些反应影响很大。图 7.6 显示，pH 对水解及缩合反应速率的影响不尽相同，水解反应在 pH7 左右速率最慢，而 pH 为 5 时缩合反应最为缓慢。在 pH<2 时，水解反应速率大于缩合反应速率，而 Si—O—Si 键在这种条件下又比较稳定，所以四乙氧基硅烷和水反应的产物为支链度低，较线型的高分子化合物。这种溶胶适用于薄膜涂层。当 pH>7 时，缩合反应比水解反应快，而 Si—O—Si 又容易断裂，所以形成近乎平衡的非分形（nonfractal）球形结构。

Stöber 反应就是其中一个例子。四乙氧基硅烷在乙醇中在氨水存在条件下和水反应，能生成近乎单分散的二氧化硅纳米粒子。而粒径则可以在较大范围内通过四乙氧基硅烷＼乙醇＼氨＼水的比例来控制（图 7.7）。

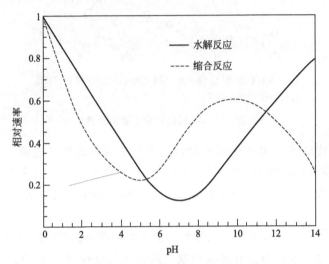

图 7.6　pH 对水解及缩合反应速率的影响

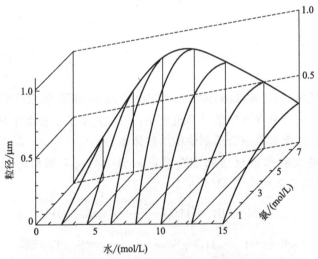

图 7.7　0.28mol/L 四乙氧基硅烷乙醇溶液中水和氨
的浓度对生成二氧化硅粒径的影响

7.4.2　硅凝胶

　　凝胶是一种由细小粒子聚集成的三维网状结合和连续分散相介质组成的具有固体特性的胶态体系。溶胶向凝胶的转化是溶胶分散体系的解稳过程。这种转化可以通过加盐、改变 pH 或溶剂挥发来实现。凝胶形成后，其性质还会随时间继续变化，这个过程被称为凝胶的老化（aging）。凝胶的老化包括聚合、粗化和相转变等过程。聚合是指进一步缩合，从而提高网络结构之间的连通性。粗化（也叫熟化）是一个溶解和重新沉淀的过程。不同曲率的表面的溶解度不同，负曲率表面的溶解度最大，正曲率表面其次，而曲率为0的平面的溶解度最小。而溶解度随曲率半径的变大而提高。所以在凝胶的粗化过程中，小的粒子消失，小的孔隙被填充，从而使整个体系的界面积下降，平均孔径提高。硅凝胶的相转变主要是指宏观相分离，如形成沉淀等。

干燥方式和速度对溶胶-凝胶二氧化硅材料的结构和性质有很大的影响。通过控制干燥条件，可以保持多空结构或得到致密结构。

凝胶的干燥过程可以分为四个阶段。第一个阶段被称为恒速期（constant rate period）。在这个过程中，因为凝胶减少的体积和蒸发掉的溶剂体积相同，所以单位表面积的溶剂蒸发速度不随时间变化。这当然需要凝胶具有良好的柔软性。当在溶剂蒸发过程中凝胶持续脱水交联，凝胶收缩速度则会快于溶剂的蒸发。如果在溶剂蒸发掉时，交联使凝胶变硬，那匀速期就到此为止。在这种情况下，孔隙大小将取决于交联反应对溶胶结构的影响。当干燥收缩到一定程度时，凝胶就会变得足够硬，从而使其在溶剂蒸发过程中不再收缩，这时凝胶就达到临界点（critical-point）。此时，凝胶孔隙中的溶剂开始蒸发，弯液面进入孔内，从而产生极大的表面张力。比如，表面积为几百平方米每克的溶胶-凝胶二氧化硅能产生1000个大气压的压力。这时如果凝胶没有经过特别处理，通常就会开始出现裂痕。而溶剂中加入表面活性剂可以减少裂痕的产生。过临界点后，弯液面进入孔内，但孔壁上还保留一层溶剂薄膜。这层薄膜中溶剂流动到表面并蒸发，而且孔隙中的溶剂也同时蒸发，从而使凝胶进一步干燥。这个过程被称为第一降速期（firstfalling rate period）。在相同蒸汽压下，弯液面曲度应该到处相同，所以弯液面会先进入尺寸较大的孔隙内，在它们干燥以后，尺寸较小的孔隙中的溶剂才会开始蒸发。在此期间裂痕会随时产生。随着溶剂的进一步蒸发，孔壁上的溶剂薄膜不再能保持连续，系统就进入第二降速期（secondfalling rate period）。这时孔隙中的液体只能通过气化后才能扩散到凝胶表面，所以溶剂的蒸发只在体系内部发生。在这个过程中，表面温度接近室温，溶剂蒸发逐渐变缓，而外部环境（温度、湿度、风压等）对其影响也较小。

在凝胶干燥过程中，经常由于局部溶剂的蒸发产生应力，从而出现缺陷。而系统整体张应力又使缺陷扩散成裂痕。有意思的是，如果膜厚度低小于500nm，一般没有裂痕产生，而大于1μm的膜则容易开裂。有多种方法可以减少裂缝的产生。首先是使溶剂缓慢蒸发。而孔隙尺寸较大，其毛细管力也较小，所以不太容易产生裂缝。老化可以提高凝胶的力学性能，从而减少开裂。加入化学添加剂也是一种防开裂常用的方法。表面活性剂是其中一种，加在溶剂中可以降低毛细管力。另一种被称作干燥控制化学添加剂（dryingcontrolchemical additives，DCCA），不同的干燥控制化学添加剂的作用机理也不尽相同，但它们都能提高干燥速度，使孔径大而且分布均匀，从而能防止开裂。用于二氧化硅凝胶的干燥控制化学添加剂有甲酰胺、N,N-二甲基甲酰胺、草酸、甘油等。凝胶在干燥过程中的收缩和开裂是在毛细管力作用下产生的。由于在超临界条件下（临界温度和临界压强以上）液体不会产生液/气界面，所以也就没有毛细管力。把溶胶或凝胶放入高压釜中加热加压，并使其不发生相变，从而让溶剂（一般为有机醇）通过超临界状态除去。通过这种方法可以得到所谓的气凝胶（aerogel），它的体积可以和原来溶胶体积相同，所以密度极低，为世界上最轻的固体。目前最轻的二氧化硅气凝胶的密度仅为 $3mg/cm^3$。二氧化硅气凝胶作为优良绝热材料在航天航空等领域有广泛的应用。另一种防止液/气界面产生的方法是使凝胶中的溶剂冷冻固化，然后让其在真空下升华。这个过程被称为冷冻干燥。由于溶剂结晶是会破坏凝胶的交联结构，造成开裂，所以这种方法不能用来制造大块材料。比如硅溶胶冷冻干燥后只能得到薄片状二氧化硅。在硅原子上接碳有机基团可以使硅胶柔顺化，从而减少开裂，所以有机硅树脂在干燥时不易产生裂痕。

在较低温下干燥的硅胶有不少用途，特别是那些需要在温和条件下把功能性有机或生物分子包入硅胶的孔隙中去的应用。而热处理可以把多孔疏松硅胶转化成致密玻璃结构。从以上讨论我们可以得知，通过控制水解、缩合、老化、干燥过程，我们可以得到不同结构包括孔隙大小和壁厚等的材料。而热处理的效果取决于低温干燥后的材料结构。当一种无定形无机物如二氧化硅加热时，一个最明显的物理变化就是体积收缩。随温度的升高，根据质量损失体积收缩曲线可以分为三个区域（图 7.8）。第一区域大约在 200℃ 以下。在这个区域里由于吸附在孔隙中的溶剂（水和有机溶剂）的挥发，所以质量损失较大，但体积收缩小，固体的结构没发生很大变化。在从 200℃ 加热到 500～700℃ 过程中，质量损失和体积收缩同时发生，

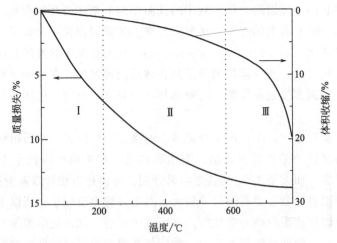

图 7.8 干燥凝胶加热质量损失和体积收缩曲线示意图

这就是第二区域。在这个温度区域里，共有三个可能的过程发生。首先是失去有机基团，在这个过程中有质量损失，但体积收缩很小，从而能产生很小的孔隙；其次是继续进行缩合反应，造成质量损失和体积收缩；再次是结构松弛，这个过程会使体积收缩，但不会造成质量损失。当温度继续升高，其体积则会迅速收缩，但质量不再损失，这时就进入第三区域。此转化温度接近于材料的玻璃态转化温度，所以系统有足够的能量使结构重组，并使其进入黏流状态，从而致密化。

7.4.3　溶胶-凝胶二氧化硅材料的应用

硅溶胶作为一种精细化工产品，被广泛应用于化工、精密铸造、纺织、造纸、涂料、食品、电子、选矿等领域的优良无机黏结剂。

溶胶-凝胶技术最大特点是能在较低温度下加工无机材料，所以可以通过这种方法加入有机化和物，使其具备各种功能。比如，以色列的溶胶-凝胶技术公司（Sol-Gel Technologies Ltd）开发了一系列以溶胶-凝胶二氧化硅为载体的药物和酶。和纯药物相比，把药物分子包入多孔二氧化硅的孔隙中既能使其缓慢释放，如果外用的话，又能解决大量药物与皮肤直接接触而引发疾病等问题。

溶胶-凝胶技术可用于制造光学器件包括阵列波导光栅、包入有机染料的玻璃、隐形眼镜等，另外还有化学传感器以及催化剂等。在溶胶-凝胶系统中用自组装超分子聚集体为模板，可以得到各种结构的二氧化硅介孔材料，而且孔径可在 $1.5\sim 10nm$ 之间调控。催化活性可以通过在二氧化硅结构中用其它金属原子杂化，或在孔壁上接上活性有机基团来得到。

溶胶-凝胶技术在薄膜涂层领域应该说有最显著的应用前景。与其它技术相比，溶胶-凝胶法在大面积曲面和特定非均一涂层等方面有非常明显的优势。通过这种方法多层涂层和有机-无机复合涂层也能很容易得到实现。溶胶-凝胶薄膜已被用于导电涂层、钝化涂层、多孔涂层、各种光学涂层、助或抗黏合涂层、生物相容涂层、防污涂层等。溶胶-凝胶薄膜一般通过旋涂或浸涂涂到基质表面，薄膜的性能可以通过以下参数来控制。

烷氧基硅中烷基越短，二氧化硅薄膜的密度也就越大，含氧量也就越高；孔隙和表比面积大小和溶剂有关；在稀溶液中水解会得到较小的粒子，从而使纹理变细，但孔隙率提高；多加水可以提高薄膜的密度；粒子在溶液中聚集会提高薄膜的孔隙率。

通过旋涂一般可以得到非常均一的涂层，但不能太厚，而且对于面积较大的不对称基质来说实施比较困难。用浸涂可以解决以上问题，但基质边缘的涂层通常不太均一。

由于其多孔性，溶胶-凝胶材料也可以被用在分离膜上。目前使用的大多数分离膜是由有机高分子材料组成的。而相对于有机材料而言，无机陶瓷材料有化学稳定、不溶胀和耐侵蚀等优点。多孔的溶胶-凝胶陶瓷膜一般用大孔基质为载体。

参考文献

[1] Walter Noll，Chemie und Technologie der Silicone，2. neubearb. und erw. Aufl. ，Weinheim：Verlag Chemie GmbH，1968.

[2] Ralph，K. Iler，the Chemistry ofSilica：Solubility，Polymerization，ColloidandSurface Properties，andBiochemistry，New York：John Wiley&Sons，1978.

[3] Silicone Chemie und Technologie，Ed. ：G. Koerner，M. Schulze，J. Weis，Essen：Vulkan-Verlag，1989.

[4] C. Jeffrey Brinker，George W. Scherer，Sol-Gel Science：thePhysicsand Chemistry of Sol-Gel Processing，San Diego：Academic Press，Inc. ，1990.

[5] 章基凯主编. 精细化学品系列丛书：有机硅材料. 北京：中国物资出版社，1999.

[6] John D. Wright，Nico A. J. M. Sommerdijk，Sol-Gel Materials Chemistry andApplications，BocaRaton：CRC Press，2001.

[7] 冯圣玉，张洁，李美江，朱庆增编著. 有机硅高分子及其应用. 北京：化学工业出版社，2004.

[8] Heilen Wernfried，Silicone ResinsandTheirCombinations，Hannover：Vincentz Network，2005.

[9] ColloidalSilica，Eds. ：Horacio E. Bergna，William O. Roberts，，BocaRaton：CRC Press，2006.

[10] 来国桥，幸松民等编著. 有机硅产品合成工艺及应用. 第 2 版. 北京：化学工业出版社，2010.

[11] 赵陈超，章基凯编著. 有机硅树脂及其应用. 北京：化学工业出版社，2011.

[12] Stöber，W. ；Fink，A. ；Bohn，E. ，Controlled growth of monodisperse silica spheres in the micron size range. J. Colloid Interface Sci. 1968，26 (1)，62-69.

第8章 ◀◀◀

硅烷偶联剂

8.1 硅烷偶联剂的结构和合成

　　偶联剂是在塑料配混中改善合成树脂与无机填料界面性能的一种添加剂，又称无机填料的表面改性剂。它在塑料加工过程中可降低合成树脂熔体的黏度，改善填充剂的分散度以提高加工性能，进而使制品获得良好的性能。偶联剂分子一般由两部分组成：一部分是亲无机基团，可与无机填料反应；而另一部分是亲有机基团，可与合成树脂作用。通过使用偶联剂，可在无机和有机物质的界面间架起一座"分子桥"，把两种性质悬殊的材料连接在一起，起到提高复合材料性能的作用。偶联剂按化学组成可分为硅烷、钛酸酯、铝酸酯、有机铬络合物和锆化合物等几大类，其中硅烷偶联剂（silanecouplingagent）历史最悠久、应用也最广泛。

　　硅烷偶联剂实质上是一类具有有机官能团的反应性硅烷。图 8.1 中显示的是硅烷偶联剂的几种结构，其中最常见的是三官能团度的硅烷，即 T。X 基团的种类对偶联效果没有影响，但会影响反应速度。氯硅烷反应活性强，而且价格便宜，但由于其反应副产物氯化氢具有强腐蚀性，所以在实际工业生产中用得很少。较常用的是比较稳定的中性烷氧基硅烷，其中用的最多的是甲氧基和乙氧基。甲氧基化合物较为活泼，乙氧基硅烷则较为稳定，另外，前者毒性较大。

　　硅烷偶联剂的合成一般从三氯硅烷开始，而这个化合物也是西门子法制备太阳能电池级和半导体级多晶硅的基本原料，我们在第 1 章中已经介绍过它的生产过程。硅烷偶联剂的第一步是使不饱和烃与硅氢键进行加成反应（式 8.1），然后进行烷氧基化反应（式 8.2）。

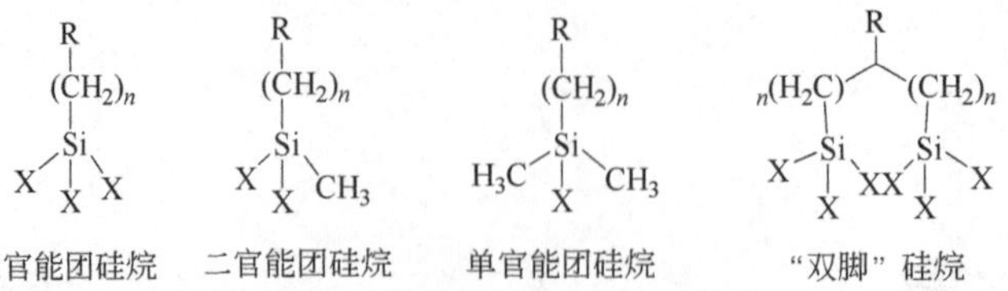

三官能团硅烷　　二官能团硅烷　　单官能团硅烷　　"双脚"硅烷

图 8.1　硅烷偶联剂的几种结构

R——有机官能团；$(CH_2)_n$——连接基团；

X——可水解基团如氯、烷氧基、酰氧基、氨基等

$$HSiCl_3 + ClCH_2CH\!=\!CH_2 \longrightarrow Cl(CH_2)_3SiCl_3 \tag{8.1}$$

$$Cl(CH_2)_3SiCl_3 + C_2H_5OH \longrightarrow Cl(CH_2)_3Si(OC_2H_5)_3 + 3HCl \tag{8.2}$$

上述反应的产物 γ-氯丙基三乙氧基硅烷还可以作为原料合成较为复杂的硅烷偶联剂，如通过和硫脲反应，最终可以得到 γ-巯丙基三乙氧基硅烷（式 8.3）。而 γ-氯丙基三乙氧基硅烷和过量乙二胺反应，则可以得到 N-（β-氨乙基）-γ-氨丙基三乙氧基硅烷（式 8.4）。

$$Cl(CH_2)_3Si(OC_2H_5)_3 + NH_2CONH_2 \longrightarrow$$
$$(C_2H_5O)_3Si(CH_2)_3\!-\!S^{\oplus}\!=\!C(NH_2)_2Cl^{\ominus}$$
$$\xrightarrow{R_2NH} (C_2H_5O)_3Si(CH_2)_3SH + R_2N^{\oplus}\!=\!C(NH_2)_2Cl^{\ominus} \tag{8.3}$$

$$Cl(CH_2)_3Si(OC_2H_5)_3 + NH_2(CH_2)_2NH_2 \longrightarrow$$
$$NH_2(CH_2)_2NH(CH_2)_3Si(OC_2H_5)_3 + HCl \tag{8.4}$$

三氯硅烷也可以先和醇反应，生成三烷氧基硅烷。在第 1 章中我们也介绍了由金属硅在铜催化下直接和乙醇反应合成三乙氧基硅烷的方法。三乙氧基硅烷然后和不饱和烃进行硅氢加成，从而合成各种硅烷偶联剂。比如，工业中应用非常广泛的 γ-(2,3-环氧丙氧)丙基三甲氧基硅烷（式 8.5）、γ-（甲基丙烯酰氧）丙基三甲氧基硅烷（式 8.6）、γ-氨丙基三乙氧基硅烷（式 8.7）。这几种硅烷偶联剂都含有较为活泼的反应基团，所以通过控制反应条件来防止交联显得非常重要。我们在第 3 章中还提到过，由于氨基上的活泼氢能和硅氢反应，放出氢气，因此如果只用铂催化剂，该反应产率较低。加入如碳酸钠、三乙基胺之类的反应促进剂，或使用其它催化剂如 $Ru(CO)_3(PPh_3)_2$ 等可以大大提高其产率。另外还可以通过用三甲基硅基保护氨基来提高反应产率。

$$CH_2\!-\!CHCH_2OCH_2CH\!=\!CH_2 + HSi(OCH_3)_3 \longrightarrow CH_2\!-\!CHCH_2O(CH_2)_3Si(OCH_3)_3 \tag{8.5}$$

$$CH_2\!=\!C(CH_3)COOCH_2CH\!=\!CH_2 + HSi(OCH_3)_3 \longrightarrow CH_2\!=\!C(CH_3)COO(CH_2)_3Si(OCH_3)_3 \tag{8.6}$$

$$NH_2CH_2CH\!=\!CH_2 + HSi(OC_2H_5)_3 \longrightarrow NH_2(CH_2)_3Si(OC_2H_5)_3 \tag{8.7}$$

还有一种比较重要的硅烷偶联剂乙烯基三烷氧基硅烷可以通过三氯硅烷和氯乙

烯的高温热缩和（式 8.8）或者把三氯硅烷和乙炔进行硅氢加成（式 8.9）来合成乙烯基三氯硅烷，然后醇化得到。

$$HSiCl_3 + ClCH=CH_2 \longrightarrow CH_2=CHSiCl_3 + HCl \qquad (8.8)$$

$$HSiCl_3 + HC\equiv CH \longrightarrow CH_2=CHSiCl_3 \qquad (8.9)$$

"双脚"（dipodal）硅烷偶联剂可以看作是以上 T 偶联剂的二聚体。它可以带功能基团，但由于考虑成本，很多都没有带官能团，而只有烷基链。这种偶联剂反应性高，能达到较高的交联度，和基材形成的化学键的水解稳定性是含三个硅烷氧基团的普通硅烷偶联剂的一万倍以上。"双脚"硅烷偶联剂多用于较难硅烷化的金属表面的改性，它们可以提高复合材料对基材的黏合、水解稳定性和力学强度。非功能性的"双脚"硅烷偶联剂经常和普通功能性硅烷偶联剂同时使用，用量之比一般在 1∶5 到 1∶10 之间。

"双脚"硅烷偶联剂的合成可以以 γ-氯丙基三乙氧基硅烷为原料和含双官能团的化合物反应。如双-[γ-（三乙氧基）硅丙基]四硫化物就是用 γ-氯丙基三乙氧基硅烷和四硫化钠在甲醇中反应得到（式 8.10）。而从三烷氧基硅烷出发进行硅氢加成反应也是制备"双脚"硅烷偶联剂的一种方法。如三乙氧基硅烷和乙烯基三乙氧基硅烷反应就能得到双（三乙氧基硅基）乙烷（式 8.11）。

$$2Cl(CH_2)_3Si(OC_2H_5)_3 + Na_2S_4 \longrightarrow [(C_2H_5O)_3Si(CH_2)_3]_2S_4 + 2NaCl$$
$$(8.10)$$

$$(C_2H_5O)_3SiH + CH_2=CHSi(OC_2H_5)_3 \xrightarrow{\text{Pt-Cat}}$$
$$(C_2H_5O)_3SiCH_2CH_2Si(OC_2H_5)_3 \qquad (8.11)$$

以上我们介绍的硅烷偶联剂中的连接基团 $(CH_2)_n$ 中的 n 都为 3。实践证明，n 对于硅烷偶联剂的稳定性、化学活性和产物的物理性质都有相当大的影响。硅烷偶联剂中硅碳键的热稳定性为 3＞1＞2，即 γ 取代最稳定，α 次之，而 β 最不稳定。γ 取代的硅烷偶联剂能抗 350℃ 瞬间高温，并能长期暴露在 160℃ 下而性质基本不变。在连接基团上接入苯基可以大大提高其耐热性，如 R—CH$_2$—Ph—$(CH_2)_2SiX_3$ 的热稳定性比 R—$(CH_2)_3SiX_3$ 高，而 R—CH$_2$—PhSiX$_3$ 则更稳定。如果有机基团太靠近无机物表面，由于空间位阻，它们反应会受到限制。只有在连接基团有一定长度时，这些基团的才会有足够的反应活性。由于丙基（$n=3$）来源容易，耐热性好，并有一定长度，所以 γ 取代的硅烷偶联剂最常用。

α 取代的硅烷偶联剂在强碱中容易发生硅碳键的断裂，但只要在合成和使用过程中，避免强碱性介质，这类偶联剂还是比较稳定的。所以它们也有一定的利用价值。首先是由于其基本原料为有机硅工厂中经常过剩的硅单体-甲基三氯硅烷，来源丰富，价格便宜。而 α 取代的硅烷偶联剂的合成也很简单，一般是通过甲基三氯硅烷的光氯化（式 8.12），然后醇化（式 8.13）。所得到的三烷氧基氯甲基硅烷可以作为原料，通过取代反应合成各种 α 取代的硅烷偶联剂。这条合成路线容易进行工业化生产，并形成系列产品。

$$CH_3SiCl_3 + Cl_2 \xrightarrow{h\nu} ClCH_2SiCl_3 + HCl \qquad (8.12)$$

$$ClCH_2SiCl_3 + 3C_2H_5OH \xrightarrow{h\nu} ClCH_2Si(OC_2H_5)_3 + 3HCl \qquad (8.13)$$

α 取代硅烷偶联剂的另一个特点是在其分子结构中，由于有机官能团和硅原子只相隔一个碳原子，互相靠得很近，所以官能团的电子效应更容易传递到硅原子上，使与硅原子直接连接的烷氧基团变得比较活泼，较容易发生各种化学反应。另外，在用 α 取代硅烷偶联剂处理过的复合物中，由于有机反应基团很靠近无机物表面，使无机有机界面成分在模量和热膨胀系数上有较好的匹配，所以在某些应用领域会有较好的效果。

除了图 8.1 中所列出的硅烷偶联剂外，还有其它结构的硅烷偶联剂，比如环状含氮硅烷（图 8.2）。这种硅烷偶联剂可以通过普通 γ 氨基硅烷偶联剂在较高温度下和铵盐反应得到（式 8.14）。环状含氮硅烷的主要特点是可以和无机物表面羟基在无催化剂的条件下结合，而且无小分子化合物放出。

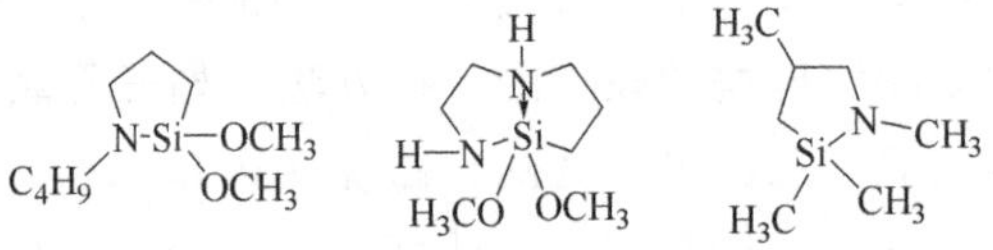

图 8.2　几种环状含氮硅烷的化学结构

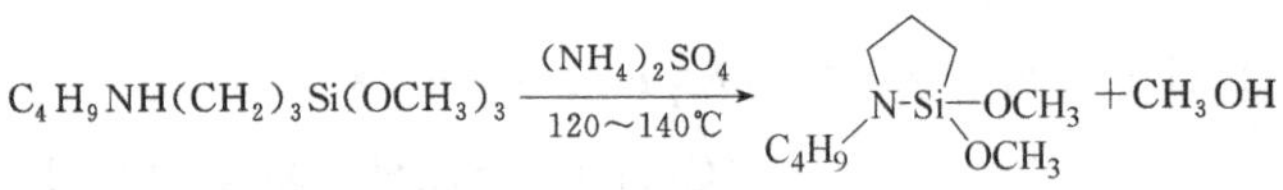

$$C_4H_9NH(CH_2)_3Si(OCH_3)_3 \xrightarrow[120\sim140℃]{(NH_4)_2SO_4} \underset{C_4H_9}{N}-Si \begin{matrix} -OCH_3 \\ OCH_3 \end{matrix} + CH_3OH \qquad (8.14)$$

>>>>>>>>

8.2　硅烷偶联剂的作用机理

硅烷偶联剂在提高复合材料性能方面的显著效果早已得到确认，并有很多理论来解释其作用机理。最为成功的是由 Arkles 提出的化学键理论，即硅烷偶联剂的硅烷氧基或水解后的硅羟基和无机物表面羟基缩合，而另一端的有机基团则和有机高分子化合物生成共价键。因此，通过硅烷偶联剂可使两种性能差异很大的材料界面偶联起来，从而提高复合材料的性能和增加黏结强度，并获得性能优异的复合材料。

在大多数应用中，硅烷偶联剂要先水解成含硅醇基的化合物，然后和基材表面作用。这个反应分 4 步（图 8.3）。首先，烷氧基发生水解，生成的硅醇基然后脱水缩合，生成低聚硅氧烷。而低聚物中的硅醇基通过氢键作用吸附到基材表面，并在加热固化过程中和与基材表面的羟基缩合，从而形成共价键连接。需要指出的是，在水解发生后，其它反应可以同时进行。一般认为，硅烷偶联剂水解生成的 3 个硅羟基中只有 1 个与基材表面键合；剩下的 2 个或与其它硅烷的羟基缩合，或呈游离状态。从理论上来说，硅烷偶联剂应该形成单分子层，而且单分子层也足够赋

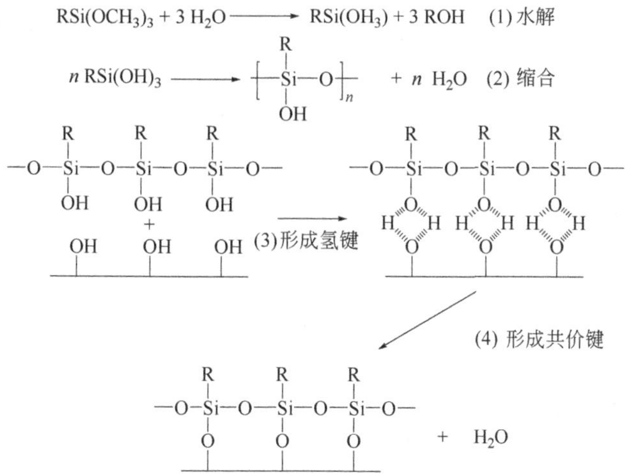

$$RSi(OCH_3)_3 + 3 H_2O \longrightarrow RSi(OH)_3 + 3 ROH \quad (1) \text{水解}$$

$$n\, RSi(OH)_3 \longrightarrow \left[\!\! \begin{array}{c} R \\ | \\ Si\!-\!O \\ | \\ OH \end{array} \!\!\right]_n + n\, H_2O \quad (2) \text{缩合}$$

图 8.3 硅烷偶联剂的水解沉积

予基材应有的表面性能。但实际上由于硅烷偶联剂分子之间的缩合，它们一般在表面形成比单分子层厚的三维网络结构，但这并不影响改性效果。硅烷偶联剂的烷氧基官能团度越低（图 8.1），就越能形成单分子层，但和表面形成的化学键的强度和水解稳定性则越低。

硅烷偶联剂也可以在气相无水条件下处理表面，不过这一般需要较长时间（4～12h）和较高温度（50～120℃）。在所有烷氧基硅烷偶联剂中只有含甲氧基的才能在没有催化剂存在的条件下使用。而最适用于气相沉积法的是环状含氮硅烷。

要得到好的偶联效果，硅烷偶联剂需要和无机基材表面反应，并产生共价键。图 8.4 显示，硅烷偶联剂对不同基材表面的改性效果不同。为了能和硅烷偶联剂发生反应，基材表面要有羟基存在。但各种不同基材的表面羟基的浓度和类型也不同。硅烷偶联剂能和二氧化硅基材表面的硅醇基团反应，形成非常稳定的 Si—O—Si 键，所以改性效果最好。对于碳酸钙、铜、铁等效果就不是太好，而石墨和炭黑根本就不能和硅烷偶联剂作用。对于不容易和硅烷氧基反应的基材，则需要利用硅烷偶联剂的有机官能团、成膜性和交联性能来达到所需要的效果，一般要用两种以上偶联剂。比如碳酸钙本身不能和硅烷偶联剂生成稳定的化学键，所以除了用含有机官能团的硅烷偶联剂外，还需要加入"双脚"硅烷或四乙氧基硅烷。这里的黏附机理是由于硅烷的低分子量和低表面使其能在基材表面展开成膜，并渗透进入孔隙结构，然后通过交联把基材包入富二氧化硅的薄膜网络结构中。用含酸酐的偶联剂处理碳酸钙也能得到很好的效果，这是因为酸酐水解生成的双羧酸能和钙离子形成羧酸盐。硅烷偶联剂的结构中如果有螯合基团，比如双羧酸和双氨，它们就能很好地吸附在金属和很多金属氧化物的表面。贵金属如金和铑则能和含巯基硅烷偶联剂有络合作用。当然，在这几种情况下硅烷偶联剂还必须有一个能和聚合物反应的有机官能团。

有的无机物的表面在和硅烷偶联剂反应之前需要进行一定的处理，以除去杂质。比如，碱金属离子会催化硅氧基的断裂，所以用水玻璃酸化制备的二氧化硅粒子要在稀盐酸中浸泡，然后用去离子水洗以除去表面的钠离子。

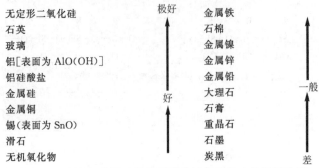

图 8.4　硅烷偶联剂对各种不同基材表面的改性效果比较

刚熔融过并存放在日常环境条件下的基材含有羟基数目最少。而水解得到并在潮湿空气中老化的氧化物表面则有很多吸附水，其对偶联反应当然也会有一定的影响。二氧化硅和玻璃表面的羟基数可以通过在"食人鱼洗液"（piranhasolution，95％～98％浓硫酸和30％双氧水3：1的混合物）中浸泡来提高。不同的羟基的反应活性也不同，如氢键连接的双羟基比隔离的或自由的羟基较容易和硅烷偶联剂反应。偶联反应一般还可以用有机锡、有机钛或有机胺来催化。

为了得到良好的偶联效果，硅烷偶联剂和聚合物的化学反应是必需的，若同时能提高基材表面对聚合物的润湿能力效果则更佳。无机材料的表面能和润湿性能可以通过和硅烷偶联剂反应来改变。比如，玻璃表面用甲基三甲氧基硅烷处理后即会从亲水变成疏水。固体物质的临界表面张力（γ_c）是衡量固体表面润湿性能的经验参数，当液体的表面张力小于γ_c时可在此固体表面上铺展。表8.1中列出的是用

■表 8.1　用不同硅烷偶联剂处理过的表面和部分聚合物及无机物质的临界表面张力 γ_c

	γ_c/(mN/m)		γ_c/(mN/m)
十七氟癸基三氯硅烷	12.0	聚氯乙烯	39
聚四氟乙烯	18.5	苯基三甲氧基硅烷	40.0
甲基三甲氧基硅烷	22.5	γ-氯丙基三甲氧基硅	40.5
乙烯基三乙氧基硅烷	25	γ-巯丙基三甲氧基硅烷	41
石蜡	25.5	γ-(2,3-环氧丙氧)丙基三甲氧基硅烷	42.5
乙基三甲氧基硅烷	27.0	聚对苯二甲酸乙二醇酯	43
丙基三甲氧基硅烷	28.5	干燥金属铜	44
湿钠钙玻璃	30.0	干燥金属铝	45
聚氯三氟乙烯	31.0	干燥金属铁	46
聚丙烯	31.0	尼龙 6,6	46
聚乙烯	33.0	干燥钠钙玻璃	47
三氟丙基三甲氧基硅烷	33.5	熔融二氧化硅	78
N-(β-氨乙基)-γ-氨丙基三甲氧基硅烷	33.5	金红石	91
聚苯乙烯	34	氧化铁	107
β-氰基乙基三甲氧基硅烷	34	氧化锡	111
γ-氨丙基三乙氧基硅烷	35		

各种硅烷偶联剂处理过的表面和部分物质的 γ_c 值。由此可见，无机材料的润湿性能确实能够通过和硅烷偶联剂反应得到很好的控制。

>>>>>>>>
8.3 硅烷偶联剂的用途和选择

硅烷类偶联剂自上世纪中期开发至今，已经有很多品种，仅已知结构的硅烷偶联剂就有百余种之多。硅烷偶联剂最早被用于玻璃纤维增强塑料（玻璃钢）中玻璃纤维的表面处理上，从而使玻璃钢的机械性能、电学性能和抗老化性能得到很大的提高。其在玻璃钢生产中的重要性早已得到公认。目前，硅烷偶联剂的用途已经被扩大到各种无机有机复合材料的生产中，它已成为材料工业中必不可少的助剂之一，广泛应用于橡胶、塑料、胶黏剂、密封剂、涂料、玻璃、陶瓷、金属防腐等领域。

硅烷偶联剂最大的应用领域是聚合物复合材料。不同聚合物的偶联，需要不同的有机官能团。硅烷偶联剂和聚合物之间的共价键可以通过这些基团和聚合物反应或者和单体共聚来得到。表 8.2 列出的是和常见热固性塑料、热塑性塑料和弹性体相匹配的硅烷偶联剂的有机官能团。

■表 8.2　常见有机聚合物和相应硅烷偶联剂的有机官能团

热固性塑料	有机官能团	热塑性塑料	有机官能团	弹性体	有机官能团
光固化丙烯酸树脂	（甲基）丙烯酸酯基,乙烯基	聚丙烯	（甲基）丙烯酸酯基,重氮基,乙烯基,烷基	缩合型硅橡胶	氨基,乙烯基,（甲基）丙烯酸酯基
不饱和聚酯	（甲基）丙烯酸酯基,乙烯基	聚乙烯	氨基,乙烯基,烷基	加成型硅橡胶	氨基,乙烯基
环氧树脂	环氧基,氨基,酸酐基	聚酰胺	氨基	丁基橡胶	（甲基）丙烯酸酯基,乙烯基,含硫基团
酚醛树脂	环氧基,氨基	聚碳酸酯	氨基	氟橡胶	氨基
聚氨酯	异氰酸酯基,氨基,羟基	聚氯乙烯	氨基,含硫基团	异戊橡胶	乙烯基
脲醛树脂	氨基,羟基	聚丙烯酸酯	氨基	氯丁橡胶	乙烯基,含硫基团
三聚氰酰胺树脂	氨基,羟基	聚砜	氨基	丁腈橡胶	环氧基,含硫基团
呋喃树脂	环氧基,氨基	聚对苯二甲酸丁二酯	氨基,异氰酸酯基	聚硫橡胶	环氧基,含硫基团
聚酰亚胺树脂	氨基,卤素	聚醚酮	氨基	丁苯橡胶	氨基,含硫基团

在热固性塑料中，丙烯酸树脂和不饱和聚酯能够进行自由基聚合，所以它们可以和含不饱和基团的硅烷偶联剂共聚。对于自由基反应而言，反应性匹配很重要。在这种情况下选择硅烷偶联剂，可以利用 Alfrey-Price 的 Q-e 理论来预测两种单体

共聚的可能性。e 代表极性。取代基吸电子，e 为正值；取代基推电子，e 为负值。Q 值代表共轭效应的大小，亦即从单体转变为自由基的难易程度（共轭效应越大，单体越活泼，自由基越稳定）。Q 和 e 都比较相近的单体，容易进行理想的共聚。针对丙烯酸树脂和不饱和聚酯，（甲基）丙烯酸酯基和苯乙烯基比乙烯基更容易接入。但含乙烯基偶联剂能在高压下和乙烯、丙烯等烯烃共聚。不饱和聚酯中通常需要加入第二个单体（常用的是苯乙烯）来降低黏度。有意思的是，为了得到较好的补强效果，硅烷偶联剂和苯乙烯的反应性匹配反而比和聚酯匹配更重要。

热固性聚氨酯可以用两种硅烷偶联剂来和无机填料偶联。第一种是含异氰酸酯基的偶联剂。在固化前，可以用它来处理填料表面，或者把它和双异氰酸酯混在一起使用。另一种是含氨基或羟基的硅烷，它们可以和聚醚或聚酯多元醇混合后使用。

环氧树脂有三种常用的硅烷偶联剂。含环氧基的硅烷偶联剂可以用来处理填料表面，或者和双酚 A 环氧甘油醚混合后使用。而含氨基偶联剂也可以用来处理填料，或和固化剂混合使用。酸酐固化的环氧树脂一般使用含酸酐的硅烷偶联剂。

酚醛树脂可以分为两种。一种是碱催化的一步反应树脂，也称甲阶酚醛树脂（resol）；另一种是酸催化的两步反应树脂，通称线性酚醛树脂（novolak）。在工业生产中，硅烷偶联剂主要用于线性酚醛树脂玻璃布层压板和注塑件。酚醛树脂中的酚羟基能和环氧基结合，所以含环氧基的硅烷偶联剂是其首选。

硅烷偶联剂在热塑性塑料上的应用比较有挑战性，因为硅烷需要和高分子链反应，而不是和低分子化合物。另外，在加工时还要考虑流变和各种成分的耐热性。很多在主链或侧链上含有重复的可反应基团的聚合物包括聚二烯、聚氯乙烯、聚丙烯酸酯、聚乙酸乙烯酯等都可以用含氨基硅烷偶联剂。力学性能出色的缩聚高分子化合物如聚酰胺、聚碳酸酯、聚酯、聚砜等一般都没有重复的可反应基团。它们的偶联可以通过高能量基团或氢键作用来实现，但也可以利用较低分子量聚合物链端的基团反应。常用的硅烷偶联剂含有氨基、氯和异氰酸酯等基团。

聚烯烃和聚醚一般没有直接用共价键偶联的可能性。对聚烯烃而言，填料的表面通常可以用含长碳链硅烷偶联剂改性，从而使其表面能和聚合物匹配。而聚醚则常用含氨基硅烷偶联剂来处理填料的表面。更为有效的偶联剂为含乙烯基或丙烯酸酯基的硅烷偶联剂，在加入自由基引发剂后，可以让它们和高分子链相连接。实践证明，当在含乙烯基硅烷改性的玻璃纤维增强的聚乙烯中加入 $0.15\%\sim0.25\%$ 的过氧化二异丙苯或二叔丁基过氧化物，可以使它的抗张和抗弯强度提高 50%。而乙烯基三乙氧基硅烷是交联聚乙烯的重要交联剂。通过在熔融态中的自由基反应可以把乙烯基三乙氧基硅烷接枝到高分子链上（式 8.15），然后再和水蒸气反应使硅乙氧基水解缩合，从而产生交联。硅烷交联聚乙烯具有优异的电气性能，良好的耐热性及耐应力开裂性能，故已被广泛应用于制造电线、电缆绝缘和护套材料。

$$\cdots \diagdown \diagdown \diagup + Si(OC_2H_5)_3 \xrightarrow{R-O-O-R} \quad \begin{array}{c} (CH_2)_2 \\ Si(OC_2H_5)_3 \end{array} \qquad (8.15)$$

另一种可以用来偶联聚乙烯和聚丙烯的是磺酸叠氮化合物。这种化合物在150℃以上分解，放出氮气并产生氮烯。氮烯非常活泼，可插入到 C—H 键中，形成酰胺（式 8.16）。在使用过程中，一般是把填料用含磺酸叠氮基团的硅烷偶联剂处理以后，快速加入高分子熔融态中。

$$\cdots + N_3O_2S\text{—}\bigcirc\text{—}(CH_2)_2Si(OC_2H_5)_3 \longrightarrow \quad \bigcirc\text{—}(CH_2)_2Si(OC_2H_5)_3 \atop NHSO_2 \qquad +N_2 \qquad (8.16)$$

橡胶或弹性体中用的最多的是含不饱和碳碳双键的和含硫的硅烷偶联剂。生胶中一般都含有用于交联反应的不饱和碳碳双键，它们能和硅烷偶联剂的双键在交联过程中连在一起。而硫黄是最常用的橡胶交联剂。轮胎橡胶的填料一般为碳黑，但如果用二氧化硅取代部分炭黑作为轮胎胎面橡胶的补强材料，轮胎滚动阻力就会减小，从而有效降低油耗和减少废气排放，产生环保效应。在这种所谓的"绿色"轮胎中通常用双-[γ-（三乙氧基）硅丙基]四硫化物作为偶联剂。

硅烷偶联剂不仅用于无机-有机复合材料的界面修饰，而且也可用作无机与有机材料之间的粘接改善剂（也称底涂剂，primer）。如果光把硅烷偶联剂的稀溶剂涂到无机材料的表面，确实可以获得一定程度的粘接改进作用。但在一般情况下，单体硅烷化合物对无机材料表面上的润湿性较差，难以形成均一、连续性的薄膜。为克服这一缺点，将硅烷和水反应生成聚合物，其成膜性就会大为改善。硅烷类底涂剂在基材上涂层后，在室温下放置 15~30min 可形成均一的薄膜。如再在 50~100℃下短时间加热，效果则更好。这类底涂剂有氨基硅烷类、异氰酸酯硅烷类和巯基硅烷类等，可广泛用于有机硅、聚硫、聚氨酯等类型密封剂、涂料和电子零部件等。

硅烷偶联剂用作密封剂、粘接剂和涂料的增黏剂，能提高它们的粘接强度和耐水、耐气候等性能。硅烷偶联剂作为增黏剂的作用原理在于它本身有两种基团：一种基团可以和被粘的骨架材料结合；而另一种基团则可以与高分子材料或粘接剂结合，从而在粘接界面形成强力较高的化学键，大大改善粘接强度。硅烷偶联剂往往可以解决某些材料长期以来无法粘接的难题。如铝和聚乙烯、硅橡胶与金属、硅橡胶与有机玻璃等之间的粘接都可通过选择相应的硅烷偶联剂，得到满意的解决。

除此之外，材料的表面性质对于很多应用非常重要，硅烷偶联剂可以对各种无机材料进行表面改性，并赋予它们各种表面性质。如带烷基的硅烷偶联剂可使表面疏水化。全氟烷基（$C_6F_{13}CH_2CH_2$—或 $C_8F_{17}CH_2CH_2$—）官能团硅烷用于处理基材，能获得比特氟龙塑料更低的表面能。它可用作液晶取向剂、防污处理剂、憎油剂、脱模剂等。含离子基团的硅烷偶联剂可以作为防静电剂。而用含长碳链季铵盐硅烷改性的表面有抗菌防霉和抗血液凝固等特性。特别有意思的是，含可自组装基团的硅烷偶联剂可在很多基材表面形成自组装单分子层（self-assembledmono-layer，SAM）。如由于长链烷基的结晶化，三烷氧基十八烷基硅烷就能在硅片上形成自组装单分子层。这种涂层在现代纳米技术领域，如半导体表面结构化、换能器（transducer）、传感器、电分析化学等，有非常重要的应用价值。

8.4 硅烷偶联剂的使用方法

硅烷偶联剂的使用方法可分为三种，包括气相沉积法、溶液沉积法和整体混合法。而前面两种方法都是对基材表面进行预处理，所以可以统称为表面打底法（表面预处理法）。而第三种方法主要用于复合物的合成。

8.4.1 气相沉积法

硅烷偶联剂可以在干燥条件下通过化学气相沉积法来对基材进行改性。通过这种方法一般比较容易得到单分子层。虽然在合适的条件下，几乎所有的硅烷偶联剂都能通过气相沉积，但只有 100℃ 时的蒸汽压超过 5mmHg（约 665Pa）的硅烷才有工业利用价值。在使用时，一般把基材和硅烷偶联剂共同放在一个封闭容器中，然后把硅烷加热，使其蒸汽压达到 5mmHg。如果需要的话还可以使用真空泵。另外，还可以把硅烷偶联剂溶在甲苯中，然后加热使甲苯回流，从而让硅烷达到所需蒸汽压。在大多数情况下，基材的温度要保持在 50～120℃ 之间来促进缩合反应。

环状含氮硅烷最适用于气相沉积法，它反应最快，反应时间一般少于 5min。氨基硅烷也能较快沉积，在没有催化剂存在的条件下反应时间一般不超过 30min。而别的硅烷偶联剂则需要 2～4h 的反应时间。加入少量有机胺可加快反应速度。

8.4.2 溶液沉积法

溶液沉积法是把硅烷偶联剂配成溶液，然后在液相对基材进行改性。最常用的溶剂是醇水混合物，一般是 95% 的乙醇和 5% 的水，然后用醋酸把 pH 值调到 4.5～5.5。硅烷在搅拌下加入，其浓度一般为 2%，反应 5min 后即可使用。

大多数硅烷偶联剂在水中的溶解度很小，但在水解成硅醇后，其溶解度会大大提高。但随后硅醇缩合生成硅氧键，溶解度又会降低。当聚硅氧烷达到一定分子量时，就会沉淀出来。所以说，为了得到较为稳定的硅烷偶联剂水溶液，需要烷氧基硅的水解速度大大超过硅醇的缩合速度。在第 7 章中我们提到这两个反应速度可以通过调节 pH 来控制（图 7.5）。从中我们也可以得出结论，烷氧基硅最稳定的 pH 为 7，因为这时它的水解反应最慢。而缩合反应在 pH 为 3 左右速度最慢，因而此

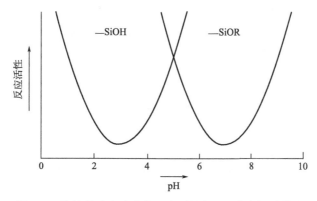

图 8.5 烷氧基硅和硅醇的反应活性与 pH 值之间的关系

时硅醇最稳定（图 8.5）。水溶液中如果加入少量有机醇也能使其稳定，这是因为醇能使缩合反应平衡向单体方向移动。在水中硅烷偶联剂一般配成浓度为 0.5%～2.0% 的溶液，而溶液的 pH 值用则用醋酸调为 5.5。对于溶解度较低的硅烷，需要事先在水中加入 0.1% 的非离子表面活性剂，以配成乳液。有的硅烷偶联剂可以在水中形成很稳定的溶液，如氨基硅烷。把这种硅烷溶于水中，然后在反应结束后把副产物有机醇蒸出，即可得到稳定的无挥发性有机化合物的水性硅烷偶联剂。它也可以是氨基硅烷和乙烯基硅烷的共聚物。水性硅烷偶联剂可以被看作富含硅醇基团的聚倍半硅氧烷的水溶液，它常用于金属表面打底、丙烯酸密封胶的添加剂和硅土材料表面的改性等。

在使用时，大的物体需要浸到硅烷偶联剂的醇水或水溶液中，在溶液轻轻搅拌下浸泡 1～2min 后取出，然后用溶剂洗去多余的偶联剂。填料粒子的硅烷化则是把它在硅烷偶联剂溶液中搅拌 2～3min，然后倾倒掉溶液，粒子用溶剂洗过即可。溶液也可以通过喷涂法涂到基材上。处理好的基材需要在 110～120℃ 下加热 5～30min 以完成缩合反应。

硅烷偶联剂也可以在有机溶剂，如醇中配成 25% 的浓溶液，然后用喷涂法喷到填料上，并在高效固体混合机如增强型双锥式混合机中混合。工业中常用的是连续法，这时硅烷的添加速度、反应停留时间（一般为 2～3min）和反应温度都会对处理效果有影响，这些参数需要根据偶联剂的种类来调节。在填料处理好以后通过加热 30min 左右除去溶剂和水分，并使反应完全。这种方法通常是在知道偶联剂需用量（一般为填料的 0.7%～2%）的情况下使用，而且填料表面要有足够的水分用来使硅烷偶联剂水解。

8.4.3 整体混合法

整体混合法是把纯硅烷偶联剂在聚合物和填料熔融混合过程中直接加入，让其迁移到填料表面。这是一步方，所以操作简单。虽然要达到和预处理的填料同样的效果，偶联剂的需要量较大，但总的原料价格还是便宜。

　　硅烷偶联剂还可以事先分散在固体载体中，如聚合物或石蜡中，制成含高浓度硅烷的母粒。把它代替纯硅烷可以改善硅烷偶联剂在聚合物和填料混合物熔融态中的分散性，从而提高复合物的产品质量。

参考文献

[1] Edwin P. Plueddemann, SilaneCouplingAgents, Plenum Press, New York, 1982.

[2] 李光亮编著. 有机硅高分子化学. 北京：科学出版社，1998.

[3] 章基凯主编. 精细化学品系列丛书：有机硅材料. 北京：中国物资出版社，1999.

[4] Barry Arkles, Silane Coupling Agents：Connecting Across Boundaries, Gelest, Inc. , 2004.

[5] Kerstin Weissenbach, Helmut Mack, "Silane Coupling Agents", in Book Functional Fillers for Plastics, Ed：MarinoXanthos, Weinheim：Wiley-VCH, 2005, 59-83.

[6] 张先亮等编著. 硅烷偶联剂：原理、合成与应用. 北京：化学工业出版社，2012.